高职高专机电类**工学结合模式教材**

单片机原理及应用技术

上官同英 主编

孙建延 任卫东 副主编

沈娣丽 杨际峰 参编

清华大学出版社

北京

内 容 简 介

本书结合高职教育改革要求,以加强人才的技术应用能力培养为导向,突出应用性和实践性。在内容组织上,注重理论教学与实践操作相结合,采用工作任务引导教与学,目标明确,深入浅出,实现知识点和技能点相融合,体现高职教育下教材的新特色。全书包括绪论和 9 个模块,通过 23 个实际任务引导介绍单片机基础知识及系列分类、MCS-51 系列单片机的硬件结构、单片机程序设计基础、单片机开发系统介绍、MCS-51 系列单片机中断系统及定时/计数器、MCS-51 单片机串行接口与应用、MCS-51 显示/键盘接口技术、MCS-51 单片机输入/输出通道接口技术、MCS-51 单片机系统扩展技术,以及单片机综合应用系统的开发与设计等内容。

本书可作为高职高专院校的电子信息、自动化、机电类等相关专业"单片机原理及应用技术"的课程教材,也可用做从事单片机开发的工程技术人员的培训教材,以及电子设计爱好者初学单片机的参考用书。

图书在版编目(CIP)数据

单片机原理及应用技术/上官同英主编. —北京:清华大学出版社,2011.3(2020.8重印)
(高职高专机电类工学结合模式教材)
ISBN 978-7-302-24570-4

Ⅰ. ①单…　Ⅱ. ①上…　Ⅲ. ①单片微型计算机−高等学校:技术学校−教材　Ⅳ. ①TP368.1

中国版本图书馆 CIP 数据核字(2011)第 009708 号

责任编辑:贺志洪
责任校对:袁　芳
责任印制:沈　露

出版发行:清华大学出版社
　　　网　　　址:http://www.tup.com.cn,http://www.wqbook.com
　　　地　　　址:北京清华大学学研大厦 A 座　　　　邮　　编:100084
　　　社 总 机:010-62770175　　　　　　　　　　　邮　　购:010-62786544
　　　投稿与读者服务:010-62776969,c-service@tup.tsinghua.edu.cn
　　　质 量 反 馈:010-62772015,zhiliang@tup.tsinghua.edu.cn
印 装 者:北京九州迅驰传媒文化有限公司
经　　销:全国新华书店
开　　本:185mm×260mm　　印　张:19.25　　字　　数:442 千字
版　　次:2011 年 3 月第 1 版　　　　　　　印　　次:2020 年 8 月第 7 次印刷
定　　价:59.00 元

产品编号:037003-03

　　高等职业教育的特点是侧重于学生能力的培养和技能的训练。传统的单片机教材已不能适应新的教学要求,本书正是为了满足不断深化的职业教育改革和高职人才培养目标而编写的。本教材在编写过程中力求在内容、结构、理论教学与工程实践的衔接方面充分体现高职教育的特点。

　　(1) 本教材按照人的认知规律,以单片机的应用为主线,采用任务驱动的模式来组织相关知识点。针对每个任务首先引导学生对任务进行分析,诱发学生的学习兴趣,继而激发学生对完成任务所需知识点的学习热情,最后利用所学的知识点水到渠成地完成预定任务的软、硬件设计及仿真。这样的内容结构安排,使学生带着任务来主动学习,在享受利用所学知识完成任务的成就感中,轻松地掌握了单片机的基本开发应用技术。同时,也在潜移默化中提高了学生分析问题、解决问题的能力。本教材中的所有应用实例均采用 Proteus 仿真软件调试通过,以方便学生参考学习。这种通过任务驱动而不是靠理论体系的逻辑关系引导的内容体系,是本书的最大特点。

　　(2) 本书以理论"必需、够用"为原则,简化了单片机理论的难度和深度,突出实用性和操作性,加强理论联系实际,体现做中学、学中练的教学思路。书中提供的大量实用程序和应用实例,大多是编者在多年的教学中总结积累的经典案例或科研中实际工程项目,通过这些实例的学习,使学生未出校门就已具备单片机系统的开发经验,直接与人才岗位的需求接轨,符合高职高技能应用型人才培养的要求。

　　(3) 根据职业岗位实践要求,全书主要采用 C 语言编程。单片机应用系统设计的实践表明,使用 C 语言编程更为简练,大大缩短单片机的开发周期,而且程序便于移植。但汇编语言作为一种传统单片机程序设计语言,在行业内将长期存在,在某些环境下还必须借助汇编语言来开发,希望读者能够理解汇编程序代码功能,所以书中也同时介绍了单片机汇编语言的相关知识,在具体的教学过程中可根据实际情况进行取舍。

　　参加本书编写的有上官同英(绪论、模块1)、孙建延(模块2、模块8)、任卫东(模块3、模块5)、沈娣丽(模块4、模块9)、杨际峰(模块6、模块7),全书由上官同英担任主编,孙建延、任卫东担任副主编。

　　由于编者水平有限,书中难免有疏漏和不足之处,敬请各位读者批评指正,以便及时修订与改进。

编　者

2010 年 11 月

目 ◆ 录

在工业自动化系统及测控仪表中,采用单片机作为核心部件越来越普遍。单片机作为微型计算机的一个分支,技术发展十分迅速,产品种类齐全。为满足工业控制的要求,选择合适型号的单片机进行系统设计是每一个单片机工程师必须掌握的技能。通过了解单片机的发展过程及产品近况,掌握当前市场主流单片机型号、种类及其特点,并查找资料确定单片机的主要性能,进而选择合适的单片机型号,才能设计出满足工作要求的单片机系统。

知识点一：单片机基础知识

（一）微处理器、微机、单片机的概念

微处理器又称为中央处理单元(Central Processing Unit,CPU),是一块集成了运算器和控制器的芯片。其中,控制器是整个系统的控制、指挥中心,它根据预先编制好的程序,自动按顺序依次从程序存储器中取出各条指令加以"解释",并按照"解释"的结果通过控制逻辑部件发出相应的控制信号,使运算器和存储器等各部件自动而协调地完成指令所规定的操作。运算器又称为算术/逻辑单元,是系统对各种二进制数据信息和代码进行算术运算与逻辑运算的操作处理的主要部件。

人们常说的微机,一般是指通用微机,是由 CPU、存储器、I/O 接口电路等各种大型集成电路芯片组装在一块或几块印制电路板而制成的机器。其中,用几块印制电路板组装成的微机称为多板机,如现在广泛使用的台式或笔记本式电脑。微机的发展是以微处理器的发展来表征的。

随着微电子技术的不断发展,微处理器芯片的集成度越来越高,已经可以在一块芯片上同时集成 CPU、存储器、定时/计数器、中断系统、各种输入/输出接口等多种资源。人们把这种超大规模集成电路芯片组成的单个芯片式的微型计算机称作"单片微控器"(Single Chip Microcomputer),在应用时其通常嵌入到各种智能化产品之中,所以又称为嵌入式控制器(Embedded Microcontroller Unit,EMCU),在我国,习惯上称其为单片机。

虽然,单片机只有一块芯片,但从组成和功能上看,它已具有了微型计算机系统的含义,一块单片机就相当于一台微型计算机。不过它与通用微机有着极大的区别:由于单片机主要面向控制,控制中的数据类型及数据处理相对简单,且其所有部件是集成在一个芯片上,所以其 CPU 的运算能力、RAM/ROM 的容量、I/O 口的功能及

通用性等都不能与微型计算机相比。

单片机通常是指芯片本身。在实际应用中,通常是以单片机为核心,配以输入/输出、显示、控制等外围电路和软件,组成能实现一种或多种实用功能的单片机应用系统。单片机应用系统由硬件和软件两部分组成,硬件是应用系统的基础,软件则在硬件的基础上对其资源进行调配和使用,从而完成应用系统所要求的控制任务,二者缺一不可。只有将硬件和软件有机结合起来,才能够实现或完成具有特定功能的单片机应用系统或整机产品。单片机应用系统的组成如图 0-1 所示。

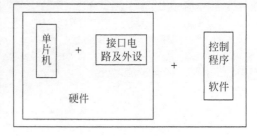

图 0-1　单片机应用系统的组成

(二)单片机的特点

单片机既然不如微型计算机功能强大,那么是否可以用微型计算机代替单片机呢?事实刚好相反,在我们的生活中到处都有单片机的影子,如电子玩具、手机、微波炉、空调、自动洗衣机以及汽车上的电子设备等基本上都是由单片机控制的。单片机之所以能得到广泛应用,是因为它具备以下基本特征。

(1)控制功能强、运行速度快。单片机是为满足工业控制需要而设计的,面向控制,能针对性地解决从简单到复杂的各种控制任务,尤其是实时控制功能特别强,能方便地组装成各种智能式测控设备及智能化仪器仪表,实现机电一体化。其 CPU 可以对 I/O 端口直接进行操作,位操作能力更是其他计算机无法比拟的;单片机的逻辑控制功能及运行速度均高于同一档次的微机。

(2)体积小巧灵活、可靠性高、功耗低、性价比优。单片机把微型计算机的各主要部分集成在一块芯片上,大大缩短了系统内信号传送距离,从而提高了系统的可靠性及运行速度。在封装上,单片机芯片越来越小,从而使应用系统的印制板减小、安装简单方便。相对于嵌入式系统,单片机的主频较低、系统简单,没有像嵌入式处理器那样有许多外设,自然耗电就少。由单片机构成的控制系统硬件结构简单、开发周期短、控制功能强、可靠性高,因此,在达到相同功能的情况下,用单片机开发的控制系统比用其他微型计算机开发的控制系统价格便宜,具有良好的性能价格比。这是单片机能得到广泛应用的一个重要原因。

(3)易扩展、开发使用方便。单片机的内部功能齐全,系统扩展很方便,这使得系统硬件设计相对简单,而且其开发工具(如各种仿真机)具有很强的软、硬件调试功能和辅助设计功能,这使得系统的研制周期短,易于产品化。

(三)单片机的发展与应用

1. 单片机的发展史

自 20 世纪 70 年代,美国的 Failchild(仙童)公司首先推出了第一款单片机 F-8 以来,单片机以其体积小、功能全和价格低廉等特点赢得了广泛的关注。迄今为止,单片机技术已经成为计算机技术的一个独特的分支。纵观整个单片机技术的发展过程,可以分为四个阶段。

第一阶段(1974—1976 年):为单片机初级阶段。因受工艺和集成度的限制,单片机采用双片形式,而且功能简单。例如,仙童公司的 F-8 必须外接一块 3851 电路才能构成一个完整的微型计算机。

第二阶段(1976—1978年)：为单片机芯片化探索阶段。这一阶段的单片机由一块芯片构成，但性能低、品种少。以 Intel 公司推出的 MCS-48 单片机为代表，在一块芯片内含有8 位 CPU、并行口、定时器、RAM 及 ROM。这是一个真正的单片机，但 CPU 功能不强，I/O 口种类和数量很少，其 ROM 和 RAM 也很有限，只能应用于比较简单的场合。例如，20 世纪 90 年代中期以前的 PC 键盘几乎无一例外地使用 MCS-48 系列单片机作为控制部件。MCS-48 单片机系列的推出是单片机发展史上重要的里程碑，它标志着在工业控制领域，智能化嵌入式应用的芯片形态的计算机已进入探索阶段。

第三阶段(1978—1982年)：为单片机结构体系的完善阶段。Intel 公司在 MCS-48 探索成功的基础上很快推出了完善的、典型的单片机系列 MCS-51。MCS-51 系列单片机的推出标志着 Single Chip Microcomputer 体系结构的完善。在这一阶段出现的新型单片机不仅有功能很强的 CPU，串行 I/O 口，8 位数据线、16 位地址线可以寻址的范围达到 64KB，有控制总线、完善的指令系统等，而且具有容量较大的 ROM 和 RAM 及种类繁多的功能部件。由于这类单片机的性能价格比高，所以仍被广泛采用，是目前应用数量较多的单片机。现在，许多电气商在 MCS-51 的内核和体系结构的基础上，生产出各具特色的单片机。

第四阶段(1982年至今)：8 位单片机的巩固发展以及 16 位单片机、32 位单片机推出阶段。这一阶段单片机技术的发展主要体现在内部资源的增加和实时处理功能的加强方面。此阶段的主要特征是：一方面发展 16 位单片机、32 位单片机及专用型单片机；另一方面不断完善高档 8 位单片机，改善其结构，以满足不同用户的需要。16 位单片机的典型产品如 Intel 公司生产的 MCS-96 系列单片机。除 CPU 为 16 位以外，片内 RAM 和 ROM 的容量又进一步增大，且片内带有高速输入/输出部件、多通道 10 位 A/D 转换部件，具有 8 级中断，其实时处理能力更强。而 32 位单片机除了具有更高的集成度外，其振荡频率已达 20MHz 或更高，这使 32 位单片机的数据处理速度比 16 位单片机快许多，性能同 8 位、16 位单片机相比，具有更大的优越性。近年来，32 位单片机已进入实用阶段。

Intel 公司将 8051 生产技术以不同形式向不同国家、不同公司转让，使得以 8051 为内核的系列单片机大量衍生出来，满足了各个领域不同的应用要求。所以，本书仍以 MCS-51 系列单片机为原型进行讲解。

2. 单片机的应用

由于单片机具有卓越的控制性能和灵活的嵌入形式、种类繁多，不仅在日常生活中的应用随处可见，在工业控制领域、检测中也被广泛应用。

(1) 工业控制方面。单片机可以用于开发各种工业控制系统、数据采集系统等，如数控机床、自动生产线控制、电机控制、温度控制等，数据采集系统，工业机器人，机、电一体化产品。在这类系统中，利用单片机作为系统控制器，可以根据被控对象的不同特征采用不同的智能算法，实现期望的控制指标，从而提高生产效率和产品质量。

(2) 智能仪器仪表方面。现代仪器仪表广泛采用单片机，不仅提高了仪器仪表使用功能和精度，使仪器仪表智能化，而且简化了其结构，减小了体积，降低了成本，满足了对仪器仪表数字化、智能化、微型化、专用化的发展需求，使其功能极大地提高，性价比更显优势，同时还因简化了仪器仪表的硬件结构，从而可以方便地完成仪器仪表产品的升级换代，如各种智能电气测量仪表、智能传感器等。

（3）信息和通信方面。单片机的身影在信息和通信产品的自动化与智能化的发展中也是非常活跃的，在智能线路运行控制、程控交换机、光电交换器、手机、电话机、智能调制解调器等方面单片机的应用十分广泛。

（4）家用电器方面。单片机是家用电器智能化的大脑和心脏，以不断提高其智能化程度为主要发展方向的家电领域，使单片机越来越显示出不可代替的重要地位。

（5）军用武器装备方面。主要应用在智能武器装置、导弹控制、鱼雷制导控制、精确炸弹、电子干扰系统、自动火炮、航空导航系统等方面。

（6）计算机外部设备与智能接口方面。如图形终端机、传真机、打印机、硬盘驱动器、彩色与黑白复印机、磁带机等。

（7）多机分布式系统。可用多片单片机构成分布式测控系统，使单片机应用进入了一个全新的阶段。

综上所述，单片机应用的意义绝不仅限于它的功能以及所带来的经济效益，更重要的意义在于，单片机的应用正从根本上改变着传统的控制系统设计思想和方法。利用单片机通过软件方法实现了以前由模拟电路或数字电路实现的大部分控制功能的微控制技术。随着单片机应用技术的推广普及，必将不断得到发展、完善和充实，同时这一切也进一步提升了单片机的应用地位，使单片机成为一个新的技术焦点。因此，最大限度地开发单片机的功能和提高其使用性能，是所有单片机的设计者和使用者的努力方向。

3. 单片机的发展趋势

纵观单片机的发展历程，目前单片机正朝着高性能和多品种方向发展，今后的发展趋势将进一步向低功耗、小体积、大容量、高性能、低价格、高速化、高可靠性、专用化和外围电路片内高度集成化等几个方面发展。在内部结构上，将会由 RISC（精简指令系统）结构取代 CISC 结构（复杂指令系统）。

（1）制作工艺趋向低功耗 CHMOS 化。CMOS 电路的特点是低功耗、高密度、低价格。CMOS 虽然功耗较低，但由于其物理特征决定其工作速度不够高。CHMOS 是 CMOS 和 HMOS 的结合，除保持了 HMOS 的高速度和高密度的特点之外，还具有 CMOS 低功耗的特点。近年来随着 CHMOS 技术的进步，和出于对低功耗的普遍要求，目前各大厂商推出的各类单片机产品都采用了 CHMOS 工艺。这种工艺的单片机功耗更低、可控性更强，能够工作在功耗精细管理状态。目前生产的 CHMOS 电路已经能够达到 LSTTL 的传输速度，延迟时间小于 2ns，其综合优势已大于 TTL 电路，所以单片机领域 CMOS 正在逐渐取代 TTL 电路。

MCS-51 系列的 8031 推出时功耗约 630mW，80C51 功耗只有 120mW。而现在的单片机普遍都在 100mW 左右，这些特征，更适合于在要求低功耗（如电池供电）的应用场合，而在便携式、手提式或野外作业仪器设备上低功耗是非常有意义的。

（2）低电压、低功耗化。目前新一代的单片机大都具有 WAIT 和 STOP 等省电运行方式，可以在适当的时候唤醒单片机。电源电压也呈下降趋势，3.3V 的单片机越来越成为主流单片机的趋势，而一些低电压供电的单片机电源下限可达 1～2V。同时单片机的功耗已从 mA 级降到 μA 级，甚至 1μA 以下。低功耗化的效应不仅使功耗降低，同时也带来了产品的高可靠性、高抗干扰能力及便携化。

（3）大容量化。标准的 8031 单片机没有 ROM,8051 单片机有 4KB 的 ROM,RAM 的容量均为 128B。在一些复杂控制的场合,这些存储容量常常是不够的,必须进行外接扩充。为了适应这种需求,必须采用新工艺,使片内存储器大容量化。目前,单片机内 ROM 容量已达理论最大值 64KB,RAM 容量最大值为 2KB。一些经过特殊处理的 80C51 单片机,甚至突破了这个限制。例如 Philips 公司的 NXP 的 P87C51MC2 的 ROM 容量为 96KB,RAM 容量达到了 3KB,完全能够适应一般控制设备的容量要求。

（4）高速化。采用 RISC 结构和流水线技术,可以大幅度提高运行速度。当前指令速度最高者已达 100MIPS,并加强了位处理功能、中断和定时控制功能。美国 Cygnal 公司的 C8051F 系列单片机采用流水线结构,指令周期以时钟周期为单位,由标准的 12 个系统时钟周期降为 1 个系统时钟周期,处理能力大大增强,运行速度比标准的 51 单片机快 10 倍以上。

（5）高度集成化。随着超大规模集成电路制造水平和工艺的不断发展与提高,单片机内部除了一般必须具有的 CPU、ROM、RAM 和定时/计数器等以外,一些外围电路的功能模块被集成到单片机的芯片内部,如 A/D 转换器、D/A 转换器、PWM 控制器、LCD 驱动器、频率合成电路、DMA 控制器、I^2C 总线、CAN 总线、SPI 总线、USB 总线等。同时,用户还可以提出要求,由厂家量身订制(SOC 设计)或自行设计。

（6）小容量、低价格化。对一些比较简单的设备或系统(如简单的家电设备、智能化仪器仪表、小单元报警系统等)的控制,并不需要功能强大的单片机来实现,只需要满足控制的需求即可,因此一些功能相对简单、体积更小、功耗小、价格低廉的单片机有着广阔的市场空间,超小型的单片机成为单片机家族的重要组成部分。

（7）低噪声和高可靠性。为提高单片机的抗电磁干扰能力,使产品能适应恶劣的工作环境,满足电磁兼容性方面更高标准的要求,各单片机厂家在单片机内部电路中都采取了新的技术措施。

此外,现在的产品普遍要求体积小、重量轻,这就要求单片机除了功能强和功耗低外,还要求其体积要小。现在的许多单片机都具有多种封装形式,其中 SMD(表面封装)越来越受欢迎,使得由单片机构成的系统正朝微型化方向发展。

知识点二：常用单片机系列介绍

自单片机诞生以来,其产品得到迅猛发展,形成了多公司、多系列、多型号的局面。每个系列的单片机品种繁多,可以实现的功能越来越多,性能也越来越稳定,如何选择合适的单片机型号用于产品开发,是单片机产品开发人员面临的一个首要问题。表 0-1 所示是国际上具有较大影响力的单片机生产公司及其主要产品。

表 0-1　单片机主要生产公司及其主要产品

公　司	典 型 产 品	公　司	典 型 产 品
Intel	MCS-51、MCS-96 系列	Atmel	AT89、AVR 系列
Winbond	W77、W78 系列	Microchip	PIC16/17/18 系列
SST	SST89 系列	Freescale	MC68 系列
NXP	P87、P89 系列	ADI	ADUC 系列
Cygnal	C8051F 系列	TI	MSP430 系列 16 位单片机

（一）常用单片机系列

1. Intel 公司单片机产品

MCS-51 系列单片机是 Intel 公司 1980 年推出的 8 位单片机，也是最早推出的 8051 单片机。因为它具有良好的性价比，所以仍然是目前单片机开发和应用的主流机型。之后，多家公司购买了 Intel 公司的 8051 内核，结合现代电子技术和半导体技术，推出了各具特色的 MCS-51 兼容单片机，使得以 8051 为内核的单片机得到了大力推广和广泛应用。

MCS-51 系列单片机包括基本型的 8051 和增强型的 8052 两个子系列，性能参数对比如表 0-2 所示。

表 0-2　MCS-51 系列单片机性能指标

系列	型号	存储容量/KB		片内 RAM 容量/B	I/O 端口特性(个×位)			中断源数	频率/MHz	封装形式及引脚数
		ROM	EPROM		并行口	串行口	定时器			
8051子系列	8031	—	—	128	4×8	UART	2×16	5	2～12	DIP 40
	8051	4		128	4×8	UART	2×16	5	2～12	DIP 40
	8751	—	4	128	4×8	UART	2×16	5	2～12	PLCC 40 /DIP 40
	80C31			128	4×8	UART	2×16	5	2～12	PLCC 44
	80C51	4		128	4×8	UART	2×16	5	2～12	PLCC 44
	87C51		4	128	4×8	UART	2×16	5	2～12	PLCC 44
8052子系列	8032	—		256	4×8	UART	3×16	6	2～12	DIP 40
	8052	8		256	4×8	UART	3×16	6	2～12	PLCC 44
	8752		8	256	4×8	UART	3×16	6	2～12	DIP 4
	80C32			256	4×8	UART	3×16	6	2～12	DIP 40
	80C52	8		256	4×8	UART	3×16	6	2～12	DIP 40
	87C52		8	256	4×8	UART	3×16	6	2～12	DIP 40

MCS196 是 Intel 公司推出的 MCS-96 系列单片机，一种 16 位的高档单片机，采用多累加器结构，解决了 MCS-51 单片机单累加器编程的瓶颈问题，编程十分方便。在 I/O 口、中断源以及 A/D 等方面都比 MCS-51 有很大的增强，另外增加了高速输入/输出口（HSI/HSO）、WDT 看门狗、PWM、CAN2.0（87C196CA/B）等功能。典型产品有 80C196、8XC196、87C196 等。

2. Winbond(华邦)公司产品

华邦公司的 W77、W78 系列 8 位单片机的引脚和指令集与 8051 兼容，多数单片机每个指令周期只需要 4 个系统时钟周期，速度提高了三倍，工作频率高达 40MHz；片上功能更强，增加了 WDT 看门狗功能，多达 12 个中断源（6 个外部中断），1～2 个 UART；存储空间更大，Flash 达 64KB，一般无须外扩存储器；多数具有 ISP 在线系统编程功能；保密措施更好，不容易被解密；电源电压宽泛，1.8～5.5V；功耗得到了有效的降低。典型产品有 W78E51/52/54/58/516、W78C51/52/54/58、W78LE51/52/54/58/516、W77C58/516、W77E58 等。增强型 W79 系列 8 位单片机，集成度更高。

3. SST 公司 SST89 系列单片机

SST 系列单片机是高可靠、小扇区结构的 Flash 型单片机，具有大容量内部数据 RAM

(1KB)、程序存储区以及非易失性数据存储区(72KB)；具有大量中断源(6~9 个)和可编程计数器阵列；工作频率高达 40MHz；三个大电流驱动引脚可以直接驱动 LED；宽电压、低功耗、掉电检测功能；具有 ISP 功能，通过串行口即可在线系统仿真和编程，无须专用仿真开发工具；低价格，在市场竞争中具有较强的优势。典型产品有 SST89C54/58、SST89E554/564 系列。

4. NXP 公司 P87、P89 系列单片机

NXP 半导体，即原 Philips 公司生产的系列单片机。NXP 公司的 8 位单片机包含 80C51 系列、LPC700 系列和 LPC900 系列，其专门针对实时应用而设计，广泛应用于消费类产品、仪器仪表、工业控制、汽车控制和计算机外设等领域。

80C51 系列单片机在 80C51 内核的基础上增加了许多外围功能模块，如定时器、PWM、WDT、大量外部中断、串行接口(UART、SPI、I^2C、CAN)，可以满足不同用户需要。工作频率高达 40MHz，每个机器周期包括 6 个或 12 个时钟周期(两种内核)。主要产品有 P87C5x、P89C5x。

LPC700 系列单片机是 OTP 型的，执行速度是标准 80C51 单片机的 1--2 倍，增加有模拟电压比较器、I^2C、A/D 和 D/A 转换器，如 P87LPC769。

LPC700 系列单片机是 Flash 型的，执行速度是标准 80C51 的 6 倍，外围功能模块更丰富，具有"内部复位"功能，如 P89LPC935。

5. Cygnal 公司 C8051F 系列单片机

美国 Cygnal 公司是一家专门从事混合信号系统芯片设计与制造的公司。C8051F 系列单片机是完全集成的混合信号系统芯片，集成了嵌入式系统的许多先进技术，具有丰富的模拟和数字资源。作为后起之秀，它是目前功能最全、速度最快的品种，得到了越来越广泛的应用。

C8051F 系列单片机指令系统采用流水线结构，速度快，机器周期降为一个时钟周期；内部资源丰富，集成了电源监视器、WDT、定时/计数器、I^2C、UART、SPI、A/D(多达 32 路)、D/A、电压比较器、温度传感器、JTAG 调试接口；内置多达 128KB 的 Flash 程序存储器和大量 RAM 数据存储器；多达 22 个中断源等，简化了应用系统设计，提高了系统的稳定性。产品系列为 C8051Fxxx，如 C8051F126，具有 128KB Flash、8448B RAM、2 个 UART、5 个定时器、8 路 10 位 A/D、8 路 8 位 A/D、2 路 12 位 D/A 等。

6. Atmel 公司 AT89、AVR 系列单片机

Atmel 公司在 1994 年以 E^2PROM 技术与 Intel 公司的 80C51 内核的使用权进行交换，将 Flash 技术和 80C51 内核结合，生产出性能优越的 AT89 系列单片机，在电子产品和智能仪器仪表中得到了广泛应用，在国内应用最为广泛。常用的芯片有 AT89C51/52/55、AT89S51/52/53 等，部分还提供有先进外设，如 CAN 总线和 USB 总线接口。

AVR 系列单片机是 Atmel 公司的增强型 8 位 RISC 微控制器，对传统累加器结构进行了改进，采用 32 个可用做累加器的通用工作寄存器，从而提高了代码执行效率。其广泛用于计算机外设、工业实时控制、智能仪器仪表、通信设备、家用电器和宇航设备等领域。AVR 系列单片机主要有低档 ATtiny 系列、中档 AT90S 系列和高档 ATmega 系列。

其显著特点是采用增强的 RISC 结构，流水线结构，实现一个时钟周期执行一条指令，

可实现 1MIPS/MHz 的高速处理能力。具有丰富的片内外资源和大量的程序存储器与数据存储器。如 ATmega128,具有 128KB 的 Flash、4KB 的 E^2PROM、4KB 的 RAM、2 个 16 位定时器、8 个 PWM、2 个 UART、8 路 10 位 A/D 等。

7. Microchip 公司 PIC 系列单片机

Microchip 公司的 PIC 单片机采用哈佛 RSIC 架构,推出后很快得到市场认可。根据业界知名市场调查机构 Gartner Dataquest 2006 年市场排名,该公司勇夺全球 8 位单片机销售冠军。其 8 位单片机为汽车电子、办公自动化设备、消费电子、金融电子、智能仪器仪表、通信及工业控制等不同领域的嵌入式应用提供了优质的解决方案。

PIC 单片机功能强大,注重实际应用,有较强的模拟接口,比传统 51 单片机更加灵活,外围电路更少;采用精简指令集,执行效率高;功耗低、体积小,满足了大多数低功耗应用场合的需求,有 6 引脚到 100 引脚不同系列产品;抗干扰能力强;性能价格比高;片内、外资源丰富,具有多种外设接口。由于它的低价格和出色性能,目前国内使用的人越来越多,国内也有很多的公司在推广它。主要产品有 PIC16、PIC17、PIC18 系列。16 位的微控制器是 PIC24 系列,采用改进型哈佛 RSIC 架构,性能可以达到 40MIPS,并具备 DSP 能力。

8. Freescale 公司的 8 位单片机

Freescale 公司,即原 Motorola 半导体部,是世界上最大的微控制器厂商,在汽车应用微控制器市场中稳居第一。从 MC6800 开始,开发了多样的品种,4 位、8 位、16 位、32 位的单片机都能生产,目前典型的 8 位单片机有:M68HC05、M68HC08、HCS08、增强型的 M68HC11 系列;16 位机 M68HC12、M68HC16 及更高性能的 MC9S12。

Motorola 单片机的特点是:在同样的时钟频率下可以获得较高的指令执行速度;高频噪声低,抗干扰能力强;工作温度范围宽,大部分产品可以达到 $-40\sim125℃$,更适合于工控领域及恶劣的环境;片上资源丰富;产品品种齐全、新产品多,选择余地大。

9. ADI 公司的 ADUC 系列单片机

美国 ADI 公司生产的 ADUC 系列单片机具有高速和高精度的 ADC、DAC 功能,以及独一无二的在电路可调试、可下载的特点,特别适合在各种测控系统和仪器仪表中使用。ADuC841 也是目前容易掌握、开发和应用的单片机之一。

10. TI 公司的 MSP430 系列 16 位单片机

MSP430 系列单片机是美国德州仪器公司生产的具有精简指令集的、超低功耗的混合型微控制器,被称为业界最佳的"绿色控制器",因此常用在各种便携式的仪器仪表中,目前发展势头很猛。

采用 $1.8\sim3.6V$ 电压,在 1MHz 的时钟条件下,芯片电流在 $0.1\sim400\mu A$;采用"冯-诺依曼"结构,RAM、ROM 和全部的外围模块都位于同一个地址空间内,具有大量 Flash 存储器;具有高速处理速度,在 8MHz 晶体驱动下,指令周期为 125ns;同时具有丰富的片上外围资源,如 WDT、模拟比较器、定时器、UART、硬件乘法器、液晶驱动器、A/D、D/A、I^2C 总线、DMA 等;支持 JTAG 在线调试功能,无须仿真器和编程器。主要产品有:MSP430F123、MSP430F149、MSP430F169、MSP430F449 等。

另外,Zilog 公司的 Z8 系列单片机产品,采用多累加器结构,有较强的中断处理能力,开发工具价廉物美,以低价位面向低端应用。中国台湾省宏晶公司生产的 STC 系列与 AT 系列完全兼容,它通过内嵌一段代码来实现通过串口进行程序下载,不需要 ISP 电路,只要有串口就可以通过 PC 下载程序,使用方便。

(二)单片机的选择

单片机的选择没有统一固定的标准,使用任何系列的单片机都需要对硬件、软件和人员培训做出相当大的投资,所以没有哪个公司或个人有能力为每个项目选择不同的单片机器件。相反,一般都倾向于专门研究很少的系列单片机,从中做出合适的选择。不大可能某个系列的单片机适合所有项目设计,只能说在某种特殊应用环境下比较适于使用某种单片机。

应该根据项目的实际需求选择合适的单片机。在单片机选型过程中,有一些基本问题需要考虑,如处理速度、总线宽度、寻址能力、存储空间、片上外设资源、I/O 引脚数量、电源管理、时钟系统、功耗特性、工作温度、抗干扰能力、开发工具支持、调试接口、应用情况、封装、价格、货源和技术支持等。

(1)所选的单片机的性能是否满足任务的需要。这需要考虑单片机的总线位数、处理器的运行速度、晶振和时钟系统、抗干扰能力、工作温度范围等。如果应用只包含很少的处理工作和少数的 I/O 功能,可使用 8 位单片机,以节省成本和降低开发复杂程度;如果应用系统计算复杂,通信要求实时,响应要求快速,或者需要嵌入式操作系统的支持,就需要使用 16 位或 32 位的处理器。

(2)所选的单片机是否有足够的 ROM 和 RAM 存储程序代码与过程处理的数据,是否可进行外部存储器扩展等。

(3)所选的单片机是否有适当的片内资源来支持所需的任务,以简化外围电路设计。如定时/计数器、中断、WDT、A/D、D/A、PWM、CAN、USB、双串口等。

(4)所选的单片机是否有足够的 I/O 引脚来满足连接外部器件的要求,如键盘、LED、LCD 等。如果不够,是否方便进行 I/O 端口的扩展。

(5)所选的单片机的工作电压范围。根据实际需要选择 5V 或者 3.3V 及其他工作电压的单片机。如需要 2 节干电池供电的便携式电子设备,应选择能在 1.8～3.6V 电压范围工作的单片机(MSP430)。

(6)所选的单片机的功耗要求。如便携式电子设备、野外环境检测设备,对功耗有很高的要求。MSP430 和 PIC 系列单片机具有良好的低功耗性能。

(7)所选的单片机的开发工具是否方便,并且价格是否便宜。单片机的开发都需要有软、硬件的支持。软件包括编译器、链接器和调试器等,目前更多的是集成式软件开发环境。硬件包括仿真器和编程器。目前许多新型单片机器件支持 ISP 在线系统可编程功能,使单片机开发更加方便。基于 JTAG 仿真器的调试器是目前微控制器开发过程中应用最为广泛的开发方式,JTAG 仿真器使用方便,价格也便宜。

(8)所选的单片机的价格和封装形式。单片机的价格直接影响产品的成本,不同封装形式决定了电路板的体积大小,也影响着产品的成本。

(9)所选的单片机的货源是否充足,技术支持是否完善,资料是否完备等。有些产品性能很好,却供货不足,技术支持不完善,都将影响产品的开发速度。

总之,在当今的单片机市场,种类繁多、功能齐备的单片机层出不穷。各种单片机都有其各自的特点,至于具体选择哪种单片机型号,则完全根据项目应用的实际需要,以够用为原则,同时兼顾性价比。

小　结

本绪论首先对微处理器、微机和单片机三者的不同之处进行比较,并对单片机的性能特点、发展历史、应用现状和今后的发展趋势进行了探讨,同时对当前市场主流单片机型号及种类进行了详细的介绍,希望能给设计者和使用者在选择单片机方面提供一些参考。学完绪论后,要求:

(1) 掌握单片机的基本概念。

(2) 了解单片机的未来发展趋势和市场主流单片机型号。

思考与练习

1. 填空题

(1) CPU 是指_____,MCU 是指_____。

(2) RISC 是指_____,CISC 是指_____。

(3) 目前,新一代的单片机大都具有_____和_____等省电运行方式。

(4) 单片机应用系统由_____和_____组成。

2. 思考题

(1) 什么是单片机? 什么是单片机应用系统?

(2) 单片机的发展经历了哪几个阶段? 各个阶段的单片机有什么特点?

(3) 单片机的特点是什么? 其主要应用领域有哪些?

(4) 简述单片机的发展趋势。

(5) 当前主流单片机系列有哪些? 试简单说明其主要特色。

(6) 单片机选型时,需要考虑哪些方面?

## CHAPTER 1

MCS-51系列单片机的硬件结构

任务 1.1 模拟开关灯

一、任务描述

使用单片机监控一个按键开关,通过一个发光二极管显示其工作状态。如果开关打开,LED 灯熄灭;开关合上,LED 灯亮。通过本任务,认识单片机芯片内部基本结构和功能,并学习 Keil 软件的基本使用方法,了解单片机最小系统及单片机应用系统的设计过程。

二、硬件原理图

单片机控制模拟开关灯的硬件电路如图 1-1 所示,包括单片机、复位电路、时钟电路、电源电路、按键开关及 LED 显示电路。其中,单片机选用 89C51 芯片;复位电

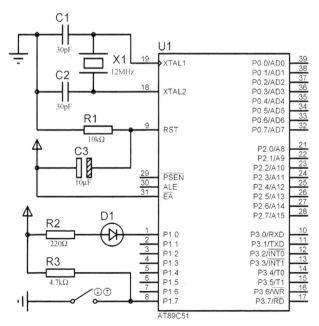

图 1-1 单片机控制模拟开关灯的硬件电路

路采用通电自动复位方式,由 RC 电路构成;时钟电路由 12MHz 晶振和两个 30pF 瓷片电容构成;电源电路中,V_{CC}接+5V,V_{SS}接地,$\overline{EA}$引脚接+5V 电源,使用单片机内部程序存储器;使用单片机的 P1.0 引脚作为信号输出,控制 LED 点亮和熄灭,使用 P1.7 引脚作为信号输入,监控开关状态。R2 为限流电阻,R3 是上拉电阻。

当开关闭合时,P1.7 输入低电平,则 P1.0 输出低电平,LED 点亮;当开关打开时,P1.7 输入高电平,则 P1.0 输出高电平,LED 熄灭。

三、相关理论知识

知识点一:MCS-51 系列单片机的内部结构组成

单片机作为计算机的一个分支,其组成结构和典型计算机相似,但结构上有其独到的特点。本书以国内应用广泛的 MCS-51 系列单片机为例,尤其是 8051,介绍单片机的硬件内部结构、工作原理、引脚功能、存储器结构及应用系统设计。8051 是 MCS-51 系列单片机的典型芯片,其他型号的单片机除了程序存储器不同外,其内部结构基本相同。

(一)MCS-51 系列单片机的内部基本组成

8051 单片机系统内部基本功能模块框图如图 1-2 所示,它由 1 个 8 位 CPU、时钟电路、内部程序存储器和数据存储器、中断系统、2 个 16 位定时/计数器、4 个并行 I/O 口和 1 个串行口组成,各部分之间通过系统总线相连。

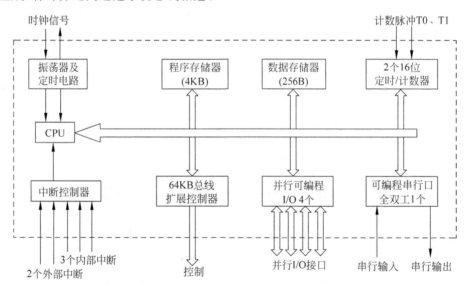

图 1-2　8051 单片机系统内部基本功能模块框图

(二)MCS-51 系列单片机的内部结构

1. CPU

图 1-3 所示为 MCS-51 系列单片机内部结构组成框图,CPU 是单片机的控制核心,由运算器和控制器组成,用于完成运算和控制功能。CPU 主要用来读入并分析每条指令,根据各指令的功能产生各种控制信号,控制存储器、输入/输出端口的数据传送、数据的算术运算、逻辑运算以及位操作处理等。

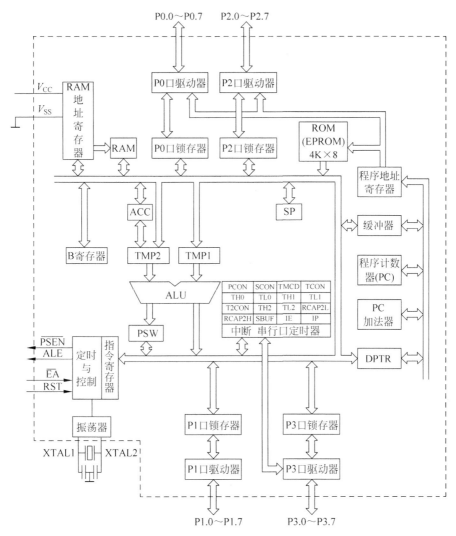

图1-3　MCS-51系列单片机内部结构组成框图

（1）CPU的控制器

控制器的主要功能是对来自程序存储器中的指令进行译码,通过定时控制电路,在规定的时刻发出操作所需的各种控制信号,协调各功能元件的工作,完成指令所规定的功能。控制器由程序计数器(PC)、指令寄存器(IR)、指令译码器(ID)、数据指针(DPTR)、堆栈指针(SP)、定时与控制逻辑电路等组成。

① 程序计数器PC(Program Counter)。PC由两个8位的计数器PCH及PCL组成,共16位,用来存放将要执行的下一条指令的地址,改变PC的内容就可以改变程序运行的方向。单片机复位时,PC自动清零,即装入地址0000H,保证系统启动时,程序从0000H地址开始执行。

② 指令寄存器(IR)及指令译码器(ID)。指令寄存器是一个8位的寄存器,用于暂存从存储器中取出待执行的指令操作码。指令寄存器中的操作码经指令译码器ID译码后,将指令转变为执行此指令所需要的电信号,驱动定时控制逻辑电路产生执行该指令所需要的

各种控制信号,完成指令的功能。

③ 数据指针(DPTR)。DPTR 是一个 16 位的专用地址指针寄存器,通常在访问外部数据存储器时作地址指针使用。使用时,DPTR 既可按 16 位寄存器使用,也可分成两个独立的 8 位寄存器使用,即 DPH(高 8 位)和 DPL(低 8 位)。通过 DPTR 寄存器间接寻址方式可以访问 0000H~FFFFH 全部 64KB 的外部数据存储器空间。

④ 定时与控制逻辑电路。定时与控制逻辑电路是处理器的心脏,用于产生各种控制信号,协调各功能部件的工作。

(2) CPU 的运算器

运算器主要由算术逻辑运算部件(ALU)、累加器(ACC)、寄存器(B)、暂存寄存器 TMP1 和 TMP2、程序状态字寄存器(PSW)、BCD 码运算调整电路等组成,主要完成算术运算、逻辑运算、位运算和数据传送操作等。

① 算术逻辑部件(ALU)。ALU 由加法器和其他逻辑电路等组成,用于对数据进行加、减、乘、除以及 BCD 加法的十进制调整等算术运算,及对 8 位二进制数据进行逻辑与、或、异或、循环、求补、清零等逻辑运算,并具有数据传送、程序转移等功能。

② 累加器(ACC,简称 A)。ACC 是一个 8 位通用寄存器,它通过暂存寄存器 TMP 与 ALU 相连,是 CPU 中使用最频繁的寄存器,用来存放一个操作数或中间结果。在一般指令中用"A"表示,在位操作和栈操作指令中用"ACC"表示。

③ 寄存器(B)。与累加器 A 协同工作,可进行乘法和除法操作。在不作乘除操作时,寄存器(B)也可作为普通的寄存器使用。

④ 程序状态字寄存器(PSW)。PSW 是一个 8 位标志寄存器,用于保存指令执行结果的状态,以供程序查询和判别。PSW 中一些位的状态是根据程序运行结果,由硬件自动设置的,而另外一些位则使用软件方法设定。一些条件转移指令将根据 PSW 某些位的状态,进行程序转移。PSW 各位的含义如表 1-1 所示,其中 D1 位未定义。各位说明如下。

表 1-1　程序状态字各位的含义及功能

位序	D7	D6	D5	D4	D3	D2	D1	D0
位标志	CY	AC	F0	RS1	RS0	OV	—	P
功能	进位标志	辅助进位标志	用户标志	寄存器区选择 MSB	寄存器区选择 LSB	溢出标志	保留	奇偶标志

- CY(PSW.7)——进位标志。CY 是 PSW 中最常见的标志位。在执行算术运算时,如果操作结果最高位有进位或借位,CY 由硬件置"1",否则清"0";在执行逻辑位运算时,CY 又可以被认为是位累加器,作用相当于累加器 A,在位传送、位与、位或等位操作中,都要使用进位标志位。

- AC(PSW.6)——辅助进位标志,又称半进位标志。在进行加或减运算时,如果低 4 位数向高 4 位有进位或借位,硬件会自动将 AC 置"1",否则清"0"。在进行十进制调整指令时,将借助 AC 状态进行判断。

- F0(PSW.5)——用户标志位。这是一个由用户定义使用的标志位,用户根据需要用软件方法置位或复位。例如用它来控制程序的转向。

- RS1、RS0(PSW.4、PSW.3)——工作寄存器区选择位。由软件进行置位或清零,用于选择当前工作寄存器组,如表 1-2 所示。MCS-51 单片机共有 4 组 8 个 8 位的工作寄存器 R0～R7,被选中的寄存器组为当前通用寄存器组,当单片机上电或复位时,RS1RS0＝00。

表 1-2　RS1 和 RS0 与工作寄存器组的对应关系

RS1	RS0	工作寄存器组	片内 RAM 地址
0	0	选中第 0 组	00H～07H
0	1	选中第 1 组	08H～0FH
1	0	选中第 2 组	10H～17H
1	1	选中第 3 组	18H～1FH

- OV(PSW.2)——溢出标志位。当执行运算指令时,由硬件置位或清除,用于指示运算是否产生溢出。

当执行有符号数的加法指令或减法指令时,溢出标志 OV 的逻辑表达式为:

$$OV = Cy6 \oplus Cy7$$

式中,Cy6 表示 D6 位有否向 D7 位的进位或借位,有为"1",否则为"0";

Cy7 表示 D7 位有否向 Cy 位的进位或借位,有为"1",否则为"0"。

因此溢出标志位在硬件上可以通过一个异或门获得。例如,两个有符号数＋84H、＋69H,采用 ADD 指令相加后的结果如下:

```
        0 1 0 1 0 1 0 0 (+84H)
  +     0 1 1 0 1 0 0 1 (+69H)
  ────────────────────────────
  Cy＝0 1 0 1 1 1 1 0 1
```

Cy6＝1、Cy7＝0,则 OV＝1 $\oplus$ 0＝1,结果为负数,产生了正溢出,运算结果错误。

当执行无符号数乘法指令 MUL 时,其结果也会影响溢出标志位。当累加器 A 和 B 寄存器中的两个乘数的积超过 255 时,OV＝1,即乘积分别在 B 与 A 中;否则为 0。由于乘积的高 8 位存放于 B 中,低 8 位存放于 A 中,则 OV＝0 意味着只要从 A 中取得乘积即可,否则要从 B 和 A 寄存器对中取得乘积结果。

在除法运算中,OV＝1 表示除数为 0,除法不能进行;反之,OV＝0,除数不为 0,除法可正常进行。

- PSW 中的 D1 位为保留位,对于 8051 来说没有意义,对于 8052 来说为用户标志 F1,与 F0 作用同。
- P(PSW.0)——奇偶标志位。该位始终跟踪累加器 A 中 1 的个数的奇偶性,由硬件根据 A 的内容对 P 进行置位或清零。若累加器 A 中 1 的个数为偶数,P＝0;若 1 的个数为奇数,P＝1。此标志位对串行通信中的数据传输有重要的意义,在串行通信中常采用奇偶校验的办法来校验数据传输的可靠性。

PSW 中的 4 个标志位 P、OV、AC 和 CY 是由硬件根据指令的执行情况自动置位或复位的,一般用户不要轻易修改。

2. 存储器

单片机有 RAM 和 ROM 两类存储器,ROM 是程序存储器,RAM 是数据存储器。8051

单片机内部有 256 个字节的 RAM 数据存储器和 4KB 的 ROM 程序存储器,当不够使用时,可分别扩展为 64KB 外部数据存储器和 64KB 程序存储器。

3. 定时/计数器

8051 单片机内部有两个 16 位的定时/计数器,即定时器 0 和定时器 1,用来实现定时和计数功能,通过定时或计数结果来对单片机进行控制。

4. 并行 I/O 端口

8051 单片机内部有 4 个 8 位的双向 I/O 端口(称为 P0、P1、P2、P3),可以实现数据的并行输入与输出,且每一条 I/O 线都能独立地用做输入或输出。

5. 串行口

8051 单片机内部有一个可编程的全双工串行口,可以实现单片机与其他外部设备之间的串行数据通信,扩展了单片机的实际应用能力。

6. 中断控制系统

单片机通过中断来实现对程序段的优先执行,完成控制的需要。在 8051 单片机中含有 5 个中断源,分别为 2 个外中断,2 个定时/计数中断,1 个串行口中断,每个中断具有高、低两个优先级别可供选择。

7. 时钟电路

单片机为了同步内部的各种操作,需要统一的时钟信号。在 MCS-51 单片机内部的时钟电路正是为满足此要求而设置的,只需外接石英晶体和微调电容即可。典型的晶振频率一般选择 6MHz、12MHz 或 11.0592MHz。

8. 总线

总线是用于传送信息的一组公共信号线,分为内部总线和外部总线两类。内部总线是 CPU 内部之间的连线。外部总线是指 CPU 与其他部件之间的连线。从功能看,总线又可分为数据总线、地址总线、控制总线。以上介绍的单片机的各组成部分通过内部总线紧密地联系在一起,总线结构减少了单片机的连线和引脚,提高了集成度和可靠性。

从以上介绍可以看出,单片机就是一台微型计算机,它将计算机应该具有的基本部件都集成到一块芯片上,其目的就是实现低成本控制,提高系统的可靠性。

知识点二：MCS-51 单片机引脚及其功能

MCS-51 系列单片机中各种芯片的引脚是互相兼容的,图 1-4 所示为采用标准的双列直插封装(DIP)的 MCS-51 系列单片机引脚图。另外还有方形、SMD 等多种封装形式。

了解 MCS-51 系列单片机的引脚,熟悉并牢记各引脚的功能,是掌握和运用 MCS-51 系列单片机的基础。因受到引脚数目的限制,所以有不少引脚具有第二功能。单片机引脚按功能可分为 4 类:电源及晶振引脚、控制引脚和 I/O 口引脚。各引脚功能介绍如下。

1. 电源引脚:V_{CC}、V_{SS}

(1) V_{CC}(40 脚):+5V 电源正端。

(2) V_{SS}(20 脚):电源的接地端。

2. 晶振引脚:XTAL1(19 脚)和 XTAL2(18 脚)

外接晶体引线端,当使用内部时钟时,用于外接石英晶体和微调电容;当使用外部时钟时,用于连接外部时钟信号。具体参见知识点四。

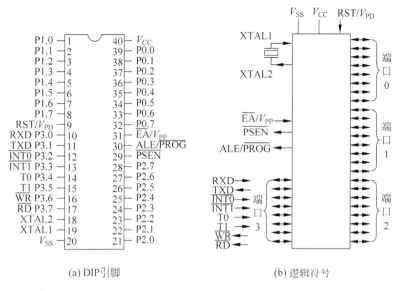

图 1-4　MCS-51 系列单片机引脚配置图

3. I/O 引脚:P0、P1、P2、P3

P0.0～P0.7(39～32 脚):8 位双向三态 I/O 口,具有两个功能,第一功能是作为基本输入/输出口,负责单片机与外界的数据交换;第二功能主要用于片外存储器扩展,此时将作为地址/数据总线复用口,通过分时操作,先传送低 8 位地址,利用 ALE 信号的下降沿将地址锁存,然后作为 8 位双向数据总线使用。

P1.0～P1.7(1～8 脚):8 位准双向 I/O 口。作为基本输入/输出口,负责单片机与外界的数据交换。

P2.0～P2.7(21～28 脚):8 位准双向口,具有两个功能,第一功能是作为基本输入/输出口,负责单片机与外界的数据交换;第二功能主要用于系统扩展,此时 P2 口将作为高 8 位地址线使用。

P3.0～P3.7(10～17 脚):8 位准双向 I/O 口。P3 口的每条引脚都具有双重功能。第一功能是作为基本输入/输出口,负责单片机与外界的数据交换;各条引脚的第二功能见表 1-3。

表 1-3　P3 口引脚的第二功能

引脚	第 二 功 能
P3.0	RXD,串行输入口
P3.1	TXD,串行输出口
P3.2	$\overline{INT0}$,外部中断源输入 0
P3.3	$\overline{INT1}$,外部中断源输入 1
P3.4	T0,定时/计数器外部输入 0
P3.5	T1,定时/计数器外部输入 1
P3.6	$\overline{WR}$,片外数据存储器写选通信号控制输出
P3.7	$\overline{RD}$,片外数据存储器读选通信号控制输出

4．控制信号引脚：RST/V_{PD}、ALE/$\overline{RPOG}$、$\overline{PSEN}$、$\overline{EA}/V_{PP}$

（1）RST/V_{PD}（9 脚）：单片机复位/备用电源引脚。一般作为单片机的复位引脚，外接复位电路，当振荡器正常工作时，在此引脚下出现两个以上机器周期的高电平时，将使单片机复位。

该引脚可接备用电源，当 V_{CC} 发生故障，降低到低电平规定值或掉电时，该备用电源为内部 RAM 供电，以保证 RAM 中的数据不丢失。

（2）$\overline{EA}/V_{PP}$（31 脚）：片内、外程序存储器选择/片内固化编程电压输入引脚。

该引脚为片外程序存储器选择端，低电平时，选用片外程序存储器；高电平时，首先选用片内程序存储器，当超过片内地址范围时，将自动延伸到片外程序存储器。8051 无片内程序存储器，必须使用片外扩展程序存储器，所以该引脚应接地。

对于片内含有 EPROM 的机型，在编程期间，该引脚用做 21V 的编程电压 V_{PP} 输入端。

（3）ALE/$\overline{PROG}$（30 脚）：地址锁存允许信号输出/编程脉冲输入引脚。

正常操作时对地址信号锁存控制，系统扩展时，P0 口是 8 位数据线和低 8 位地址线复用引脚，ALE 用于把 P0 口输出的 8 位地址锁存，以实现低 8 位地址和数据的隔离，具体应用参见模块 8。由于 ALE 是以晶振 1/6 固定频率的脉冲信号输出，因此，它可用做外部时钟或外部定时脉冲使用。

对于片内含有 EPROM 的机型，在编程期间，该引脚用于输入专门的编程脉冲和编程电源。

（4）$\overline{PSEN}$（29 脚）：片外程序存储器的读选通信号引脚。

低电平有效，可实现对片外 ROM 的读操作。CPU 在从片外 ROM 取指令（或常数）期间，每个机器周期两次有效，在此期间，程序存储器的内容被送上 P0 口。

知识点三：MCS-51 单片机存储器结构

与一般的微型计算机存储结构不同，MCS-51 系列单片机的存储结构采用哈佛结构，即把数据存储器与程序存储器分开编址，各有各的寻址方式、寻址空间和控制信号。在物理上具有 4 个相互独立的存储器空间：片内程序存储器、片外程序存储器、片内数据存储器和片外数据存储器；从逻辑上看，它具有 3 个存储器地址空间：片内外统一编址的程序存储器地址空间、片内数据存储器地址空间、片外数据存储器地址空间。

MCS-51 存储器地址空间分配如图 1-5 所示。数据存储器地址空间与程序存储器地址空间重叠，但不会造成混乱。因为访问外部程序存储器时，用 $\overline{PSEN}$ 信号选通，而访问外部数据存储器时，由读信号和写信号选通。

片内数据存储器（内部 RAM）和外部数据存储器（外部 RAM）地址空间重叠，也不会造成混乱。因为片内数据存储器通过 MOV 指令读写，此时外部数据存储器读选通信号和写选通信号无效，而外部数据存储器通过 MOVX 指令访问，由读或写信号选通。

（一）程序存储器（ROM）

程序存储器用于存放单片机应用程序、表格和常数。由于采用 16 位的地址总线和 16 位的程序计数器 PC，所以其可扩展的地址空间为 64KB，且这 64KB 地址是连续、统一的。不过需要注意的是，片外程序存储器的低地址空间与片内程序存储器的地址空间重

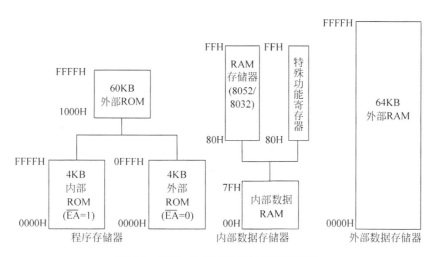

图 1-5　MCS-51 存储器地址空间分配图

叠,为了解决地址冲突的问题,需要通过单片机上的$\overline{\text{EA}}$引脚来区分是使用片内 ROM,还是使用片外 ROM:如果$\overline{\text{EA}}$端保持高电平,则 8051 的程序计数器(PC)首先从片内 ROM 中取指令,当 PC 值超出片内地址范围时,将自动转向片外程序存储器相应的地址空间取指令;当$\overline{\text{EA}}$保持低电平时,则只能从片外程序存储器取指令,此时片外存储器从 0000H 开始编址。

对于片内无 ROM 的单片机,如 8031、80C31 和 80C32 等,应用时应将$\overline{\text{EA}}$引脚接低电平,使系统全部执行片外程序存储器中的程序。对于片内有 ROM 的单片机,如 80C51/87C51,一般把$\overline{\text{EA}}$引脚接高电平。

在 8051 程序存储器中有一组特殊的保留单元 0000H～002AH,使用时要特别注意。其中 0000H～0002H 是系统的启动单元,程序指针 PC 在单片机复位后为 0000H,故系统从0000H 单元开始取指令执行程序;如果程序并不是从 0000H 开始的,那么需要在该单元中存放一条绝对跳转指令,将 PC 移动到程序开始处,以便直接执行指定的程序。而 0003H～002AH 共 40 个单元被均匀分成 5 段,每段 8 个单元,分别存放单片机 5 个中断源的中断服务程序入口地址,见表 1-4。

表 1-4　中断向量入口地址表

中断源	入 口 地 址	中断源	入 口 地 址
0003H	外部中断 0 入口地址	001BH	定时器 1 中断入口地址
000BH	定时器 0 中断入口地址	0023H	串行口中断入口地址
0013H	外部中断 1 入口地址		

在使用时,中断服务程序和主程序一般应放置在 0030H 以后。而在这些中断入口处存放一条绝对跳转指令,使程序跳转到用户安排的中断服务程序的起始地址,或者从 0000H启动地址跳转到用户设计的初始化程序入口处。中断服务程序由中断源引起,有关中断结构将在后续任务中介绍。

（二）数据存储器（RAM）

数据存储器用来存储单片机程序运行期间的运算中间结果、数据暂存和缓冲等。8051数据存储器在物理上和逻辑上都分为两个地址空间:一个是片内 256 字节的 RAM,另一个是片外最大可扩充 64KB 的 RAM。

8051 片内数据存储器的结构如图 2-5 所示。在物理上分为两个不同的区：00H～7FH 单元组成低 128 字节的片内 RAM 区和 80H～FFH 单元组成的高 128 字节的特殊功能寄存器区。这两个空间是相连的，从用户角度而言，低 128 单元才是真正的数据存储器。

1. 低 128 字节的片内 RAM 区

按其用途划分为通用工作寄存器区、位寻址区和通用 RAM 区三个区域，内部结构如图 1-6 所示。

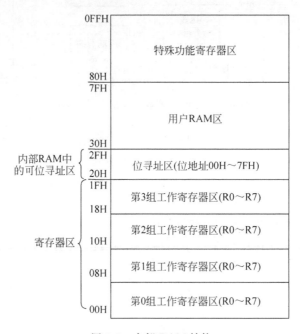

图 1-6　内部 RAM 结构

（1）通用工作寄存器区。8051 内部 RAM 的 00H～1FH 的 32 个单元是 4 组通用工作寄存器区，分别为第 0、1、2、3 组工作寄存器，每组 8 个寄存器，依次用 R0～R7 表示，见表 1-5。

从功能上看，工作寄存器区主要用于存放操作数及程序运行时的一些中间结果。在同一时刻，CPU 只能使用 4 组工作寄存器中的一组，正在使用的寄存器组称为当前寄存器组。当前工作寄存器到底是哪一组，由程序状态寄存器（PSW）中的 RS1 和 RS0 的位状态组合决定。单片机上电或复位后，RS1RS0＝00，CPU 默认选中工作寄存器的第 0 组，而未被选中的其他寄存器组则可以当做一般 RAM 使用。

表 1-5　工作寄存器地址表

区号	RS1(PSW. 4)	RS0(PSW. 3)	R0	R1	R2	R3	R4	R5	R6	R7
0	0	0	00H	01H	02H	03H	04H	05H	06H	07H
1	0	1	08H	09H	0AH	0BH	0CH	0DH	0EH	0FH
2	1	0	10H	11H	12H	13H	14H	15H	16H	17H
3	1	1	18H	19H	1AH	1BH	1CH	1DH	1EH	1FH

（2）位寻址区与位地址。内部 RAM 的 20H～2FH 的 16 个单元(共 128 位)，对其每一位都赋予了一个位地址，对应的地址范围为 00H～7FH，既可以作为一般 RAM 单元使用，进行字节操作，也可以用位寻址方式访问这 16 个字节中的每个位，因此，该区称为位寻址区。位寻址区的字节地址与位地址关系见表 1-6。

表 1-6　位寻址区的字节地址与位地址关系

字节地址	D7	D6	D5	D4	D3	D2	D1	D0
2FH	7FH	7EH	7DH	7CH	7BH	7AH	79H	78H
2EH	77H	76H	75H	74H	73H	72H	71H	70H
2DH	6FH	6EH	6DH	6CH	6BH	6AH	69H	68H
2CH	67H	66H	65H	64H	63H	62H	61H	60H
2BH	5FH	5EH	5DH	5CH	5BH	5AH	59H	58H
2AH	57H	56H	55H	54H	53H	52H	51H	50H
29H	4FH	4EH	4DH	4CH	4BH	4AH	49H	48H
28H	47H	46H	45H	44H	43H	42H	41H	40H
27H	3FH	3EH	3DH	3CH	3BH	3AH	39H	38H
26H	37H	36H	35H	34H	33H	32H	31H	30H
25H	2FH	2EH	2DH	2CH	2BH	2AH	29H	28H
24H	27H	26H	25H	24H	23H	22H	21H	20H
23H	1FH	1EH	1DH	1CH	1BH	1AH	19H	18H
22H	17H	16H	15H	14H	13H	12H	11H	10H
21H	0FH	0EH	0DH	0CH	0BH	0AH	09H	08H
20H	07H	06H	05H	0H	03H	02H	01H	00H

（3）用户 RAM 区。在内部 RAM 的低 128 个单元中，除去通用寄存器区和位寻址区外，剩下的 80 个单元是供用户使用的 RAM 区，其单元地址为 30H～7FH。对用户 RAM 区的使用没有任何规定或限制，但在一般应用中常作堆栈或数据缓冲。

2. 高 128 字节的专用寄存器(SFR)区

内部 RAM 高 128 个单元地址为 80H～FFH，是供专用寄存器使用的，也称为特殊功能寄存器。8051 单片机共有 21 个特殊功能寄存器，它们被零散地分布在内部 80H～FFH 地址中，每个 SFR 占有一个 RAM 单元。因这些寄存器的功能已作专门规定，用户不能修改其结构，尽管其中还有许多空闲地址，但用户也不能使用。

特殊功能寄存器专用于控制、管理单片机内算术逻辑部件、并行 I/O 口锁存器、串行口数据缓冲器、定时/计数器、中断系统等功能模块的工作。8051 中的 21 个专用寄存器 SFR，其中有 11 个专用寄存器具有位寻址能力。专用寄存器地址分布及对应的位地址见表 1-7。

专用寄存器只能使用直接寻址方式，书写时，既可以使用寄存器符号，也可以使用寄存器单元地址。表 1-7 中，带 * 的寄存器既可以进行位寻址也可以进行字节寻址，其他的寄存器只能按字节寻址。

表 1-7　特殊功能寄存器的名称和地址

SFR 符号	功 能 名 称	MSB	位地址/位定义						LSB	字节地址
* B	B 寄存器	F7H	F6H	F5H	F4H	F3H	F2H	F1H	F0H	F0H
* ACC	累加器	E7H	E6H	E5H	E4H	E3H	E2H	E1H	E0H	E0H
* PSW	程序状态字	D7H	D6H	D5H	D4H	D3H	D2H	D1H	D0H	D0H
		CY	AC	F0	RS1	RS0	OV	F1	P	
* IP	中断优先级控制寄存器	BFH	BEH	BDH	BCH	BBH	BAH	B9H	B8H	B8H
		/	/	/	PS	PT1	PX1	PT0	PX0	
* P3	P3 口锁存器	B7H	B6H	B5H	B4H	B3H	B2H	B1H	B0H	B0H
		P3.7	P3.6	P3.5	P3.4	P3.3	P3.2	P3.1	P3.0	
* IE	中断允许控制寄存器	AFH	AEH	ADH	ACH	ABH	AAH	A9H	A8H	A8H
		EA	/	/	ES	ET1	EX1	ET0	EX0	
* P2	P2 口锁存器	A7H	A6H	A5H	A4H	A3H	A2H	A1H	A0H	A0H
		P2.7	P2.6	P2.5	P2.4	P2.3	P2.2	P2.1	P2.0	
SBUF	串行数据缓冲器									99H
* SCON	串行口控制寄存器	9FH	9EH	9DH	9CH	9BH	9AH	99H	98H	98H
		SM0	SM1	SM2	REN	TB8	RB8	TI	RI	
* P1	P1 口锁存器	97H	96H	95H	94H	93H	92H	91H	90H	90H
		P1.7	P1.6	P1.5	P1.4	P1.3	P1.2	P1.1	P1.0	
TH1	定时/计数器 1 高 8 位									8DH
TH0	定时/计数器 0 高 8 位									8CH
TL1	定时/计数器 1 低 8 位									8BH
TL0	定时/计数器 0 低 8 位									8AH
TMOD	定时/计数器方式选择寄存器	GATE	C/$\overline{\text{T}}$	M1	M0	GATE	C/$\overline{\text{T}}$	M1	M0	89H
* TCON	定时/计数器控制寄存器	8FH	8EH	8DH	8CH	8BH	8AH	89H	88H	88H
		TF1	TR1	TF0	TR0	IE1	IT1	IE0	IT0	
PCON	电源控制及波特率选择寄存器	SMOD	/	/	/	GF1	GF0	PD	IDL	87H
DPH	数据寄存器指针(高 8 位)									83H
DPL	数据寄存器指针(低 8 位)									82H
SP	堆栈指针									81H
* P0	P0 口锁存器	87H	86H	85H	84H	83H	82H	81H	80H	80H
		P0.7	P0.6	P0.5	P0.4	P0.3	P0.2	P0.1	P0.0	

　　CPU 中的程序计数器(PC)不占用 RAM 单元,没有地址,它在物理结构上是独立的,是不可寻址的寄存器。用户无法对它进行读写,但可以通过转移、调用、返回等指令改变其内容,以实现程序的转移。前面已经介绍了 ACC、B、PSW 等特殊功能寄存器,下面将对其中的堆栈指针的功能进行介绍,另外一些寄存器留待后续相关知识点中介绍。

　　堆栈指针(Stack Pointer,SP)。堆栈是 RAM 中一个特殊的存储区,用来暂存数据和地址,它是按先进后出、后进先出的原则存取数据的。堆栈共有两种操作:进栈和出栈。

为了正确存取堆栈区的数据,需要一个寄存器来指示最后进入堆栈的数据所在的单元地址,堆栈指针就是为此而设计的。堆栈指针(SP)是一个 8 位专用寄存器,设置在内部 RAM 中,它指示出堆栈顶部数据在片内 RAM 中的位置,即地址,可以把它看成一个地址指针,它总是指向堆栈顶端的存储单元。

8051 单片机的堆栈是向上生成的,即进栈时,SP 的内容是增加的;出栈时,SP 的内容是减少的。系统复位后堆栈指针 SP 内容为 07H。如不重新定义,则以 07H 为栈底,压栈的内容从 08H 单元开始存放,即每当压入一个字节数据,堆栈指针先加 1,然后压入数据。一般在单片机初始化时将堆栈指针指向 30H 以上,也就是指向数据缓冲区。由于 SP 可初始化为不同的值,因此堆栈位置是浮动的。

知识点四：MCS-51 单片机的最小系统

所谓单片机的最小系统,是指一个真正可用的单片机最小配置系统。除了接电源和地线引脚外,单片机能够工作的最小电路还包括时钟和复位电路,通常称为单片机的最小系统电路。

时钟电路为单片机工作提供基本时钟,复位电路用于将单片机内部各电路的状态恢复到初始值。如图 1-1 中模拟开关灯电路中包含了典型的单片机最小系统电路。

（一）单片机时钟电路

单片机本身如同一个复杂的同步时序逻辑电路,为了保证同步工作方式的实现,电路应在唯一的时钟信号控制下严格地按时序进行工作。时钟电路用于产生单片机工作所需要的时钟信号,时序反映了指令执行中各信号之间的相互关系。

1. 时钟信号的产生

89C51 内部有一个用于构成振荡器的高增益反相放大器,引脚 XTAL1 和 XTAL2 分别按放大器的输入和输出端。在 XTAL1 和 XTAL2 上外接时钟源即可构成时钟电路。单片机的时钟信号通常有内部和外部两种时钟产生方式。

内部时钟方式的硬件电路如图 1-7(a)所示。只需在 XTAL1 和 XTAL2 之间跨接一个晶体振荡器和两个微调电容,就构成一个稳定的自激振荡器。电容的典型值一般为 30pF 左右,晶振频率典型值为 6MHz、11.0592MHz、12MHz。

外部时钟方式的硬件电路如图 1-7(b)所示。外部振荡器的信号接至 XTAL1,而 XTAL2 悬空。它一般适用于多片单片机同时工作时,使用同一时钟信号,以保证单片机的工作同步。

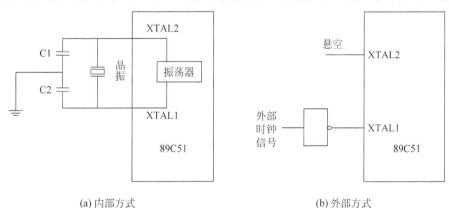

(a) 内部方式　　　　　　　　　　　　　　(b) 外部方式

图 1-7　89C51 单片机时钟电路

2. 单片机的工作时序

CPU 执行指令的一系列动作都是在定时控制部件的控制下按照一定的时序一拍一拍进行的。通常按指令的执行过程将时序化为几种周期,即振荡周期、状态周期、机器周期和指令周期。

(1) 振荡周期。振荡周期是指振荡电路产生的脉冲信号的周期,是单片机中最小的时序单位,用 P 来表示。

(2) 状态周期。状态周期是振荡周期经二分频后得到的,它是单片机的时钟信号的周期,定义为状态,用 S 来表示。一个状态周期由两个节拍 P1、P2 组成,其前半周期对应的节拍是 P1,其后半周期对应的节拍是 P2,即 2 个振荡周期为一个状态周期。

(3) 机器周期。计算机把执行一条指令过程划分为若干个阶段,每一阶段完成一项规定操作,完成某一个规定操作所需的时间称为一个机器周期。

一般情况下,一个机器周期由若干个状态周期组成。而 MCS-51 系列单片机采用定时控制方式,有固定的机器周期,规定一个机器周期为 6 个状态周期,即 12 个振荡周期,用 T_{cy} 表示,相当于机器周期是振荡频率的 12 分频。

(4) 指令周期。指令周期是 CPU 执行一条指令所需要的时间。不同的指令,所需要的机器周期数也不相同。一般为 1 个机器周期、2 个机器周期或 4 个机器周期。

89C51 指令系统中,有单周期指令、双周期指令和四周期指令,四周期指令只有乘法和除法指令两条,其余均为单周期和双周期指令。

如晶振频率为 12MHz 时,机器周期为 $1\mu s$。89C51 单片机的时钟信号如图 1-8 所示。

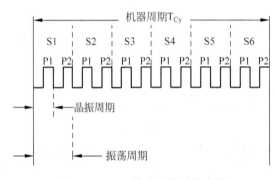

图 1-8　89C51 单片机的时钟信号

(5) 典型的工作时序。单片机执行任何一条指令时都可以分为取指令阶段和执行指令阶段,图 1-9 列举了几种指令的取指令时序。

单周期指令的执行始于 S1P2,这时操作码被锁存到指令寄存器内。若是双字节则在同一机器周期的 S4P2 读第二字节。若是单字节指令,则在 S4P2 仍有读出操作,但被读取的字节无效,且程序计数器(PC)并不加 1。

图 1-9(a) 和 (b) 分别给出了单字节单周期和双字节单周期指令的时序,都能在 S6P2 结束时完成操作。

图 1-9(c) 给出了单字节双周期指令的时序,两个机器周期内进行 4 次读操作码操作。因为是单字节指令,后三次读操作都是无效的。

图 1-9(d) 给出了访问片外 RAM 指令"MOVX A,@DPTR"的时序,它是一条单字节双

周期指令。在第一个机器周期 S5P1 开始送出片外 RAM 地址后,进行读/写数据。读写期间在 ALE 端不输出有效信号,所以第二个机器周期即外部 RAM 已被寻址和选通后,也不产生取指令操作。

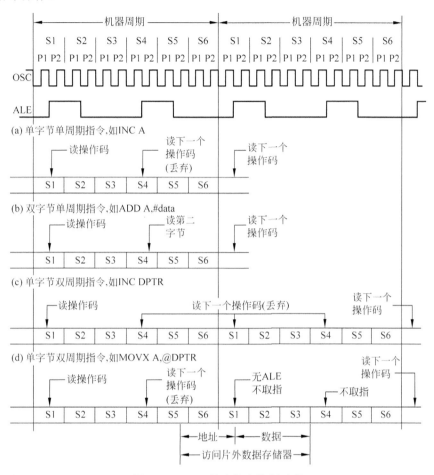

图 1-9 89C51 的取指令执行时序

(二)单片机复位电路

单片机在启动运行时都需要复位,复位使 CPU 和系统中其他部件都处于一个确定的初始状态,并从这个状态开始工作。因此,单片机在刚通电时或者发生故障后都要重新复位,这通过单片机的一个复位引脚 RST 来实现。

为了保证单片机进行可靠的复位,在 RST 引脚上必须加上 2 个机器周期以上的高电平。如晶振频率为 12MHz 的单片机,复位信号高电平持续时间要超过 $2\mu s$。

1. 单片机常见的复位电路

单片机常见的复位电路如图 1-10 所示。

通电复位电路如图 1-10(a)所示,它是利用电容充电来实现的,由于电容两端的电压不能突变,通电瞬间 RST/V_{PD} 端的电位与 V_{CC} 相同,随着充电的进行,RST/V_{PD} 的电位下降,最后被嵌位在 0V,只要保证加在 RST 引脚上的高电平持续时间大于 2 个机器周期,便能正常复位。

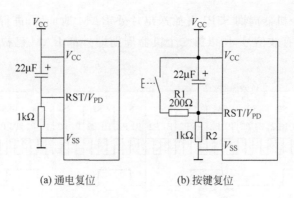

(a) 通电复位   (b) 按键复位

图 1-10 单片机常见的复位电路

按键复位电路如图 1-10(b)所示。若要复位,只需将按键按下,此时电源 V_{CC} 经电阻 R1、R2 分压,在 RST 端产生一个复位高电平。该电路还具有上电复位功能。

复位后,单片机内部的各专用寄存器初始状态如表 1-8 所示(表中 * 为随机值)。

表 1-8 单片机复位状态

特殊功能寄存器	初 始 状 态	特殊功能寄存器	初 始 状 态
PC	0000H	TMOD	00H
ACC	00H	TCON	00H
B	00H	TH0	00H
PSW	00H	TL0	00H
SP	07H	TH1	00H
DPTR	0000H	TL1	00H
P0～P3	FFH	SCON	00H
IP	** 000000B	SBUF	******** B
IE	0 * 000000B	PCON	0 *** 0000B

单片机复位期间时,ALE 和 $\overline{PSEN}$ 输出高电平信号,不会有任何取指操作,片内 RAM 不受复位的影响。

复位后,PC=0000H,使单片机从程序存储器的第一个单元取指令运行。所以当单片机运行出现故障时,可按复位键重新启动。

2. 程序运行监控复位

程序运行监控复位通常由各种类型的程序监控定时器(Watchdog Timer,WDT)实现,俗称"看门狗"。

看门狗电路的应用,使单片机可以在无人状态下实现连续工作,其工作原理是看门狗芯片和单片机的一个 I/O 引脚相连,该 I/O 引脚通过程序控制它定时地往看门狗的这个引脚上送入高电平(或低电平),这一程序语句分散地放在单片机其他控制语句中间,一旦单片机由于干扰造成程序跑飞后而陷入死循环状态时,写看门狗引脚的程序便不能被执行,这个时候,看门狗电路就会由于得不到单片机送来的信号,便在它和单片机复位引脚相连的引脚上送出一个复位信号,使单片机发生复位,即程序从程序存储器的起始位置开始执行,这样便实现了单片机的自动复位。

目前常用的看门狗是硬件看门狗和软件看门狗。硬件看门狗电路如图 1-11 所示。SP813 的 7 脚与单片机复位脚相连,单片机使用一个 I/O 引脚电平控制 SP813 的 6 脚。

硬件看门狗的特点是稳定,常用的看门狗芯片有 SP 系列的芯片,例如,SP706、SP708、SP813 等,在选择外部看门狗芯片时一定要注意单片机的复位电平是高电平还是低电平。软件看门狗技术的原理和这差不多,只不过是用软件的方法实现。现

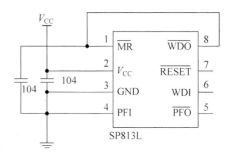

图 1-11　硬件看门狗电路

在很多单片机内部都集成了看门狗,而程序中要做的就是在看门狗复位信号到来之前喂狗。

四、软件设计

图 1-1 中所示的只是单片机应用系统的硬件电路,只有在单片机芯片的内部程序存储器中加载了事先编译好的模拟灯控制程序,才能看到按键控制 LED 灯的点亮和熄灭效果。因此,单片机系统由硬件和软件两部分组成,两者缺一不可。

模拟控制灯的源程序如下:

```
/ *********************************************************
名称:模拟控制灯
模块名:AT89C51
功能描述:当开关闭合时,P1.7 输入低电平,则 P1.0 输出低电平,LED 点亮;当开关打开时,P1.7 输
         入高电平,则 P1.0 输出高电平,LED 熄灭
       ********************************************************* /
#include< reg51.h>        //包含的头文件,对单片机内部特殊功能寄存器进行了符号定义
sbit Led = P1^0;          //定义位名称
sbit Key = P1^7;
void main( )
{
  while(1)
  {
     Led = Key;           //将按键状态直接映射到 LED 上
  }
}
```

源程序在 Keil 中编辑,然后经过编译、链接,生成二进制目标代码文件 * . hex,最后将二进制代码下载到单片机程序存储器中。这样单片机上电后就可以看到模拟开关灯的效果了。详细的调试和 Keil 软件使用参见模块 3 单片机开发系统介绍。

五、任务小结

通过模拟开关灯控制系统的设计过程,让读者对单片机内部基本结构、单片机最小应用系统有了初步的了解。对单片机应用系统的开发过程有了一个基本的认识,首先设计硬件电路,然后根据电路连接情况编写相应的控制程序代码,最后将编译后的软件目标代码

下载到单片机程序存储器中运行调试。

需要注意的是,随着技术的发展,单片机芯片内部固化的程序存储器空间越来越大,因此,用户程序一般直接加载在单片机内部程序存储器中,无须外部程序存储器扩展,此时$\overline{EA}$引脚必须接高电平,如图 1-1 所示。

任务 1.2　流水灯控制

一、任务描述

使用单片机的 P1 口作为输出口,控制 8 个用于逻辑显示的发光二极管。设计程序实现 8 个发光二极管的轮流循环点亮。通过一个按键开关控制显示顺序,如果开关打开,LED自上而下依次点亮;开关合上,LED 从下向上依次点亮。通过本任务,熟悉 MCS-51 单片机并行 I/O 端口的使用,学习 Keil 软件的使用和单片机应用系统的设计过程。

二、硬件原理图

单片机控制流水灯硬件电路如图 1-12 所示,单片机的 P1 口经过 8 路锁存器 74LS373分别与 8 个 LED 管的阴极相连,LED 管的阳极并接在一起与 V_{cc} 电源相连。当 P1 口的引脚输出低电平时,对应的 LED 被点亮;当 P1 口的引脚输出高电平时,对应的 LED熄灭。

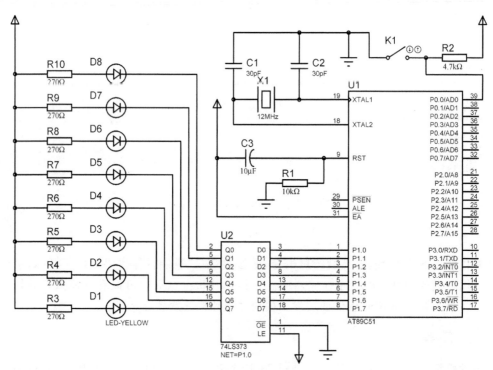

图 1-12　单片机控制流水灯硬件电路

使用单片机的 P0.0 引脚作为信号输入,监控开关状态。R2 为上拉电阻,因为 P0 口内部没有上拉电阻,所以作为通用 I/O 口使用时,必须接上拉电阻。

三、相关理论知识

知识点五:MCS-51 系列单片机的并行输入/输出端口结构

89C51 单片机有 4 个 8 位并行 I/O 端口,分别为 P0、P1、P2 和 P3,它们属于特殊功能寄存器。4 个端口都是双向口,既可以作输入,也可以作输出,既可按 8 位处理,也可按位方式使用。输出时具有锁存能力,输入时具有缓冲功能。4 个端口可以作为一般的 I/O 端口使用,在结构和特性上基本相同,又各具特点。

(一)P0 口

P0 口是一个 8 位漏极开路的准双向 I/O 端口,既可作为地址/数据分时复用口,也可作为通用的 I/O 接口。

1. P0 口的结构

图 1-13 所示是 P0 口的一位口线逻辑电路结构图,它由一个输出锁存器、两个三态数据输入缓冲器、一个输出驱动电路和一个输出控制电路组成。输出驱动电路由一对场效应晶体管 VT1 和 VT2 组成,其工作状态受输出控制电路的控制;输出控制电路由一个与门电路,一个反相器和一个 2 选 1 多路开关 MUX 构成。

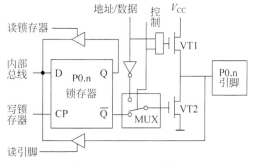

图 1-13   P0 口位结构

2. P0 口作为通用 I/O 口使用

当控制信号为低电平"0"时,P0 口作为通用 I/O 口使用,与非门输出低电平使 VT1 截止,输出电路为漏极开路,同时多路模拟开关 MUX 与锁存器的 $\overline{Q}$ 端接通。

当 P0 口作为输出口使用时,内部总线将数据送入锁存器,内部的写脉冲加在锁存器时钟端 CP 上,锁存数据到 $\overline{Q}$ 端。经过 MUX,VT2 反相后正好是内部总线的数据,送到 P0 口引脚输出。

当 P0 口作为输入口使用时,应区分读引脚和读端口两种情况。所谓读引脚,就是读芯片引脚的状态,这时使用下方的数据缓冲器,由"读引脚"信号把缓冲器打开,把端口引脚上的数据从缓冲器通过内部总线读进来。读端口是指通过上面的数据缓冲器读锁存器 Q 端的状态。读端口是为了适应对 I/O 口进行"读—修改—写"操作的需要。例如:

```
P0 = P0&0x0f;          //将 P0 口的高 4 位清 0,低 4 位保持不变输出
```

指令执行时,首先把 P0 口锁存器中的数据读入,然后与 0xf0 进行"逻辑位与"操作,最后将结果送回 P0 口。对于这类指令不直接读引脚而读锁存器是为了避免可能出现的错误。因为当 P0 口的某位已处于输出状态时,外部导通的器件会把端口引脚的电平拉低,这样直接读引脚就会把本来输出的 1 误读为 0。但若从锁存器端读,就能避免此类错误,得到正确的数据。

当 P0 口作通用 I/O 接口时,应注意以下两点:

（1）在输出数据时，由于 VT1 截止，输出级是漏极开路电路，要使"1"信号正常输出，必须外接上拉电阻（5～10kΩ）。

（2）在输入数据时，如果 VT2 导通会将输入的高电平拉为低电平而造成误读，所以在进行输入操作前，应先向端口写入"1"，使 VT2 截止，引脚处于悬浮状态而成为高阻抗输入，以避免锁存器为"0"时，对引脚读入的干扰。

3. P0 口作为分时复用的地址/数据总线使用

当控制信号为高电平"1"时，P0 口可作为系统扩展时的低 8 位地址和数据总线使用。可分为两种情况：一种是从 P0 口引脚输出地址或数据。此时，CPU 内部发出高电平的控制信号，打开与门，同时使多路开关 MUX 把 CPU 内部"地址/数据"总线反相后与 VT2 的栅极接通。VT1 和 VT2 处于反相，共同构成了推拉式的输出电路，其负载能力大大增强。另一种情况是从 P0 口输入数据，此时输入的数据则直接从引脚通过下面一个三态输入缓冲器进入内部总线。

当 P0 口作为分时复用的地址/数据总线使用时，无须外接上拉电阻，此时不能再作为通用 I/O 口使用。

（二）P1 口

P1 是一个内部带上拉电阻的 8 位准双向 I/O 口，它只能作为通用 I/O 接口使用。P1 口的结构与 P0 口不同，它的输出只由一个场效应管 VT 与内部上拉电阻组成，其位结构如图 1-14 所示。输入和输出原理特性与 P0 口作为通用 I/O 接口使用时一样，当其输出时，可以提供电流负载，不必像 P0 口那样需要外接上拉电阻。

当作为输入口使用时，和 P0 口一样，为了避免误读，必须先向对应的输出锁存器写入"1"，使输出电路的场效应管 VT 截止。

（三）P2 口

P2 口也是一个准双向口，其位结构如图 1-15 所示。P2 口中上拉电阻结构与 P1 口相同，但比 P1 口多了一个多路开关 MUX 和反相器。这一结构与 P0 口相似，P2 可以作为通用 I/O 口使用，也可以作为地址口使用。

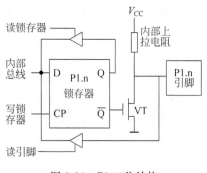

图 1-14　P1 口位结构

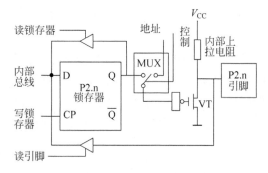

图 1-15　P2 口位结构

1. P2 口作为地址口使用

当控制信号为高电平"1"时，控制模拟开关 MUX 使"地址"与反相器的输入端相连。此时，P2 口作为系统高 8 位地址总线（A8～A15）使用，这时不能再作为通用 I/O 口使用。

2. P2 口作为通用 I/O 口使用

当控制信号为高电平"0"时,控制模拟开关 MUX 把输出锁存器的 Q 端与反相器的输入端相连。此时,P2 口作为通用准双向 I/O 口使用,与 P1 口工作原理相同,内部具有上拉电阻,负载能力也与 P1 口相同。读入数据时,也必须先向对应的输出锁存器写入"1"。

（四）P3 口

P3 口的位结构如图 1-16 所示。它是一个多功能的端口。P3 口的输出驱动电路部分及内部上拉电阻结构与 P1 口相同,比 P1 口多了一个第二功能控制电路(由一个与非门和一个输入缓冲器组成)。

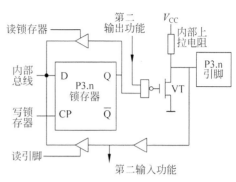

图 1-16　P3 口位结构

P3 口除了作为准双向通用 I/O 口使用外,它的每一根线还具有第二种功能,如表 1-9 所示。

表 1-9　P3 口的第二功能

P3 口的引脚	引脚名称	第 二 功 能
P3.0	RXD	串行口输入
P3.1	TXD	串行口输出
P3.2	$\overline{INT0}$	外部中断 0 输入,低电平有效
P3.3	$\overline{INT1}$	外部中断 1 输入,低电平有效
P3.4	T0	定时器 0 的外部输入
P3.5	T1	定时器 1 的外部输入
P3.6	$\overline{WR}$	片外数据存储器写选通,低电平有效
P3.7	$\overline{RD}$	片外数据存储器读选通,低电平有效

1. P3 口作为通用 I/O 口使用

当"第二输出功能"端保持高电平时,与非门打开,P3 口作为通用 I/O 口使用。输出数据时,锁存器输出的信号通过与非门经 VT 输出到 P3 口的引脚。输入时,引脚上的数据通过两个相串的三态缓冲器在读引脚选通信号控制下进入内部数据总线。这就是第一功能,此功能同 P1 口,每 1 位均可独立作为 I/O 口。

2. P3 口作为第二功能使用

当 P3 口作为第二功能输出时,锁存器的 Q 端必须保持高电平,与非门打开,P3 口的状态取决于"第二输出功能"端的状态。当作为第二功能输入时,端口引脚信号通过第一个缓冲器送到"第二输入功能"线上。

使用时请注意:无论 P3 口作为通用输入口还是作为第二功能输入口使用,输出锁存器和"第二输出功能"端都应置"1",使 VT 截止。

（五）负载能力和接口要求

作为通用 I/O 口时,P1、P2、P3 口的输出级均接有内部上拉电阻,输出可以驱动 4 个 LSTTL 负载。输入时,一般都可以被集电极开路或漏极开路电路所驱动,而无须再外接上拉电阻。P0 口可以驱动 8 个 LSTTL 负载,但必须外接上拉电阻。

　　P0、P1、P2、P3 口都是准双向 I/O 口。输入时,必须先向相应端口的锁存器写入"1",使下拉场效应管截止,呈高阻态。当系统复位时,P0~P3 端口锁存器全为"1"。

　　对 89C51 单片机(CHMOS),由于其端口只能提供几毫安输出电流,作为输出驱动负载时,应考虑电平和电流的匹配。当其端口接普通晶体管的基极时,应在端口与晶体管基极之间串联一个电阻以限流,对于 TTL 门或 NMOS 电路,可直接接入。

四、软件设计

单片机控制的流水灯源程序如下:

```
/ ****************************************************************
名称: 流水灯控制
模块名: AT89C51,74LS373
功能描述: 当开关打开时,LED 自上而下依次点亮; 当开关闭合时,LED 从下向上依次点亮
 **************************************************************** /
# include< reg51.h>
# define uchar unsigned char      //类型重定义
# define uint unsigned int
sbit Key = P0^0;                  //定义位名称
void DelayMS(uint ms);            //延时函数原型声明
void main( )
{
  uchar i,keyPre,shift;
  Key = 1;
  while(1)
  {
      keyPre = Key;
      if(keyPre)
      {
        shift = 0x01;
        for(i = 0;i < 8;i++)
        { P1 = ~shift; DelayMS(200); shift << = 1;}
      }
      else
      { shift = 0x80;
        for(i = 0;i < 8;i++)
        { P1 = ~shift; DelayMS(200); shift >> = 1;}
      }
  }
}
/ ****************************************************************
函数名称: DelayMS
函数功能: 延时函数
入口参数: 参数 ms 控制循环次数,从而控制延时时间长短
 **************************************************************** /
void DelayMS(uint ms)
{
  uchar i;
  while(ms-- )
  for(i = 0; i < 120; i++);
}
```

源程序在 Keil 中编辑,然后经过编译、链接,生成二进制目标代码文件 ＊.hex,最后将二进制代码下载到单片机程序存储器中。这样单片机通电后就可以看到流水灯控制效果了。详细的调试和 Keil 软件使用参见模块 3 单片机开发系统介绍。

五、任务小结

通过单片机流水灯控制软、硬件设计过程,让读者对单片机并行端口的特性和使用有了进一步认识。对使用 Keil 进行 C 语言开发单片机应用程序有了基本认识。

单片机 P0 口和 P1 口是准双向口,作为通用 I/O 口输入时,必须先对口的输出锁存器写"1",否则读入数据可能是不正确的。所以在程序中加有语句"Key = 1;"没有此语句程序也运行正确,因此单片机复位时,P1 口各位已置 1,加有此语句的目的是更加明确,以防日后疏忽。

当系统扩展时,P0、P2 口将作为地址总线使用,不能再作为通用 I/O 口使用,参见模块 8 MCS-51 单片机系统扩展技术有关内容。P3 口作为第二功能使用时,参看模块 4、5、8 有关内容。而 P1 只能作为一般通用 I/O 口使用,所以在单片机电路设计中经常首选使用。

小　　结

本模块以任务的形式展开,主要介绍了 89C51 单片机的内部硬件基本结构、引脚信息、存储器结构、单片机的最小系统构成以及并行 I/O 端口基本特性等,为今后单片机应用系统硬件开发环节提供了良好的基础。学完本模块后,要求:

(1) 了解 MCS-51 系列单片机的内部结构,掌握单片机引脚功能,这是单片机应用的基本前提。

(2) 理解单片机的存储器结构。程序存储器片内外采用统一编址,而数据存储器片内外采用独立编址。掌握片内数据存储器的分配和使用,特别是特殊功能寄存器的使用。

(3) 理解单片机最小系统、振荡周期、状态周期、机器周期和指令周期的基本概念;根据单片机的工作时序,了解单片机的指令执行情况;掌握单片机的时钟电路和复位电路结构,以及单片机复位状态。

(4) 掌握 MCS-51 单片机并行 I/O 口的特性,且在今后系统设计中能够熟练使用。单片机的 4 个端口:P0 口一般作为地址低 8 位/数据线分时复用端口和通用 I/O 口使用,P1 口只能作为通用 I/O 口,P2 口一般作为地址高 8 位和通用 I/O 口,P3 口具有双重功能,若不用第二功能,也可作为通用 I/O 口。

思考与练习

1. 填空题

(1) MCS-51 系列单片机的 CPU 主要由_____和_____组成。

(2) 单片机中的程序计数器(PC)用来_____,系统复位时,其值是_____。

(3) 单片机的程序状态字寄存器(PSW)是用来_____,PSW 中的 RS1

和 RS0 用来_____。

(4) 单片机的程序计数器(PC)是 16 位的,其寻址范围是_____,复位时,PC 的内容是_____。

(5) 单片机控制信号引脚包括是_____、_____、_____、_____,在进行应用系统设计时,一般需要连接相应的电路。

(6) MCS-51 系列单片机的存储结构采用_____结构,在物理上具有 4 个相互独立的存储器空间,即_____、_____、_____、_____,在逻辑上具有 3 个存储器地址空间,即_____、_____、_____。

(7) 片内 RAM 的低 128 单元,按其用途划分为_____、_____、_____ 3 个区域。

(8) 单片机的应用程序一般存放在_____中。

(9) 堆栈是 RAM 中一个特殊的存储区,用来暂存数据和地址,它是按_____原则存取数据的。堆栈的两种操作是_____和_____。复位时,堆栈指针(SP)的值是_____。

(10) 除了电源和地线外,单片机的最小系统包括_____和_____电路。

(11) 单片机工作时,通常按指令的执行过程将时序化为几种周期,即_____、_____、_____、_____。

(12) 单片机的 ALE 引脚是以晶体振荡频率的_____固定频率输出正脉冲,因此可以作为外部时钟使用。

(13) 当使用单片机的内部 ROM 时,引脚$\overline{EA}$_____。

(14) 当振荡频率为 12MHz 时,一个机器周期是_____;当振荡频率为 12MHz 时,一个机器周期是_____。

(15) 常见的单片机的复位电路有_____、_____和_____。

(16) 单片机存储器扩展时,用做数据线的端口是_____,用做地址线的端口是_____。

(17) 单片机的 4 个并行端口中,内部不含上拉电阻的是_____,带负载能力较强的是_____。

(18) P0～P3 口都是准双向 I/O 口,因此在读入数据时,必须先_____,然后读取数据。

2. 思考题

(1) MCS-51 系列单片机主要由哪几部分组成? 各个逻辑部件的最主要功能是什么?

(2) 单片机的$\overline{EA}$、$\overline{PSEN}$、$\overline{WR}$、$\overline{RD}$、ALE 各有何功能?

(3) MCS-51 系列单片机的存储器在结构上有何特点? 在物理上和逻辑上各有哪几种地址空间?

(4) MCS-51 系列单片机片内 256B 的数据存储器可分为几个区? 分别做什么用?

(5) MCS-51 系列单片机的时钟周期与机器周期之间有什么关系? 当主频为 12MHz 时,一个机器周期是多少?

(6) MCS-51 系列单片机的 P0～P3 四个 I/O 端口在结构上有何异同? 使用时应注意的事项有哪些?

(7) P3 口的第二功能是什么?

（8）什么是准双向口？使用准双向口时，要注意什么？

（9）MCS-51系列单片机的程序存储器和数据存储器共处同一地址空间为什么不会发生存储空间访问冲突？

（10）程序状态寄存器（PSW）的作用是什么？常用状态有哪些位？

（11）复位后，CPU使用的是哪组工作寄存器？它们的地址是什么？CPU如何确定和改变当前工作寄存器组？

（12）位地址7CH与字节地址7CH如何区别？位地址7CH具体在片内RAM中什么位置？

（13）堆栈有哪些功能？堆栈指针（SP）的作用是什么？在程序设计时，为什么还要对SP重新赋值？

（14）SFR中哪些寄存器可以位寻址？它们的字节地址是什么？

（15）单片机有哪几种复位方法？

（16）单片机复位后，各寄存器的状态如何？

## CHAPTER 2

单片机程序设计基础

任务 2.1　认识单片机汇编语言程序设计

一、任务描述

在单片机程序设计系统中,目前支持汇编语言和 C 语言(简称 C51)两种程序设计语言,汇编语言程序执行速度快,而 C 语言程序开发速度快,随着单片机功能的增强,使用 C 语言已成为主流。

本书中的程序除本模块汇编语言程序设计内容外,都是使用 Keil C51 语言编写的。但汇编语言作为一种传统单片机程序设计语言,在行业内将长期存在,在某些环境下还必须借助汇编语言来开发,所以从事单片机开发还需要了解汇编语言程序设计。

下面给出一个用汇编语言和 C51 语言编写的实例代码对照,首先让读者对汇编语言和 C51 语言之间的区别与联系有个了解,加深对单片机开发语言的认识,掌握单片机汇编语言指令格式和寻址方式。

二、汇编代码与 C51 实例代码分析

将外部数据存储器的 000BH 和 000CH 单元的内容相互交换。

1. 汇编语言程序设计代码

```
ORG    0000H
MOV    P2,＃0H
MOV    R0,＃0BH
MOV    R1,＃0CH
MOVX   A,@R0
MOV    20H,A
MOVX   A,@R1
XCH    A,20H
MOVX   @R1,A
MOV    A,20H
MOVX   @R0,A
SJMP   $
END
```

2. C语言程序设计代码

```
#include<absacc.h>
void main()
{
    char c;
    do
    {
        c = XBYTE[11];
        XBYTE[11] = XBYTE[12];
        XBYTE[12] = c;
    } while(1);
}
```

C语言对地址的访问可以采用指针变量,也可以引用头文件 absacc.h 作为绝对地址访问,在后面关于 C 语言程序设计有详细说明。这里采用绝对地址的访问方法。

程序中为了方便反复观察,使用了死循环语句 while(1),只要使用"Ctrl+C"即可退出死循环。上面程序通过编译,生成的反汇编程序如下:

```
; 标号      指令                      地址    机器码
Q0000:   LJMP    Q0013           ;0000   02 00 13
Q0003:   MOV     DPTR, #000BH    ;0003   90 00 0B
         MOVX    A, @DPTR        ;0006   E0
         MOV     R7, A           ;0007   FF
         INC     DPTR            ;0008   A3
         MOVX    A, @DPTR        ;0009   E0
         MOV     DPTR, #000BH    ;000A   90 00 0B
         MOVX    @DPTR, A        ;000D   F0
         INC     DPTR            ;000E   A3
         MOV     A, R7           ;000F   EF
         MOVX    @DPTR, A        ;0010   F0
         SJMP    Q0003           ;0011   80 F0
Q0013:   MOV     R0, #7FH        ;0013   78 7F
         CLR     A               ;0015   E4
Q0016:   MOV     @R0, A          ;0016   F6
         DJNZ    R0, Q0016       ;0017   D8 FD
         MOV     SP, #07H        ;0019   75 81 07
         LJMP    Q0003           ;001C   02 00 03
```

对照 C 语言程序与反汇编程序,可以看出:

(1) 进入 C 程序后,首先将 RAM 地址的 00～7FH 的 128 个单元清零,然后置 SP 为 07H(SP 根据变量多少而不同)。因此,如果要对内部 RAM 单元设置初值,一定是在执行了一条 C 语句之后。

(2) 对于 C 程序设定的变量,C51 编译器自行安排寄存器或存储器作为参数传递区,通常在 R0～R7。因此,如果对具体地址赋值,应该避开 R0～R7 这些地址。

(3) 如果不特别说明变量的存储类型,变量通常被安排在内部 RAM 区。

从汇编语言和 C 语言程序代码可以看出,C 语言代码更易懂,可读性强,符合程序快速开发理念。但汇编语言可以对硬件直接操作,控制能力更加灵活;另外,在 C 语言程序执行不理想的情况下,通过反汇编查看汇编代码,可以清楚地知道硬件的执行过程。在这里,不推荐读者使用汇编语言作为单片机首选开发语言,但希望读者能够理解汇编程序代码功能。

三、相关理论知识

知识点一:单片机汇编语言指令格式

1. 汇编语言

指令是 CPU 用来执行某种操作的命令,计算机能够执行各种指令的集合称为指令系统。一般来说,指令越丰富、寻址方式越多、指令执行速度越快,CPU 功能越强。在计算机中,所有的指令、数据都是用二进制代码来表示的,这种用二进制代码表示的指令系统称为机器语言。机器语言能被直接识别并快速执行,但对于使用者,很难识别和记忆。

由助记符字母、数字和符号组成的语言,又称"符号语言"。采用助记符使程序易写、易读和易改。通过汇编语言编制的程序代码不能被计算机直接识别,需要将其转换成机器语言,即汇编,汇编后得到的机器语言程序称为目标程序,原来的汇编语言程序称为源程序。

2. 指令格式

MCS-51 系列单片机指令系统有 33 种功能、42 种助记符、111 条指令。

汇编语言指令的一般格式如下:

[标号:] 操作码助记符 [操作数 1] [,操作数 2] [;注释]

例如:

START: MOV A, ♯25; A←25

其中每条指令必须有操作码助记符,带[ ]的为可选项,可有可无。

(1) 标号是用户定义的符号地址,代表当前指令的存储器单元地址,由以英文字母开始的 1~8 个字母或者数字组成的字符串,并以":"结尾。通常在子程序入口或者转移指令的目标地址才赋标号。

(2) 操作码助记符是表示指令功能的英文缩写。它是指令的核心部分,不能默认。例如,ADD 是加法的助记符,MOV 是传送的助记符。

(3) 操作数是表示参与指令操作的数据或者数据的存储地址。操作数可以是 1 个、2 个或者 3 个,也可以没有。例如,NOP 指令就没有操作数。操作数之间以","分隔,操作码与操作数之间以空格分隔。

(4) 注释是用户对该条指令或该程序的功能说明,是为了便于程序阅读理解,注释不影响该指令的执行,注释以";"开始。

3. 指令常用符号

A:累加器 ACC,用于运算及存放数据;常用 ACC 表示直接地址,A 表示寄存器名称。

AB:累加器 A 和寄存器 B 组成的寄存器对,通常出现在乘、除法指令中。

CY:进位标志,或布尔处理器中的位累加器。

Rn:工作寄存器 R1~R7 之一。

Ri:工作寄存器 R0 或 R1。

DPTR：16 位数据指针，用于对外部 64K 存储器寻址。

@：表示寄存器间接寻址的符号前缀。

♯data：8 位立即数，"♯"表示 data 是一个常数，不是直接地址。

♯data16：16 位立即数。

direct：片内 RAM 单元(包括 SFR)的 8 位直接地址。对于 SFR，此地址可直接用其名称来表示，例如 ACC、PSW、P0 等。立即数和直接地址后缀为"B"表示二进制数据；后缀为"H"表示是十六进制数据，如果十六进制数据以字母开头，前面还需加一个"0"；后缀为"D"或没有后缀的为十进制数据。例如 127 的可表示为：01111111B、7FH、127。

addr11：11 位目的地址。

addr16：16 位目的地址。

rel：补码形式的 8 位地址偏移量，偏移范围为－128～＋127。

bit：片内 RAM 或特殊功能寄存器中直接寻址的位地址。

$\overline{\text{bit}}$：在位操作指令中，该位取反后参与操作，但不影响该位原值。

＄：表示当前指令的地址。

以下符号仅出现在指令注释或功能说明中。

X：片内 RAM 的直接地址或寄存器。

(X)：表示 X 地址单元或 X 寄存器中的内容。

((X))：表示以 X 地址或 X 寄存器中的内容为地址的存储单元内容。

←：在指令操作流程中，将箭头右边的内容送入箭头左边的单元内。

例如，已知数据存储器各单元的内容如图 2-1 所示，说明 (50H)，(A)，((50H))各为多少？

(50H)：表示地址为 50H 存储单元中的内容，即 01110000B。

(A)：表示 A 累加器中的内容，因为 A 的地址为 0E0H，所以 (A)的内容是 00100001B。

E0H	00100001
⋮	⋮
70H	00111001
⋮	⋮
50H	01110000
⋮	⋮

图 2-1 示意图

((50H))：表示以 50H 存储单元中的内容 70H(01110000B)为地址的存储单元的内容，即 00110001B。

知识点二：单片机指令寻址方式

执行任何一条指令都需要使用操作数(空操作除外)。所谓寻址方式就是指在寻找操作数所在地址的方式。MCS-51 系列单片机共有 7 种寻址方式。

1. 立即寻址

指令中的操作数是数据，不是地址，即立即数。立即数前有"♯"符号，以便与直接地址相区别。例如：

```
MOV   A, ♯5AH       ;A ← 5AH
MOV   DPTR, ♯1234H  ;DPTR ← 1234H
```

表示把立即数 5AH 送入累加器 A 中；把 16 位立即数 1234H 送入数据指针 DPTR 中。DPTR 由两个特殊功能寄存器 DPH 和 DPL 组成。立即数的高 8 位(12H)送入 DPH 中，低 8 位(34H)送入 DPL 中。

2. 直接寻址

直接寻址是在指令中直接给出了操作数所在的存储单元地址。

注意：直接地址只能用来表示特殊功能寄存器(SFR)、片内 RAM 的低 128 个字节和位地址空间。

例如：

```
MOV A,30H  ;A ← (30H)
```

表示把内部 RAM 30H 单元的内容送入 A 中。

3. 寄存器寻址

在指令中某个寄存器(Rn,A,B 和 DPTR 等)中的数据作为操作数,这种寻址方式称为寄存器寻址。采用寄存器寻址可以获得较高的运算速度。例如：

```
MOV  A,R5  ;A ← (R5)
```

这条指令的功能是把寄存器 R5 的内容送入累加器 A 中。

4. 寄存器间接寻址

寄存器间接寻址是指把指令中指定的寄存器的数据作为操作数的地址,再把该地址对应单元中的数据作为操作数,即二次寻找操作数地址的方式。可以看出,在寄存器寻址中寄存器的内容作为操作数,但是寄存器间接寻址方式中,寄存器中存放的是操作数的地址。寄存器间接寻址用符号"@"表示。

注意：在 MCS-51 中,可作为间接寻址的寄存器有 R0、R1 和 DPTR。

例如：

```
MOV  A,@R1  ;A ← ((R1))
```

表示将寄存器 R1 的内容(设 R1＝55H)作为地址,再将片内 RAM 55H 单元的内容(设(75H)＝37H)送入累加器 A 中。指令中在寄存器名前冠以"@",表示寄存器间接寻址,其寻址示意图如图 2-2 所示。

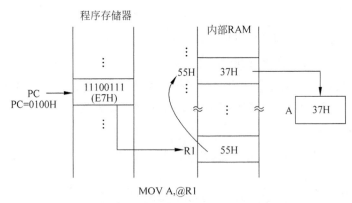

图 2-2 寄存器间接寻址示意图

5. 变址寻址(基址寄存器＋变址寄存器间接寻址)

变址寻址以程序计数器 PC 或数据指针 DPTR 作为基地址寄存器,以累加器 A 作为变址寄存器,把二者的内容相加形成操作数的地址(16 位)。这种寻址方式用于读取程序存储器中的常数表。例如：

    MOVC A,@A+DPTR ;A ← ((A)+(DPTR))

表示把 DPTR 的内容作为基地址,把累加器 A 中的内容作为地址偏移量,两者相加后得到 16 位地址,把该地址对应的程序存储器 ROM 单元中的内容送到累加器 A 中,其寻址过程示意图如图 2-3 所示。

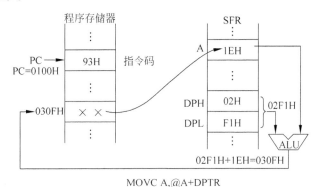

图 2-3　变址寻址示意图

6. 相对寻址

相对寻址以程序计数器 PC 的当前值作为基地址,与指令中给定的相对偏移量 rel 进行相加,把所得之和作为程序的转移地址。指令中的相对偏移量是一个 8 位带符号数,用补码表示。例如:

    JZ 30H

判断累加器 A 的内容是否为零。当(A)＝0 时,则程序执行转移 PC←PC＋2＋rel;当 (A)≠0 时,则程序顺序执行 PC←PC＋2。其寻址示意图如图 2-4 所示。

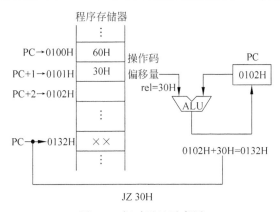

图 2-4　相对寻址示意图

相对转移指令多数为 2 字节指令,执行完相对转移指令后,当前的 PC 值应该为这条指令首字节所在单元的地址值(源地址)加 2,所以偏移量应该为

    rel＝目的地址－(源地址＋2)

但也有一些是 3 字节的相对转移指令(如 CJNE A,direct,rel),那么执行完这条指令

后,当前的 PC 值应该为本指令首字节所在单元的地址值加 3,所以偏移量为

$$rel=目的地址-(源地址+3)$$

7. 位寻址

位操作指令能对内部 RAM 中的位寻址区和某些有位地址的特殊功能寄存器进行位操作。例如:

```
MOV C,04H  ;CY ← (04H)
```

表示把位地址 04H 中的内容传送到 CY 中(即把内部 RAM 20H 单元的 D4 位(位地址为04H)的内容传送到位累加器 C 中)。

以上介绍了 MCS-51 指令系统的 7 种寻址方式,重点讨论的是源操作数的寻址方式。例如:

```
MOV  A,♯4FH      ;源操作数为立即寻址,目标操作数为寄存器寻址
CJNE A,30H,NEXT  ;依次为寄存器寻址、直接寻址、相对寻址
```

8. 寻址空间

每种寻址方式都有自己使用的变量和适用的寻址空间,如表 2-1 所示。根据不同的存储器和存储单元的不同位置分别采用不同的寻址方式。

表 2-1 89C51 中的寻址方式和寻址空间

序号	寻址方式	使用的变量	寻址空间
1	立即寻址		程序存储器
2	直接寻址		片内 RAM 低 128 个字节和特殊功能寄存器
3	寄存器寻址	R0~R7、A、B、DPTR、CY	
4	寄存器间接寻址	@R0、@R1、SP	片内 RAM
		@R0、@R1、@DPTR	片外 RAM
5	相对寻址	PC+偏移量	程序存储器
6	变址寻址	@A+PC、@A+DPTR	程序存储器
7	位寻址		片内 RAM 中的位寻址区和可位寻址的特殊功能寄存器位

任务 2.2 多字节 BCD 码相加

一、任务描述

用单片机实现两个 3 字节的 BCD 码数相加,被加数存在单片机内存单元 30H、31H、32H 中,加数存在 34H、35H、36H 单元中,相加后的结果存回 30H、31H、32H 中。通过本任务,了解单片机数据传送指令和算术运算指令的使用及简单的汇编语言程序设计结构。通过查看和修改相关寄存器和存储器单元值,加深对传送指令和算术运算指令的理解,认识单片机实时运行情况,学习 Keil 软件和 Proteus 软件的使用。

二、硬件原理图

多字节 BCD 码相加硬件电路如图 2-5 所示,采用的是单片机最小系统。

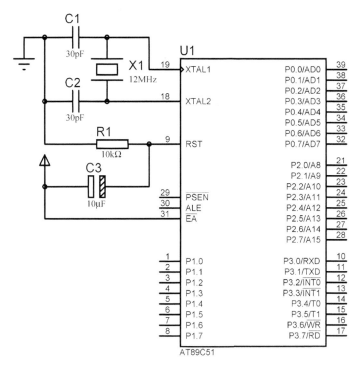

图 2-5　多字节 BCD 码相加硬件电路

三、相关理论知识

知识点三：单片机数据传送指令

按照指令的功能，MCS-51 指令系统可分为 5 类：数据传送类指令（28 条）、算术运算类指令（24 条）、逻辑运算类指令（25 条）、控制转移类指令（17 条）、位操作类指令（17 条）。

数据传送指令是把"源操作数"中的数据传送到"目的操作数"中去，而"源操作数"的内容保持不变。它是单片机中最基本最常用的指令。

1. 以累加器为目的操作数的指令

```
MOV   A,Rn        ;A←(Rn)
MOV   A,direct    ;A←(direct)
MOV   A,@Ri       ;A←((Ri))
MOV   A,#data     ;A←#data
```

例：设 R1＝21H，（21H）＝55H，执行指令"MOV A，@R1"后的结果为：A＝55H，而R1 的内容和 21H 单元的内容均不变。

2. 以 Rn 为目的操作数的指令

```
MOV   Rn,A        ;Rn←(A)
MOV   Rn,direct   ;Rn←(direct)
MOV   Rn,#data    ;Rn←#data
```

例：设（50H）＝45H，R5＝33H，执行指令"MOV R5，50H"后的结果为：R5＝45H，50H 单元的内容不变。

3. 以直接地址为目的操作数的指令

```
MOV  direct,A       ;direct ← (A)
MOV  direct,Rn      ;direct ← (Rn)
MOV  direct,direct  ;direct ← (direct)
MOV  direct,@Ri     ;direct ← ((Ri))
MOV  direct,#data   ;direct ← #data
```

例：设 R0＝50H,(50H)＝6AH,(70H)＝2FH,执行指令"MOV 70H,@R0"后的结果为：(70H)＝6AH,R0 中的内容和 50H 单元的内容不变。

4. 以寄存器间接地址为目的操作数的指令

```
MOV  @Ri,A       ;(Ri) ← (A)
MOV  @Ri,direct  ;(Ri) ← (direct)
MOV  @Ri,#data   ;(Ri) ← #data
```

例：设 R1＝30H,(30H)＝22H,A＝34H,执行指令"MOV @R1,A"后的结果为：(30H)＝34H,R1 和 A 当中的内容不变。

5. 16 位数据的传送指令

```
MOV DPTR,#data16   ;DPTR ← #data16
```

这条是唯一的一条 16 位传送指令,通常用来给 DPTR 赋初值。

6. 累加器 A 与外部数据存储器传送指令

```
MOVX  A,@DPTR  ;A ← ((DPTR))
MOVX  @DPTR,A  ;(DPTR) ← (A)
MOVX  A,@Ri    ;A ← ((Ri))
MOVX  @Ri,A    ;(Ri) ← (A)
```

这组指令的功能是,在累加器 A 与外部 RAM 或扩展 I/O 口之间进行数据传送。89C51 只能用这种方式与连接在扩展 I/O 口的外部设备进行数据传送。

前 2 条指令以 DPTR 作为外部 RAM 的 16 位地址指针,由 P0 口送出低 8 位地址,由 P2 口送出高 8 位地址,寻址能力为 64KB。后 2 条指令用 R0 或 R1 作为外部 RAM 的低 8 位地址指针,由 P0 口送出地址码,P2 口的状态不受影响,寻址能力为外部 RAM 空间 256 个字节单元。

例：把外部数据存储器 2042H 的内容送入内部 RAM 的 50H 中。

方法一：

```
MOV   DPTR,#2042H
MOVX  A,@DPTR
MOV   50H,A
```

方法二：

```
MOV   P2,#20H    ;地址的高 8 位由 P2 口送出
MOV   R0,#42H
MOVX  A,@R0      ;把外部 RAM 2042H 的内容送入 A 中
MOV   50H,A;
```

7. 查表指令

指令助记符采用 MOVC,表示读取 ROM 中的数据。A 的内容为无符号数。

```
MOVC  A,@A + DPTR  ;A ← ((A) + (DPTR))
MOVC  A,@A + PC    ;PC←(PC) + 1,A ← ((A) + (PC))
```

例:

```
1000H: MOV   A,#05H
1002H: MOVC  A,@A + PC  ;A←(05H + 1003H)
1007H: 01
1008H: 02
```

执行后的 PC=1003H,A=02H。不改变 PC 的状态,仅根据累加器 A 的内容就可以取出表格中的数据。缺点是表格只能存放在该查表指令后面的 256 个单元之内。

第二条指令以 DPTR 作为基址寄存器,累加器 A 的内容作为无符号数,两者相加后得到一个 16 位地址,把该地址指出的程序存储器单元的内容送到累加器 A 中。本查表指令的执行结果只与 DPTR 和 A 的内容有关,与该指令存放的地址及表格存放的地址无关。因此表格的长度和位置可以在 64KB 的程序存储器空间任意改变,而且表格可以被多个程序段共用。

例:把程序存储器 0150H 单元的内容取出送到外部 RAM 1070H 单元中。

```
MOV   DPTR, #0150H
MOV   A, #00H
MOVC  A,@A + DPTR  ;程序存储器 0150H 的内容取到 A 中
MOV   DPTR, #1070H
MOVX  @DPTR,A
```

8. 字节交换指令

```
XCH   A,Rn      ;(A)< = >(Rn)
XCH   A,direct  ;(A)< = >(direct)
XCH   A,@Ri     ;(A)< = >((Ri))
SWAP  A         ;(A)₀~₃< = > A₄~₇
XCHD  A,@Ri     ;(A)₀~₃< = >((Ri))₀~₃
```

例:设 A=7AH,R1=45H,(45H)=39H,执行指令"XCH A,@R1"后的结果:A=39H,(45H)=7AH,R1=45H。

设 A=7AH,执行指令"SWAP A"后的结果:A=0A7H。

设 A=59H,R0=45H,(45H)=7AH,执行指令"XCHD A,@R0"后的结果:A=5AH,R0=45H(不变),(45H)=79H。

9. 堆栈操作指令

堆栈是在片内 RAM 中按"先进后出,后进先出"原则设置的专用存储区。数据的进栈和出栈由指针 SP 统一管理。在 MCS-51 系统中,堆栈操作指令有两条。

```
PUSH  direct  ;SP←(SP) + 1,(SP)←(direct)
POP   direct  ;direct←((SP)),(SP) ←(SP) - 1
```

其中 PUSH 指令入栈,POP 指令出栈。操作时以字节为单位。入栈时 SP 指针先加 1,再入栈。出栈时内容先出栈,SP 指针再减 1。堆栈技术在子程序嵌套和中断时常用于保存断点和现场数据。用堆栈指令也可以实现内部 RAM 单元之间的数据传送和交换。

例：在中断处理时堆栈指令用于保护现场和恢复现场,设 SP=60H。

```
PUSH   ACC   ;SP←(SP) + 1,SP = 61H,(61H)←(ACC)
PUSH   PSW   ;SP←(SP) + 1,SP = 62H,(62H)←(PSW)
        ⋮    ;中断处理
POP    PSW   ;PSW←(62H),SP←(SP) − 1,SP = 61H
POP    ACC   ;A←(61H),SP←(SP) − 1,SP = 60H
RETI         ;中断返回
```

例：设(30H)=51H,(40H)=6AH,将内部 RAM 两个单元的内容交换。

```
PUSH   30H   ;30H 单元的内容进栈
PUSH   40H   ;40H 单元的内容进栈
POP    30H   ;将栈顶元素弹出,送入 30H 单元
POP    40H   ;再将下一个元素出栈,送入 40H 单元
```

执行结果：(30H)=6AH,(40H)=51H。

传送类指令一般不影响 PSW 中的各标志位,只有 PSW 参与操作,被改写了内容的情况下,标志位受影响。无论执行何种指令,PSW 中的奇偶标志 P 总是表示累加器 A 的奇偶性,如果 A 中有奇数个 1,则 P=1,否则 P=0。

知识点四：单片机算术运算指令

单片机算术运算指令有 24 条,包括加、减、乘、除、加 1、减 1 和 BCD 调整指令。算术运算指令的执行结果将影响程序状态字 PSW 中的进位标志 CY、半进位标志 AC 和溢出标志 OV,奇偶标志 P。

1. 加法指令

(1) 不带进位的加法指令

```
ADD   A,Rn       ;A←(A) + (Rn)
ADD   A,direct   ;A←(A) + (direct)
ADD   A,@Ri      ;A←(A) + ((Ri))
ADD   A,#data    ;A←(A) + #data
```

(2) 带进位的加法指令

```
ADDC   A,Rn       ;A←(A) + (Rn) + CY
ADDC   A,direct   ;A←(A) + (direct) + CY
ADDC   A,@Ri      ;A←(A) + ((Ri)) + CY
ADDC   A,#data    ;A←(A) + #data + CY
```

(3) 加 1 指令

```
INC   A        ;A←(A) + 1
INC   Rn       ;Rn←(Rn) + 1
INC   direct   ;direct←(direct) + 1
INC   @Ri      ;(Ri)←((Ri)) + 1
INC   DPTR     ;DPTR←(DPTR) + 1
```

加法指令对 PSW 各标志位产生影响,在相加的结果中,如果 D7 有进位,则 CY=1,否则 CY=0;如果 D3 有进位,则 AC=1,否则 AC=0;如果 D6 有进位而 D7 没进位,或者 D7 有进位而 D6 没进位,则 OV=1,否则 OV=0;如果相加结果在 A 中 1 的个数为奇数,则 P=1,否则 P=0。

其中,ADD 和 ADDC 指令在执行时要影响 CY、AC、OV 和 P 标志位。而 INC 指令除了 INC A 要影响 P 标志位外,对其他标志位都没有影响。

例:设 A=46H,R1=5AH,分析执行指令"ADD A,R1"后的结果以及对标志位的影响。结果:A=A0H,R1=5AH(不变),AC=1,OV=1,CY=0,P=0。

在 MCS-51 单片机中,常用 ADD 和 ADDC 配合使用实现多字节加法运算。

例:编写计算 1234H+0FE7H 的程序,将和的高 8 位存入 31H 中,低 8 位存入 30H 中。

```
MOV   A,#34H
ADD   A,#0E7H
MOV   30H,A
MOV   A,#12H
ADDC  A,#0FH
MOV   31H,A
```

2. 减法指令

(1) 带借位减法指令

```
SUBB  A,Rn      ;A←(A)-(Rn)-CY
SUBB  A,direct  ;A←(A)-(direct)-CY
SUBB  A,@Ri     ;A←(A)-((Ri))-CY
SUBB  A,#data   ;A←(A)-#data-CY
```

(2) 减 1 指令

```
DEC   A         ;A←(A)-1
DEC   Rn        ;Rn←(Rn)-1
DEC   direct    ;direct←(direct)-1
DEC   @Ri       ;(Ri)←((Ri))-1
```

减法指令仅有带借位的减法和减 1 指令,没有提供不带借位减法指令,但在 SUBB 指令之前加一条"CLR C"指令先将 CY 清零,可以实现不带借位减法的功能。其中,SUBB 指令在执行时要影响 CY、AC、OV 和 P 标志位。而 DEC 指令除了 DEC A 要影响 P 标志位外,对其他标志位都没有影响。

例:设 A=C9H,R2=54H,CY=1,执行指令"SUBB A,R2"后的结果以及对标志位的影响。结果:A=74H,R2=54H(不变);CY=0,AC=0,OV=1,P=0。

本例中,若看做两个无符号数相减,差为 74H,是正确的;若看做两个带符号数相减,则从负数减去一个正数,结果为正数是错误的,OV=1 表示运算有溢出。

3. 乘法指令

```
MUL   AB    ;BA←A×B
```

乘积的低 8 位存放在累加器 A 中,高 8 位存放在 B 寄存器中。指令执行后将影响 CY 和 OV 标志,CY 复位,对于 OV,当积大于 255 时,OV 为 1；否则,OV 为 0。

4. 除法指令

```
DIV  AB  ;A(商)B(余数)←A/B
```

累加器 A 中的 8 位无符号整数除以 B 寄存器中的 8 位无符号数,所得的商存放在 A 中,余数存放在 B 中。指令执行后将影响 CY 和 OV 标志,一般情况 CY 和 OV 都清 0,只有当 B 寄存器中的除数为 0 时,CY 和 OV 才被置 1。

5. 十进制调整指令

```
DA  A
```

指令一般只用在 ADD 或 ADDC 指令后面,用来对两个二位的压缩的 BCD 码数通过用 ADD 或 ADDC 指令相加后存于累加器 A 中的结果进行调整,使得它得到正确的十进制结果。通过该指令可实现两位十进制 BCD 码数的加法运算。它的调整过程为:

(1) 若累加器 A 的低 4 位大于 9 或辅助进位标志 AC 为 1,则累加器 A 中的内容作加 06H 调整。

(2) 若累加器 A 的高 4 位大于 9 或进位标志 CY 为 1,则累加器 A 中的内容作加 60H 调整。

例：设 A＝45H(01000101B),表示十进制数 45 的 BCD 码；R5＝78H(01111000B),表示十进制数 78 的 BCD 码。执行下列指令：

```
ADD  A,R5  ;A = BDH(10111101),CY = 0,AC = 0
DA   A     ;A = 23H(00100011),CY = 1
```

结果：A＝23H,CY＝1,相当于十进制数 123。

四、软件设计

入口参数：操作数的字节数存放在 R7 中,被加数存放在以@R0 开始的连续存储单元中,加数存放在以@R1 开始的连续存储单元中。数据的高字节存储在地址的低地址,低字节存储在地址的高地址处。

出口参数：和仍然存放在以@R0 开始的连续存储单元中,最高位进位在 CY 中。

汇编程序代码如下：

```
      ORG   00H
      MOV   R7,＃03H     ;多字节数
      MOV   R0,＃30H     ;被加数数据指针
      MOV   R1,＃34H     ;加数数据指针
BCDA: MOV   A,R7
      MOV   R2,A        ;取字节数至 R2 中,R2 = 03H
      ADD   A,R0        ;初始化数据指针
      MOV   R0,A        ;被加数数据指针 R0 = 33H
      MOV   A,R2
      ADD   A,R1
      MOV   R1,A        ;加数数据指针 R1 = 37H
      CLR   C
```

```
BCD1:DEC    R0              ;调整数据指针,首先低字节相加
     DEC    R1
     MOV    A,@R0
     ADDC   A,@R1           ;按字节带进位相加
     DA     A               ;十进制调整
     MOV    @R0,A           ;和存回(R0)中
     DJNZ   R2,BCD1         ;处理完所有字节
     SJMP   $
     END
```

五、程序调试

源程序在 Keil 中编辑,保存成 *.asm 文件,然后经过编译、链接,生成二进制目标代码文件 *.hex,最后将二进制代码下载到单片机程序存储器中。最后,通过软件跟踪调试观察单片机内存及特殊寄存器的变化情况。

（1）在 Keil 的菜单栏中选择"Debug"→"Start/Stop Debug Session"选项,进入程序调试环境。

（2）在菜单栏中选择"View"→"Memory Window"选项,打开"Memory"对话框,在此窗口的"Address"栏中输入"d:30h",可以查看片内数据存储器空间的数据。

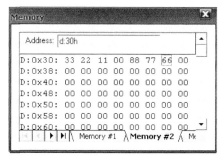

图 2-6　修改片内 RAM 中的数据

（3）按图 2-6 所示修改片内 RAM 中 30H～32H 和 34H～36H 单元中的数据,数据要求是 BCD 码。

（4）按 F11 键,执行单步程序运行,观察片内 RAM 的 30H、31H 和 32H 单元中数据的变化。同时观察"Project Workspace"窗口中,各寄存器内容的变化情况。程序运行结束后,30H、31H、32H 单元和进位标志 CY 显示结果如图 2-7 所示。

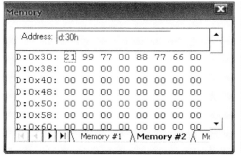 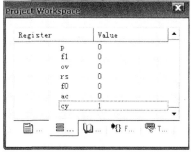

图 2-7　程序运行结果

详细的调试和 Keil 软件使用参见模块 3 单片机开发系统介绍。

六、任务小结

通过本任务的学习,加深对单片机数据传送指令和算术运算指令的理解。数据传送指令是单片机中最常用的指令,掌握间接寻址的使用,对于减法指令是带借位的减法指令,不

存在不带借位的减法指令,这一点与加法不同;理解指令对 PSW 中各个标志位的影响。

了解 BCD 码和 ASCII 的区别。BCD 码采用十进制表示,而 ASCII 采用十六进制表示,应掌握两者之间的转换。

程序中"CLR"为清零位指令,"DJNZ"为条件转移指令,可实现循环操作,这将在后面的任务中详细介绍。

如果在 Proteus 中调试此程序,需要在程序中事先设置 30H～32H 和 34H～36H 单元中的内容,如在程序开始处添加以下语句:

```
ORG   00H
MOV   30H,#68H
MOV   31H,#55H
MOV   32H,#98H
MOV   34H,#55H
MOV   35H,#23H
MOV   36H,#64H
```

任务 2.3　流水灯闪烁控制

一、任务描述

使用单片机的 P1 口作为输出口,控制 8 个 LED 显示,使用按键开关控制 LED 是否闪烁,如果开关打开,LED 循环点亮,不闪烁;开关合上,每个 LED 轮流循环闪烁 5 次。通过本任务,掌握单片机的逻辑运算、转移控制、位指令的使用,进一步了解单片机汇编语言结构化程序设计方法。

二、硬件原埋图

流水灯闪烁控制硬件电路请参看模块 1 任务 1.2 中的电路,即图 1-15。在前面我们使用单片机控制 8 个 LED,实现了流水灯的效果,这里对此进行功能扩展,改变开关的功能为控制发光二极管是否有闪烁效果。

三、相关理论知识

知识点五:逻辑运算指令

89C51 的逻辑运算指令可分为四大类:对累加器 A 单独进行逻辑操作,对字节变量的逻辑与、逻辑或、逻辑异或进行操作。指令中的操作数都是 8 位,它们在进行逻辑运算操作时都不影响除奇偶标志外的其他标志位。其中逻辑与、逻辑或、逻辑异或操作指令可以实现对某些字节变量的清零、置 1、取反功能。

1. 对累加器 A 单独进行的逻辑操作

(1) 清零、取反指令

清零指令:CLR　A　;A← 0

取反指令:CPL　A　;A← $\overline{A}$

在 MCS-51 系统中,只能对累加器 A 中的内容进行清零和取反,如要对其他的寄存器或存储单元进行清零和求反,则必须放在累加器 A 中进行,运算后再放回原位置。

(2) 循环移位指令(见表 2-2)

表 2-2　循环移位指令

指 令 名 称	指 令 格 式	操　作
左循环移位	RL　A	
带进位左循环移位	RLC　A	
右循环移位	RR　A	
带进位右循环移位	RRC　A	

例:设 A=24H,CY=1

```
RL   A   ;A=48H,左移一次相当于乘以2
RLC  A   ;A=49H,CY=1
RR   A   ;A=12H,右移一次相当于除以2
RRC  A   ;A=92H
```

2. 逻辑与运算指令

```
ANL  A,Rn          ;A←(A)∧(Rn)
ANL  A,direct      ;A←(A)∧(direct)
ANL  A,@Ri         ;A←(A)∧((Ri))
ANL  A,#data       ;A←(A)∧#data
ANL  direct,A      ;(direct)←(direct)∧(A)
ANL  direct,#data  ;(direct)←(direct)∧#data
```

在使用中,逻辑与用于实现对指定位清 0(与 0),其余位不变。

例:已知寄存器 R5=59H,把 R5 内容的低 4 位清零,高 4 位保持不变。

```
MOV  A,R5
ANL  A,#0F0H
```

3. 逻辑或运算指令

```
ORL  A,Rn          ;A←(A)∨(Rn)
ORL  A,direct      ;A←(A)∨(direct)
ORL  A,@Ri         ;A←(A)∨((Ri))
ORL  A,#data       ;A←(A)∨#data
ORL  direct,A      ;(direct)←(direct)∨(A)
ORL  direct,#data  ;(direct)←(direct)∨#data
```

在使用中,逻辑或用于实现对指定位置 1(或 1),其余位不变。

4. 逻辑异或指令

```
XRL   A,Rn          ;A←(A)⊕(Rn)
XRL   A,direct      ;A←(A)⊕(direct)
XRL   A,@Ri         ;A←(A)⊕((Ri))
XRL   A,#data       ;A←(A)⊕#data
XRL   direct,A      ;(direct)←(direct)⊕(A)
XRL   direct,#data  ;(direct)←(direct)⊕#data
```

在使用中,逻辑异或用于实现指定位取反(与 1 相异或),其余位不变。

知识点六：控制转移指令

单片机指令通常是顺序执行的,但有时,需要将程序跳转到某处执行,这就需要使用控制转移指令。控制转移指令分为无条件转移指令、条件转移指令、子程序调用和返回指令、空操作指令,共 17 条。

1. 无条件转移指令

无条件转移指令是指当执行该指令后,程序将无条件地转移到指令指定的地方去。无条件转移指令包括长转移指令、绝对转移指令、相对转移指令和间接转移指令。

(1) 绝对短转移指令

```
AJMP  addr11   ;PC_{10~0}←addr_{10~0}
```

指令中包含 addr11 共 11 位地址码,转移的目标地址必须和 AJMP 指令的下一条指令位于程序存储器的同一 2KB 区内。指令执行过程是:先将 PC 值加 2,然后把指令中给出的 11 位地址送入 PC 的低 11 位,PC 的高 5 位保持不变,组成下一条指令的地址。

例:判断下列指令能否正确执行?

```
1FFEH: AJMP   27BCH
1FFEH: AJMP   1F00H
```

第一条指令:PC+2 指向 2000H 单元,高 5 位为 00100,转移目标地址 27BCH 的高 5 位为 00100,二者相同,故指令能正确转移。

第二条指令:转移目标地址 1F00H 的高 5 位为 00011,两者不相同,故不能正确转移。

(2) 长转移指令

```
LJMP  addr16   ;PC←addr16
```

这条指令执行时把指令操作数提供的 16 位目标地址装入 PC 中,所以用长转移指令可以跳到 64KB 程序存储器的任何位置。

(3) 相对转移指令

```
SJMP  rel   ;PC ← PC + 2 + rel
```

转移的目标地址为:目标地址＝源地址＋2＋rel。

源地址是 SJMP 指令当前地址,相对偏移量 rel 是一个用补码表示的 8 位带符号数,转移范围为−128～+127。

若偏移量 rel 取值为 FEH,则目标地址等于源地址,相当于动态暂停,程序"终止"在这条指令上。动态暂停指令在调试程序时很有用。MCS-51 没有专用的停止指令,若要求动

态暂停可以用 SJMP 指令来实现,则指令为:

```
HERE: SJMP   HERE   ;动态停机(80H,FEH)
```

或

```
SJMP $   ;"$"表示当前指令地址,使用它可省略标号
```

(4)间接转移指令

```
JMP   @A+DPTR   ;PC ← A + DPTR
```

指令的功能是把累加器 A 中的 8 位无符号数与数据指针 DPTR 的 16 位数相加,相加之和作为下一条指令的地址送入 PC 中,不改变 A 和 DPTR 的内容。

2. 条件转移指令

条件转移指令是根据特定条件转移的指令。条件满足时转移,条件不满足时则按顺序执行下一条指令。条件转移指令包括累加器判零转移、减 1 不为 0 转移和比较不相等转移共 3 类。

(1)累加器 A 判零转移指令

```
JZ    rel   ;判 0 指令:若 A = 0,则转移到 PC ← PC + 2 + rel,否则,执行下条指令
JNZ   rel   ;判非 0 指令:若 A≠0,则转移到 PC ← PC + 2 + rel,否则,执行下条指令
```

(2)减 1 不为 0 转移指令

```
DJNZ   Rn,rel       ;先将 Rn 中的内容减 1,再判断 Rn 中的内容是否等于零,若不为零,则转移
DJNZ   direct,rel   ;先将(direct)中的内容减 1,再判断(direct)中的内容是否等于零,若不为零,
                      则转移
```

在 MCS-51 系统中,通常用 DJNZ 指令来构造循环结构,实现重复处理。

例:由 DJNZ 指令来实现软件延时。

```
LOOP: DJNZ   R1,LOOP   ;指令执行一次需要 2 个机器周期
```

或

```
DJNZ       R1, $
```

(3)比较不相等转移指令

```
CJNE   A,direct,rel
CJNE   A,#data,rel
CJNE   Rn,#data,rel
CJNE   @Ri,#data,rel
```

这 4 条指令的功能是比较两个操作数的大小,如果它们的值不相等,则转移,否则执行下一条指令。若第一操作数大于等于第二操作数,则 CY=0,反之 CY=1。

注意:比较指令不改变操作数。

以第一条指令为例指令执行过程为:

```
(A) = (direct),则 PC + 3→PC,CY = 0
(A)>(direct),则 PC + 3 + rel→PC,CY = 0
(A)<(direct),则 PC + 3 + rel→PC,CY = 1
```

例：累加器 A 的内容不等于 55H 时把 A 的内容加上 5；累加器 A 的内容等于 55H 时把 A 的内容减去 5。

```
CJNE  A,♯55H,NEXT1  ;A 的内容和 55H 比较不相等转移到 NEXT1
CLR   C              ;顺序执行说明 A 的内容与 55H 相等
SUBB  A,♯05H         ;完成减 5 操作
SJMP  LAST
NEXT1: ADD  A,♯05H   ;若不相等完成加 5 操作
LAST: SJMP $
```

3. 子程序调用与返回指令

(1) 绝对调用

```
ACALL  addr11  ;PC←PC+2,SP←SP+1,(SP)←PC₇~₀,SP←SP+1,
               (SP)←PC₁₅~₈,PC₁₀~₀←addr₁₀~₀
```

绝对调用指令 ACALL 类似绝对转移指令 AJMP，ACALL 在同一 2KB 范围内调用子程序的指令。指令执行过程是：执行 ACALL 指令时，PC 加 2 后获得了下条指令的地址，然后把 PC 的当前值压入堆栈。最后把 PC 的高 5 位和指令给出的 11 位地址 addr11 连接组成 16 位目标地址，作为子程序入口地址送入 PC 中，使 CPU 转向执行子程序。因此，所调用的子程序入口地址必须和 ACALL 指令下一条指令同一个 2KB 区域内。

(2) 长调用

```
LCALL  addr16  ;PC←PC+2,SP←SP+1,(SP)←PC₇~₀,SP←SP+1,
               (SP)←PC₁₅~₈,PC←addr16
```

长调用指令 LCALL 是一条可以在 64KB 程序存储器内调用子程序的指令。

(3) 子程序返回

```
RET  ;PC₁₅~₈←(SP),SP←SP−1,PC₇~₀←(SP),SP←SP−1
```

(4) 中断返回

```
RETI  ;PC₁₅~₈←(SP),SP←SP−1,PC₇~₀←(SP),SP←SP−1
```

两条返回指令的功能都是从堆栈中取出断点地址，送给 PC，并从断点处开始继续执行程序。RET 应放在一般子程序的末尾，而 RETI 应放在中断服务子程序的末尾。

4. 空操作指令

```
NOP
```

空操作指令也是一条控制指令，在执行 NOP 指令时，仅使 PC 加 1，时间上消耗了 12 个时钟周期，不作其他操作。常用于等待、延时等。

知识点七：位操作指令

MCS-51 单片机内部有一个性能优异的位处理器，称为布尔处理器，具有丰富的位操作指令，可以完成以位变量为对象的传送、运算、控制转移等操作。位操作指令的操作对象是内部 RAM 的位寻址区，即字节地址为 20H～2FH 单元中连续的 128 位（位地址为 00H～

7FH),以及特殊功能寄存器中可以进行位寻址的位。

在汇编语言指令格式中,位地址有多种表示方式:

(1) 直接位地址方式,如:20H;7FH 等。

(2) 字节地址位方式,如 23H.0,表示字节地址为 23H 单元中的 D0 位。

(3) 寄存器名位方式,如 ACC.7,但不能写成 A.7。

(4) 用伪指令 BIT 定义位名方式,如:F1 BIT PSW.1。

经定义后,允许在指令中用 F1 来代替 PSW.1。

位操作指令共有 17 条。

1. 位变量传送指令

```
MOV  C,bit  ;C←(bit)
MOV  bit,C  ;(bit)←C
```

这 2 条指令可以实现位地址单元与位累加器之间的数据传送(注意传送的位数是 1 位)。

2. 位变量修改指令(清零、置 1、取反)

```
CLR   C    ;C←0
CLR   bit  ;(bit)←0
SETB  C    ;C←1
SETB  bit  ;(bit)←1
CPL   C    ;C←C̄
CPL   bit  ;(bit)←(bit̄)
```

3. 位逻辑运算指令(逻辑与、或)

```
ANL  C,bit   ;C←C∧(bit)
ANL  C,/bit  ;C←C∧(bit̄)
ORL  C,bit   ;C←C∨(bit)
ORL  C,/bit  ;C←C∨(bit̄)
```

例:利用位逻辑运算指令编程实现下面硬件逻辑电路的功能,如图 2-8 所示。

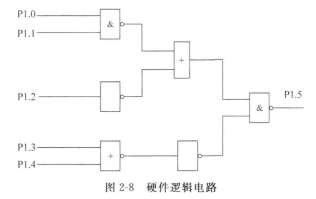

图 2-8 硬件逻辑电路

程序如下:

```
MOV  C,P1.0
ANL  C,P1.1
CPL  C
```

```
ORL  C,P1.2
MOV  F0,C
MOV  C,P1.3
ORL  C,P1.4
ANL  C,F0
CPL  C
MOV  P1.5,C
```

4. 位条件转移指令

```
JC   rel      ;若 C = 1,则转移,PC←PC + 2 + rel; 否则程序顺序执行
JNC  rel      ;若 C = 0,则转移,PC←PC + 2 + rel; 否则程序顺序执行
JB   bit,rel  ;若(bit) = 1,则转移,PC←PC + 3 + rel; 否则程序顺序执行
JNB  bit,rel  ;若(bit) = 0,则转移,PC←PC + 3 + rel; 否则程序顺序执行
JBC  bit,rel  ;若(bit) = 1,则转移,PC←PC + 3 + rel,且(bit)←0; 否则程序顺序执行(位清零转移)
```

知识点八：伪指令

伪指令也称为汇编程序控制命令,属于说明性汇编指令,汇编时不产生机器代码,不影响程序的执行,仅用来对汇编过程进行某种控制,所以称为伪指令。常用的伪指令有以下几种。

1. ORG(汇编起始定位伪指令)

格式:

```
ORG  nn
```

nn 为十进制或十六进制数,nn 指出在该语句后的指令汇编地址。在一个汇编语言程序中允许使用多条 ORG 伪指令,但其定义地址必须由小到大排列,不可重叠。例如:

```
      ORG  300H
START· MOV  A,♯00H
      ⋮
      ORG  1000H
      ⋮
```

在汇编语言源程序的开始,通常用一条 ORG 伪指令来实现规定程序的起始地址。如不用 ORG 规定,则汇编得到的目标程序将从 0000H 开始。标号 START 代表地址为 300H。

2. END(汇编结束伪指令)

格式:

```
[标号: ] END
```

汇编语言源程序的结束标志,即使后面还有指令,汇编程序也不做处理。在一个源程序中只能有一个 END 语句,而且必须放在整个程序的末尾。

3. DB(定义字节伪指令)

格式:

```
[标号: ] DB  X1,X2,…,Xn
```

DB 功能是从指定单元地址依次定义若干个字节数据,它为数值或字符,字符按 ASCII

码存储。例如：

```
ORG  2000H
DB  30H,40H,24,'C','B'
```

汇编后：

(2000H)=30H,(2001H)=40H,(2002H)=18H(十进制数24)
(2003H)=43H(字符C的ASCII码),(2004H)=42H(字符B的ASCII码)

4. DW(定义字伪指令)

格式：

[标号：] Y1,Y2,…,Yn

DW与DB的功能相似,区别在于DB定义一个字节,而DW定义两个字节。执行汇编程序后,机器自动按高8位在低地址、低8位在后高地址方式排列。例如：

```
ORG  2000H
DW  1246H,7BH,10
```

汇编后：

(2000H)=12H,(2001H)=46H,第1个字
(2002H)=00H,(2003H)=7BH,第2个字
(2004H)=00H,(2005H)=0AH,第3个字

5. EQU(赋值伪指令)

格式：

字符名称 EQU 数据或汇编符号

用于给左边的"字符名称"赋值。一旦字符名被赋值,它就可以在程序中作为一个数据或地址来使用。"字符名称"必须先赋值后使用,因此EQU通常放在源程序的开头。例如：

```
TEST  EQU  2000H
```

表示TEST=2000H,在汇编时,凡是遇到TEST时,均以2000H来代替。

6. DS(空间定义伪指令)

格式：

[标号：] DS 表达式

用于指示从标号地址开始留出一定量的存储空间。表达式常为一个数值,例如：

```
N1: DS  08H
    DB  25H
```

汇编程序对上述源程序汇编时,碰到DS语句便自动从N1地址开始预留8个连续内存单元,第9个单元(即N1+8)存放25H。

7. BIT(位地址赋值伪指令)

格式:

字符名称 BIT 位地址

用于将右边的"位地址"赋给左边的"字符名称"。因此 BIT 语句定义过的"字符名称"是一个符号位地址。例如:

```
A1    BIT   00H
A2    BIT   P1.0
MOV   C,A1
MOV   A2,C
```

显然,A1 和 A2 经 BIT 语句定义后作为位地址使用,其中 A1 的物理位地址是 00H,A2 的物理位地址是 90H。

8. DATA 伪指令

格式:

符号名称   DATA   直接字节地址

该伪指令用于给片内 RAM 字节单元地址赋予 DATA 前面的符号,赋值后可用该符号代替 DATA 后面的片内 RAM 字节单元地址。例如:

```
SAVE   DATA   30H
  ⋮
MOV    SAVE,A
```

汇编后,SAVE 就表示片内 RAM 的 30H 单元,程序中用片内 RAM 的 30H 单元的地方就可以用 SAVE 代替。

9. XDATA 伪指令

格式:

符号名称 XDATA 直接字节地址

该伪指令与 DATA 伪指令基本相同,只是它针对的是片外 RAM 字节单元。例如:

```
PORTA   XDATA   2000H
  ⋮
MOV     DPTR,♯PORTA
MOVX    @DPTR,A
```

汇编后,符号 PORTA 就表示片外 RAM 的 2000H 单元地址,程序中可通过符号 PORTA 表示片外 RAM 的 2000H 单元地址。

四、软件设计

汇编程序代码如下:

```
ORG   0000H
Key   BIT P0.0
LJMP  MAIN
```

```
            ORG     1000H
MAIN:   MOV     R3, #0FEH
        MOV     R2, #1
        MOV     R1, #8
START:  MOV     R0, #10
        MOV     A, R3
LOOP:   MOV     P1, A           ;从 P1 口某引脚输出低电平,LED 亮
        ACALL   DELAY           ;延时调用
        JB      Key, FLASH
        XRL     A, R2
        DJNZ    R0, LOOP        ;是否闪烁 5 次,没有则循环
FLASH:  MOV     A, R2
        RL      A
        MOV     R2, A
        MOV     A, R3
        RL      A
        MOV     R3, A
        DJNZ    R1, START       ;所有发光二极管都闪烁完毕,则重新循环
        JMP     MAIN
DELAY:  MOV     R5, #4          ;延时子程序,延时时间约 0.2s
D1:     MOV     R6, #20
D2:     MOV     R7, 123
        NOP
        DJNZ    R7, $
        DJNZ    R6, D2
        DJNZ    R5, D1
        RET
        END
```

源程序在 Keil 中编辑,然后经过编译、链接,生成二进制目标代码文件 *.hex,最后将二进制代码下载到单片机程序存储器中。这样单片机上电后就可以看到流水灯闪烁控制效果了。详细的调试和 Keil 软件使用参见模块 3 单片机开发系统介绍。

五、任务小结

通过本任务的学习,加深对单片机逻辑运算指令、控制转移指令、位操作指令及伪指令的理解。

区分逻辑运算指令和位指令的使用,熟悉特殊功能寄存器可供寻址的位;理解几种转移指令的转移地址范围;了解条件转移指令和程序调用时的参数传递和现场保护。转移控制指令是实现汇编语言程序设计基本结构的关键。

任务 2.4 汽车转向灯模拟设计

一、任务描述

使用单片机模拟汽车驾驶中左转弯、右转弯、刹车、闭合紧急开关和停靠等操作,控制 LED 信号灯相应的显示。各种模拟驾驶开关操作时,对应的信号灯显示如表 2-3 所示。通过本任务的学习,进一步熟悉单片机汇编语言的各种指令的使用,了解顺序结构、分支结构、循环结构和子程序调用等汇编语言程序设计基本结构及结构化程序设计方法。了解 Proteus 仿真软件的使用。

表 2-3　汽车驾驶操作对应的信号灯输出情况

	输出信号					
	左转弯灯	右转弯灯	左头灯	右头灯	左尾灯	右尾灯
左转弯(闭合左转弯开关)	闪烁	灭	闪烁	灭	闪烁	灭
右转弯(闭合右转弯开关)	灭	闪烁	灭	闪烁	灭	闪烁
闭合紧急开关	闪烁	闪烁	闪烁	闪烁	闪烁	闪烁
刹车(闭合刹车开关)	灭	灭	灭	灭	亮	亮
左转弯时刹车	闪烁	灭	闪烁	灭	闪烁	亮
右转弯时刹车	灭	闪烁	灭	闪烁	亮	闪烁
刹车时紧急开关	闪烁	闪烁	闪烁	闪烁	亮	亮
左转弯时刹车闭合紧急开关	闪烁	闪烁	闪烁	闪烁	闪烁	亮
右转弯时刹车闭合紧急开关	闪烁	闪烁	闪烁	闪烁	亮	闪烁
停靠(闭合停靠开关)	灭	灭	闪烁	闪烁	闪烁	闪烁

二、硬件电路设计

汽车转向灯模拟设计硬件电路如图 2-9 所示,电路中 LED 共阳极连接,单片机 P1 口输出低电平时,相应的信号灯点亮,信号灯通过 ULN2003A 缓冲驱动。按键开关直接由 P3 口控制。

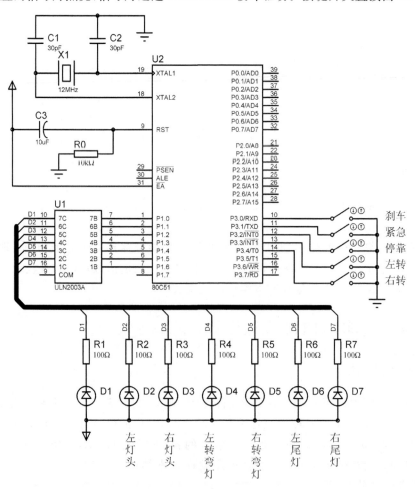

图 2-9　汽车转向灯模拟设计硬件电路

三、相关知识点

知识点九：汇编语言程序设计结构

程序设计是在硬件基础上的软件设计，程序设计的优劣对系统的稳定性和工作效率等有很大的影响。汇编语言程序设计一般包括程序编辑、编译、链接和调试运行几个方面。本节将对汇编语言程序设计基本结构：顺序结构、分支结构、循环结构和子程序调用等作详细分析。

1. 顺序程序

顺序程序就是按照算法要求编写的依次顺序执行的程序，它是最简单、最基本的程序。

举例：设 X、Y 两个小于 10 的整数分别存于片内 30H、31H 单元，试求两数的平方和，并将结果存于 32H 单元。

分析：两数均小于 10，故两数的平方和小于 100，可利用乘法指令求平方。程序流程图如图 2-10 所示。参考程序如下：

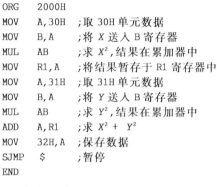

图 2-10　求两数平方和的程序流程图

```
ORG    2000H
MOV    A,30H    ;取 30H 单元数据
MOV    B,A      ;将 X 送入 B 寄存器
MUL    AB       ;求 X²，结果在累加器中
MOV    R1,A     ;将结果暂存于 R1 寄存器中
MOV    A,31H    ;取 31H 单元数据
MOV    B,A      ;将 Y 送入 B 寄存器
MUL    AB       ;求 Y²，结果在累加器中
ADD    A,R1     ;求 X² + Y²
MOV    32H,A    ;保存数据
SJMP   $        ;暂停
END
```

2. 分支程序

在程序应用中，程序不可能始终是顺序执行的，通常需要根据实际问题中给定的条件进行判断，从而产生一个或多个分支，以决定程序的流向。

分支程序中含有控制转移指令。根据不同的条件，执行不同的程序段。MCS-51 单片机中控制转移指令有 JZ、JNZ、CJNE、JC、JNC、JB 和 JNB 等条件指令，以及无条件转移指令 LJMP、AJMP、SJMP 和 JMP。

举例：设 X 存在 30H 单元中，根据下式

$$Y = \begin{cases} X+2 & X>0 \\ 100 & X=0 \\ |X| & X<0 \end{cases}$$

求出 Y 值，将 Y 值存入 31H 单元。

分析：根据数据的符号位判别该数的正负，若最高位为 0，再判别该数是否为 0。程序流程图见图 2-11，参考程序如下：

```
ORG    1000H
MOV    A,30H        ;取数
JB     ACC.7,NEG    ;负数,转 NEG
JZ     ZERO         ;为零,转 ZERO
ADD    A,#02H       ;为正数,求 X + 2
AJMP   SAVE         ;转到 SAVE,保存数据
```

```
ZERO:
        MOV    A,# 64H    ;数据为零,Y = 100
        AJMP   SAVE       ;转到 SAVE,保存数据
NEG:
        DEC    A
        CPL    A          ;求|X|
SAVE:
        MOV    31H,A      ;保存数据
        SJMP   $          ;暂停
```

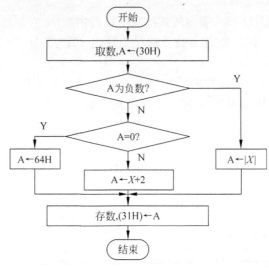

图 2-11　程序流程图

3. 循环程序

循环程序是一段可以反复执行的程序。在程序设计时,如果遇到需要反复执行的某种操作,可以使用循环结构程序。

循环程序一般包括以下 3 部分。

(1) 循环初始化,把初值参数赋给控制变量。例如给循环体中的计数器和各工作寄存器设置初值,其中循环计数器用于控制循环次数。

(2) 循环处理,是循环程序重复执行的部分。

(3) 循环控制,修改循环控制变量,控制循环次数和判断循环是否结束。

举例:单片机晶体振荡器频率为 12MHz,设计延时一个 1s 子程序。

分析:一个机器周期为 $T_m = 1\mu s$。采用三重循环程序结构,执行内循环需 $10\mu s$,三重循环延时 $10\mu s \times 250 \times 200\mu s \times 2 = 10^6 \mu s = 1s$。

参考程序如下:

```
YS1: MOV    R4,# 2     ;外层循环计数器,1Tₘ
L0:  MOV    R3,# 200   ;中层循环计数器
L1:  MOV    R2,# 250   ;内层循环计数器
L2:  MUL    AB         ;4Tₘ
     MUL    AB         ;内循环体
     DJNZ   R2,L2      ;2Tₘ
     DJNZ   R3,L1
     DJNZ   R4,L0
     RET               ;2Tₘ
```

考虑到内循环体外指令的执行时间,实际延时时间为(从第一条指令到最后一条指令):

$$(1+1\times2+1\times200+10\times250\times200\times2+2\times200+2\times2+2)\mu s=1000609\mu s\approx1s$$

延时程序在单片机控制中用途很广,实践中常常先编写出典型延时子程序以供随时调用。典型延时子程序可取 $100\mu s$、$1ms$、$100ms$、$1s$ 等。

4. 查表程序

查表程序是一种常见的程序。首先把事先计算或实验数据按一定顺序编成表格,存于程序存储器内,然后根据输入参数值,从表中取得结果。用于查表的指令有两条:

```
MOVC    A,@A+DPTR
MOVC    A,@A+PC
```

(1) 用 DPTR 作为基址的查表操作的 3 个步骤

① 把数据表格表头地址存入 DPTR。

② 把要查的数在表中相对于表头地址的偏移量送入累加器 A。

③ 执行"MOVC A,@A+DPTR",把查表结果送入累加器 A。

(2) 用 PC 作为基址的查表操作的 3 个步骤

① 用传送指令把所查数据的项数送入累加器 A。

② 使用"ADD A,♯data"指令对累加器 A 进行修正,data 值由 PC 当前值与表格的首地址确定,即 data 值等于查表指令和数据表格之间的字节数。

③ 用指令"MOVC A,@A+PC"完成查表。

举例:已知 R0 低 4 位是一个十六进制数(0～F 中的一个),编写把它转换成相应的 ASCII 码并送入 R0 的程序。

本题给出两种求解方案:一种是计算求解,另一种是查表求解,请自行比较它们的优劣。

- 计算求解:由 ASCII 码字符表可知,0～9 的 ASCII 码为 30H～39H,A～F 的 ASCII 码为 41H～46H。因此,计算求解的思路是:若(R0)≤9,则 R0 内容只需加 30H;若(R0)＞9,则 R0 需加 37H。程序流程图见图 2-12,参考程序如下:

```
        ORG     0100H
        MOV     A,R0            ;取转换值
        ANL     A,♯0FH         ;屏蔽高 4 位
        CJNE    A,♯10,NEXT1
NEXT1:  JNC     NEXT2           ;A>9 则转 NEXT2
        ADD     A,♯30H         ;若 A<10 则 A ←(A)+30H
        SJMP    DONE
NEXT2:  ADD     A,♯37H         ;A ←(A)+37H
DONE:   MOV     R0,A            ;存结果
        SJMP    $
        END
```

- 查表求解:分析查表求解时,两条查表指令可任选其一。程序流程图见图 2-13,参考程序如下:

```
        ORG     0100H
        MOV     A,R0            ;取转换值
        ANL     A,♯0FH         ;屏蔽高 4 位
        ADD     A,♯03H         ;计算偏移量
        MOVC    A,@A+PC         ;查表
        MOV     R0,A            ;存结果
```

```
        SJMP    $
ASCTAB: DB      '0','1','2','3'
        DB      '4','5','6','7'
        DB      '8','9','A','B'
        DB      'C','D','E','F'
        END
```

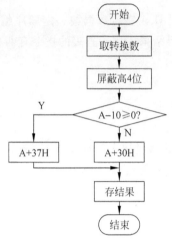

图 2-12　方案一流程图

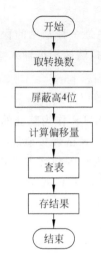

图 2-13　方案二流程图

5. 散转程序

散转程序是分支程序的一种,使用指令"JMP @A＋DPTR"可实现多分支转移。它是根据某种输入或运算的结果,分别转向各个处理程序段去执行程序。

举例:根据 R2 的内容,转向各个处理程序,R2＝0 时,转向 PRG0;R2＝1 时,转向 PRG1;以此类推,R2＝255 时,转向 PRG255。

参考程序:

```
        MOV     DPTR, #TAB      ;转移表首地址
        MOV     A,R2            ;输入分支序号
        ADD     A,R2            ;乘2与转移指令双字节相对应
        JNC     NADD            ;(R2)×2≤255 跳到 NADD
        INC     DPH             ;(R2)×2>255 处理地址表高8位
NADD:   JMP     @A＋DPTR         ;散转至地址表
TAB1:   AJMP    PRG0
        AJMP    PRG1
         ⁝
        AJMP    PRG255
```

程序由于使用了 AJMP 指令,因此所有的处理程序入口 PRG0、PRG1、…、PRGn 和散转表 TAB1 都必须在同一 2KB 范围内。如果大于 2KB 范围可使用指令 LJMP 实现,LJMP 是三字节指令,R2 的分支序号需要乘 3。

6. 子程序

子程序是指能完成某一确定的任务并能被其他程序反复调用的程序段。调用子程序的源程序称为主程序。子程序在结构上具有通用性和独立性,使程序设计简化,便于调试,实现模块化管理。

在 MCS-51 单片机指令系统中,提供了两条调用子程序指令 ACALL、LCALL 和一条子程序返回指令 RET。编写时应注意以下几个方面。

(1) 程序第一条指令的地址称为入口地址。该指令前必须有标号,标号也是子程序的名称。

(2) 调用子程序指令设在主程序中,返回指令放在子程序的末尾。

(3) 子程序调用和返回指令能自动保护和恢复断点,但对于需要保护的其他寄存器和内存单元的内容,须在子程序开始和末尾(RET 指令前)安排保护和恢复它们的指令。

(4) 在调用子程序时,要了解子程序的"入口参数"和"出口参数",即主程序调用子程序时,传入子程序的数据和子程序结束时,返回主程序的数据结果。

举例:编写完成 $c = a^2 + b^2$ 的程序。设 a 和 b 均为小于 10 的整数,a、b、c 放在内部 RAM 的 30H、31H、32H 三个单元中。

分析:题中两次用到求平方的运算,故可把求平方运算编成子程序。

参考程序:

```
        ORG    2000H
MAIN:   MOV    A,30H      ;入口参数 a 送 A
        ACALL  SQR        ;求 a²
        MOV    32H,A      ;a² 送 c
        MOV    A,31H      ;入口参数 b 送 A
        ACALL  SQR        ;求 b²
        ADD    A,32H      ;a² + b² 送 A
        MOV    32H,A      ;存结果
        SJMP   $
SQR:    MOV    B,A        ;求平方子程序
        MUL    AB         ;乘积在 A 中
        RET
        END
```

四、软件设计

汽车在转弯、刹车、停靠与闭合紧急开关时,通过车灯的不同闪烁告知往来车辆。因此对信号灯的控制要求如下:

(1) 车辆转弯时,相应一侧之前灯、尾灯及仪表板指示灯均应闪烁。即左转时,左头灯、左尾灯、仪表板左转弯灯闪烁,右转时则右头灯、右尾灯和仪表板右转弯灯闪烁。

(2) 紧急开关闭合时要求前述 6 个信号灯全部闪烁。

(3) 刹车时左右两个尾灯亮,若转弯时刹车,则转弯时原闪烁的信号灯继续闪烁。

(4) 汽车停靠而停靠开关合上时(如在高速公路上,车辆因故障停靠时),左头灯、右头灯、左尾灯、右尾灯应高频闪烁。

(5) 一般闪烁频率为 1Hz,高频闪烁频率为 10Hz。

根据系统要求分析,采用分支结构编写程序,对于不同的开关状态,为其分配相应的入口,从而对不同的开关状态作出响应。

单片机控制的汽车转向灯模拟设计程序流程如图 2-14 所示,源程序如下:

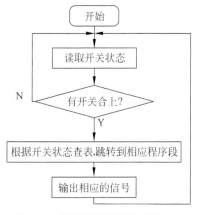

图 2-14 单片机控制的汽车转向灯模拟设计程序流程图

```
/*****************************************************************
名称：汽车转向灯模拟设计
模块名：AT89C51,ULN2003A
功能描述：使用单片机模拟汽车驾驶中左转弯、右转弯、刹车、闭合紧急开关和停靠等操作,控制 LED
        信号灯相应的显示,具体参见表 2-3
*****************************************************************/
            ORG     0000H
            AJMP    START1
            ORG     0030H
SAME        EQU     4EH
START1:     MOV     P1,#00H         ;无输入时无输出
START:      MOV     A,P3            ;读 P3 口数据
            ANL     A,#1FH          ;取用 P3 口的低 5 位数据
            CJNE    A,#1FH,SHIY     ;对 P3 口低 5 位数据进行判断
            AJMP    START1
SHIY:       MOV     SAME,A
            LCALL   YS              ;延时
            MOV     A,P3            ;读 P3 口的数据
            ANL     A,#1FH          ;取用 P3 口的低 5 位数据
            CJNE    A,#1FH,SHIY1    ;对 P3 口的低 5 位数据进行判断
            AJMP    START1          ;开关没有动作时无输出
SHIY1:      CJNE    A,SAME,START1
            CJNE    A,#17H,NEXT1    ;P3.3 = 0 时进入左转分支
            AJMP    LEFT
NEXT1:      CJNE    A,#0FH,NEXT2    ;P3.4 = 0 时进入右转分支
            AJMP    RIGHT
NEXT2:      CJNE    A,#1DH,NEXT3    ;P3.1 = 0 时进入紧急分支
            AJMP    EARGE
NEXT3:      CJNE    A,#1EH,NEXT4    ;P3.0 = 0 时进入刹车分支
            AJMP    BREAKE
NEXT4:      CJNE    A,#16H,NEXT5    ;P3.0 = P3.3 = 0 时进入左转刹车分支
            AJMP    LEBR
NEXT5:      CJNE    A,#0EH,NEXT6    ;P3.0 = P3.4 = 0 时进入右转刹车分支
            AJMP    RIBR
NEXT6:      CJNE    A,#1CH,NEXT7    ;P3.0 = P3.1 = 0 时进入紧急刹车分支
            AJMP    BRER
NEXT7:      CJNE    A,#14H,NEXT8    ;P3.0 = P3.1 = P3.3 = 0 时进入左转紧急刹车分支
            AJMP    LBE
NEXT8:      CJNE    A,#0CH,NEXT9    ;P3.0 = P3.1 = P3.4 = 0 时进入右转紧急刹车分支
            AJMP    RBE
NEXT9:      CJNE    A,#1BH,NEXT10   ;P3.2 = 0 时进入停靠分支
            AJMP    STOP
NEXT10:     AJMP    ERROR           ;其他情况进入错误分支
LEFT:       MOV     P1,#2AH         ;左转分支
            LCALL   Y1s
            MOV     P1,#00H
            LCALL   Y1s
            AJMP    START
RIGHT:      MOV     P1,#54H         ;右转分支
            LCALL   Y1s
```

```
                MOV     P1,#00H
                LCALL   Y1s
                AJMP    START
EARGE:          MOV     P1,#7FH          ;紧急分支
                LCALL   Y1s
                MOV     P1,#00H
                LCALL   Y1s
                AJMP    START
BREAKE:         MOV     P1,#60H          ;刹车分支
                AJMP    START
LEBR:           MOV     P1,#6AH          ;左转刹车分支
                LCALL   Y1s
                MOV     P1,#40H
                LCALL   Y1s
                AJMP    START
RIBR:           MOV     P1,#6AH          ;右转刹车分支
                LCALL   Y1s
                MOV     P1,#40H
                LCALL   Y1s
                AJMP    START
BRER:           MOV     P1,#7EH          ;紧急刹车分支
                LCALL   Y1s
                MOV     P1,#60H
                LCALL   Y1s
                AJMP    START
LBE:            MOV     P1,#7EH          ;左转紧急刹车分支
                LCALL   Y1s
                MOV     P1,#40H
                LCALL   Y1s
                AJMP    START
RBE:            MOV     P1,#7EH          ;右转紧急刹车分支
                LCALL   Y1s
                MOV     P1,#20H
                LCALL   Y1s
                AJMP    START
STOP:           MOV     P1,#66H          ;停靠分支
                LCALL   Y100ms
                MOV     P1,#00H
                LCALL   Y100ms
                AJMP    START
ERROR:          MOV     P1,#80H          ;错误分支
                LCALL   Y1s
                MOV     P1,#00H
                LCALL   Y1s
                AJMP    START
YS:             MOV     R7,#40           ;延时 20ms
YS0:            MOV     R6,#250
YS1:            DJNZ    R6,YS1
                DJNZ    R7,YS0
                RET
Y1s:            MOV     R7,#4            ;延时 0.5s
Y1s1:           MOV     R6,#250
Y1s2:           MOV     R5,#250
                DJNZ    R5,$
```

```
            DJNZ    R6,Y1s2
            DJNZ    R7,Y1s1
            RET
Y100ms:     MOV     R7,#100        ;延时 50ms
Y100ms1:    MOV     R6,#250
Y100ms2:    DJNZ    R6,Y100ms2
            DJNZ    R7,Y100ms1
            RET
            END
```

程序中,延时 0.5s,相当于信号灯以 1Hz 频率闪烁;延时 50ms,相当于信号灯以 10Hz 频率闪烁。

五、Proteus 软件仿真

首先,按照在 ProteusISIS 中搭建电路图,将编译的程序代码文件 *.hex 加载到 AT89C51 中执行。刹车时仿真电路如图 2-15 所示,当刹车开关合上时,左右尾灯点亮。

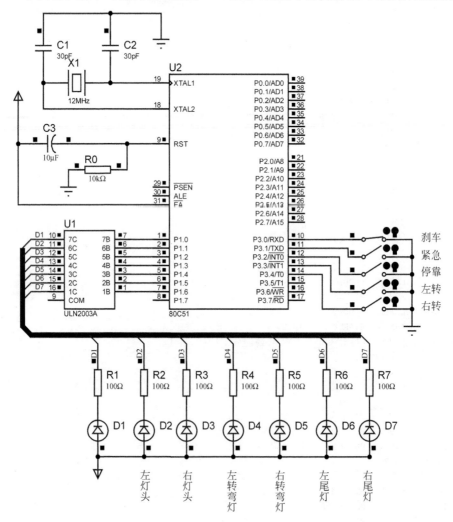

图 2-15　刹车时仿真电路

六、任务小结

本设计任务模拟了常见的汽车拐弯、紧急刹车和停靠时的信号灯指示功能。程序总体上采用分支结构设计,涉及子程序调用、程序循环等程序结构化设计内容。通过本任务的学习,使读者对单片机汇编语言程序设计的基本结构有个系统的认识和熟练掌握汇编语言程序设计中几种常见的方法。程序流程图是程序设计常用的算法描述形式,其表达简洁、明了,根据流程图书写程序代码时,思路明确,避免复杂程序设计时出错,而且根据流程图读代码时,更容易理解,所以应养成在编写程序之前,首先完善程序流程图的习惯。

任务 2.5 LED 模拟交通灯设计

一、任务描述

使用单片机控制 LED 来模拟十字路口交通信号灯的切换过程和显示效果。12 只 LED 分成东西向和南北向两组,各组指示灯均有相向的 2 只红色、2 只黄色和 2 只绿色的 LED。当东西向绿灯亮若干秒后,黄灯闪烁,闪烁 5 次后红灯亮,红灯亮后,南北向由红灯变为绿灯,若干秒后南北向黄灯闪烁,闪烁 5 次后红灯亮,东西向绿灯亮,如此重复。

通过本任务的学习,进一步熟悉 C 语言的数据类型、常量与变量、运算符和表达式等基本概念及函数、程序设计基本结构;掌握 C51 对标准 C 语言的扩充功能;进一步学习 Keil 软件和 Proteus 仿真软件的使用。

二、硬件电路原理图

LED 模拟交通灯设计如图 2-16 所示,电路中,自左至右,自上到下,依次为红、黄、绿灯,LED 按共阳极的形式连接。

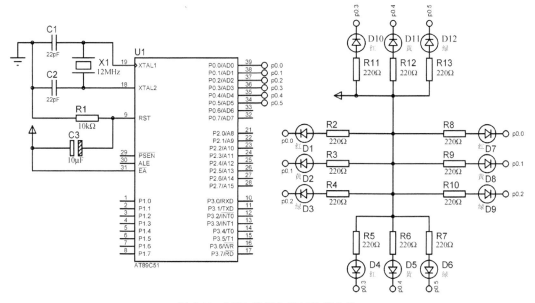

图 2-16 LED 模拟交通灯控制电路

三、相关知识点

知识点十：单片机 C 语言设计

（一）单片机 C 语言结构与特点

1. C 语言与汇编语言

前面介绍了 MCS-51 汇编语言程序设计，采用汇编语言编写的应用程序，具有执行效率高、速度快，可以直接操作系统的硬件资源。但是，对于复杂程序的编写就显得非常困难，如数值运算，而且可读性和可维护性不强，代码可重用性低。

C 语言是一种高级编程语言，采用结构化编程，在代码效率和速度上，稍逊于汇编语言，但比其他高级语言要高。利用 C 语言编程，具有良好的可移植性和可读性，对程序员来说，不必过多地考虑处理器的硬件特性与接口形式。通过 C51 编译器，如 Keil 编译器，可将 C 语言程序代码编译成单片机可执行的目标代码。

对于大多数 MCS-51 系列单片机，使用 C 语言与使用汇编语言相比具有如下优点。

（1）可使用与人的思维相近的关键字和操作函数，且程序结构清晰，可读性强。

（2）在不了解单片机指令系统而仅熟悉单片机存储器结构时就可以开发单片机程序。

（3）寄存器分配、寻址方式及数据类型等细节由编译器管理，编程时不需要考虑。

（4）程序可以分为多个不同的函数，这使程序设计结构化。

（5）编译器提供了很多标准函数，具有较强的数据处理能力。

（6）C 语言移植性好且非常普及，很容易地将已完成的项目移植到其他处理器环境中。

（7）程序编写和调试时间大大缩短，开发效率远高于汇编语言。

因而易学易用，用过汇编语言后再使用 C 语言开发，这种体会将更加深刻。

2. 单片机 C 语言的基本结构

C51 程序结构与标准 C 语言程序结构一样，也都是由函数构成，每一个函数都完成相对独立的功能。C 语言中的函数就相当于汇编语言中的"子程序"。C 程序的基本结构如图 2-17 所示。

每个 C 程序都必须有且仅有一个主函数 main()，程序的执行总是从主函数开始，主函数通过直接书写语句和调用其他函数来实现有关的功能。由编译系统直接提供给用户使用的函数，称为库函数，由用户自己编写的函数称为用户函数。当使用系统库函数时，只需要

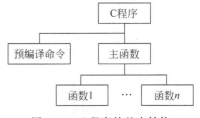

图 2-17　C 程序的基本结构

包含具有该函数说明的相应的头文件即可，如使用 sin 函数，则：＃include＜math.h＞。Keil C 提供了 100 多个库函数供我们直接使用。

所谓预编译命令是在 C 程序中插入一些传给编译程序的预处理命令，这些命令不能直接进行编译，要在通常编译之前进行预先处理，然后将处理结果和源程序一起进行编译，例如：

```
＃define  PI 3.14159   /＊预处理时将程序中所有的 PI 替换为 3.14159 ＊/
＃include＜math.h＞    /＊预处理时将用 math.h 文件中的实际内容代替该行命令 ＊/
```

（二）C51 对标准 C 语言的扩展

用 C 语言编写的单片机应用程序与标准 C 语言程序也有相应的区别：编写 C51 程序

时,需要根据单片机存储结构及内部资源定义相应的数据类型和变量,而标准 C 语言程序不需要考虑;C51 包含的数据类型、变量存储模式、函数等方面与标准 C 语言也有一定的区别,而其他的语法规则、程序结构及程序设计方法与标准 C 语言程序设计相同。在这里只对 C 语言的基本知识做简单介绍,而把主要精力集中到分析 C51 和标准 C 语言之间的区别,即 C51 对标准 C 语言的扩展。有关标准 C 的详细知识可参考有关 C 语言书籍。

1. C51 数据类型

在 C 语言中,数据类型可分为基本数据类型、构造数据类型、指针类型、空类型四大类。C 语言的数据类型如图 2-18 所示。

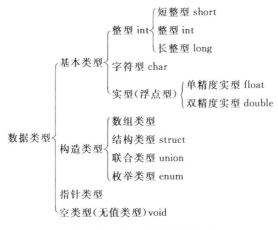

图 2-18 C 语言的数据类型

C51 数据类型与标准 C 语言中的数据类型基本相同,但其中的 char 和 short 相同,float 和 double 相同。另外,C51 中还扩充有针对单片机的特殊功能寄存器和位数据类型。表 2-4 列出 Keil C51 编译器所支持的数据类型。

表 2-4 Keil C51 编译器所支持的数据类型

数 据 类 型	名　　称	长　　度	表示的数值范围
unsigned char	无符号字符型	1 字节	0～255
signed char	有符号字符型	1 字节	−128～127
unsigned int	无符号整型	2 字节	0～65535
signed int	有符号整型	2 字节	−32768～32767
unsigned long	无符号长整型	4 字节	0～4294967295
signed long	有符号长整型	4 字节	−2147483648～2147483647
float	浮点型	4 字节	±1.17494E−38～±3.402823E+38
*	指针型	1～3 字节	存储空间 0～65535
bit	位类型	1 比特	0 或 1
sbit	可寻址的位	1 比特	0 或 1
sfr	8 位特殊功能寄存器	1 字节	0～255
sfr16	16 位特殊功能寄存器	2 字节	0～65535

（1）字符型 char

char 有 signed char 和 unsigned char 之分，默认为 signed char，即"char a"与"signed char a"等效。其数据长度为 1 个字节，通常用于定义字符型数据变量和常量。signed char 用于定义带符号的字节数据，其最高位为符号位，"0"表示正数，"1"表示负数，用补码表示；unsigned char 既可以用来存放无符号数据，也可以存放西文字符，在计算机内部用 ASCII 码表示。

（2）整型 int

int 有 signed int 和 unsigned int 之分，默认是 signed int。其数据长度是 2 个字节，负数用补码表示。

（3）长整型 long

long 有 signed long 和 unsigned long 之分，默认是 signed long。其数据长度是 4 个字节，负数用补码表示。

（4）浮点型 float

float 型数据长度为 4 个字节，格式符合 IEEE 754 标准的单精度浮点型数据，它用符号位表示数的符号，"0"表示正数，"1"表示负数；用阶码和尾数表示数的大小，具有 24 位精度。许多复杂的数值运算都采用浮点数据类型。

（5）指针型 *

指针型数据本身就是一个变量，在这个变量中存放着指向另一个数据的地址，这个指针变量占用一定的内存单元。对于不同的处理器其长度不一样，在 C51 中它的长度一般为 1～3 个字节。

（6）位类型 bit

这是 C51 的一种扩充数据类型，用于访问 MCS-51 单片机 RAM 中的位寻址区，即 RAM 的 20H～2FH 单元的 128 个位。利用它可以定义一个位类型变量，但不能定义位指针，也不能定义位数组。它的值只是一个二进制位，只有 0 和 1。在标准 C 里面，有位运算但没有位类型变量定义。

定义格式：

bit 位变量名；   //其定义方式与标准 C 相同

例如：

bit led；   //定义一个位变量"led"

（7）可寻址位类型 sbit

这也是 C51 的一种扩充数据类型，利用它可以访问芯片内部 RAM 中的可寻址位或特殊功能寄存器中的可寻址位，有 11 个特殊功能寄存器具有位寻址功能，它们的字节地址都能被 8 整除。其与 bit 的区别在于，用 bit 定义的位变量在用 C51 编译器编译时，在不同的时候位地址是可以变化的；而用 sbit 定义的位变量必须与 MSC-51 单片机的一个可寻址的位单元地址联系在一起，在 C51 编译器编译时，其对应的位地址是不可变化的。

定义格式：

sbit 位名称 = 位地址；

例如：

```
sbit P1_1 = P1^1;                  //P1_1 表示对应 P1 端口的 P1.1 引脚
sbit P1_1 = 0x90^1;                //0x90 为 P1 的端口地址
sbit P1_1 = 0x91;                  //也可以使用 P1.1 的位地址来定义
```

这样就可以在后面的程序中直接使用 P1_1 来对 P1 端口的 P1.1 引脚进行读写操作了。另外需要注意的是，字节地址与位号之间、特殊功能寄存器与位号之间一般用"^"作间隔。又如：

```
sbit CY = 0xd7;                    //以位绝对地址表示
sbit CY = 0xd0^7;                  //以 RAM 单元字节地址 + 比特位的位置号表示
sbit CY = PSW^7;                   //以特殊功能寄存器名 + 比特位的位置号表示
```

(8) 8 位特殊功能寄存器 sfr

sfr 也是 C51 的一种扩充数据类型，用于访问 MCS-51 系列单片机内部 8 位特殊功能寄存器，它们不连续地分布在片内 RAM 的 80H～FFH 范围内。

定义格式：

sfr 特殊功能寄存器名 = 特殊功能寄存器地址;

例如：

```
sfr P1 = 0x90;                     //定义 P1 为 P1 端口在片内的寄存器，P1 的端口地址为 90H
sfr PSW = 0xd0;                    //定义 PSW 为片内的状态寄存器，其地址为 0xd0
```

(9) 16 位特殊功能寄存器 sfr16

sfr16 也是 C51 的一种扩充数据类型，用于以 16 位方式访问特殊功能寄存器。在新一代 MCS-51 系列单片机中，特殊功能寄存器经常组合成 16 位来使用。

sfr16 和 sfr 定义格式相同，且都用于访问特殊功能寄存器，所不同的是 sfr16 定义的是 2 个字节的寄存器，如 8052 定时器 T2，使用地址 0xcc 和 0xcd，可定义如下：

sfr16 T2 = 0xcc; //定义 8052 定时器 2,低地址 T2L = 0xcc,高地址 T2H = 0xcd

采用 sfr16 定义 16 位特殊功能寄存器时，两个字节地址是连续的，定义时把低字节地址作为整个 sfr16 地址。需要注意的是，不能用于定时器 0 和 1 的定义。

注意：sbit、sfr 和 sfr16 后面的地址必须是常数，且其地址必须是其限定之内的值。

在 C51 中，为了用户方便，C51 编译器把 MSC-51 单片机常用的特殊功能寄存器和特殊位进行了定义，放在一个"reg51.h"或"reg52.h"的头文件中。reg51.h 文件包含内容如下：

```
/* BYTE Register */
sfr P0 = 0x80;
sfr P1 = 0x90;
sfr P2 = 0xA0;
sfr P3 = 0xB0;
sfr PSW = 0xD0;
sfr ACC = 0xE0;
sfr B = 0xF0;
sfr SP = 0x81;
sfr DPL = 0x82;
```

```
sfr DPH = 0x83;
sfr PCON = 0x87;
sfr TCON = 0x88;
sfr TMOD = 0x89;
sfr TL0 = 0x8A;
sfr TL1 = 0x8B;
sfr TH0 = 0x8C;
sfr TH1 = 0x8D;
sfr IE = 0xA8;
sfr IP = 0xB8;
sfr SCON = 0x98;
sfr SBUF = 0x99;
/* BIT Register */
/* PSW */
sbit CY = 0xD7;
sbit AC = 0xD6;
sbit F0 = 0xD5;
sbit RS1 = 0xD4;
sbit RS0 = 0xD3;
sbit OV = 0xD2;
sbit P = 0xD0;
/* TCON */
sbit TF1 = 0x8F;
sbit TR1 = 0x8E;
sbit TF0 = 0x8D;
sbit TR0 = 0x8C;
sbit IE1 = 0x8B;
sbit IT1 = 0x8A;
sbit IE0 = 0x89;
sbit IT0 = 0x88;
/* IE */
sbit EA = 0xAF;
sbit ES = 0xAC;
sbit ET1 = 0xAB;
sbit EX1 = 0xAA;
sbit ET0 = 0xA9;
sbit EX0 = 0xA8;
/* IP */
sbit PS = 0xBC;
sbit PT1 = 0xBB;
sbit PX1 = 0xBA;
sbit PT0 = 0xB9;
sbit PX0 = 0xB8;
/* P3 */
sbit RD = 0xB7;
sbit WR = 0xB6;
sbit T1 = 0xB5;
sbit T0 = 0xB4;
sbit INT1 = 0xB3;
sbit INT0 = 0xB2;
sbit TXD = 0xB1;
sbit RXD = 0xB0;
/* SCON */
sbit SM0 = 0x9F;
```

```
sbit SM1 = 0x9E;
sbit SM2 = 0x9D;
sbit REN = 0x9C;
sbit TB8 = 0x9B;
sbit RB8 = 0x9A;
sbit TI = 0x99;
sbit RI = 0x98;
```

当用户使用时,只需要用一条预处理命令"#include<reg51.h>"把这个头文件包含到程序中,然后就可以使用这个特殊功能寄存器和特殊位名称了。要熟练地进行 C51 编程,以上符号名称需要我们掌握,且其他的一些常用库文件内部符号定义和函数也要熟悉。Keil C 库文件在 INC 目录下。

2. 数据存储类型和存储模式

C51 中处理的数据有常量和变量两种,基本使用方式和标准 C 语言一样,关键在于变量的使用上,它扩展了数据的存储类型和存储模式。

(1) 常量

在程序执行过程中,其值始终保持固定不变。C51 支持的常量数据类型有整型、浮点型、字符型、字符串型及位类型。

① 整型常量:十进制数、十六进制数和八进制数,例如,十进制数 78、−34 等;十六进制数以 0x 开头,如 0x78、−0x23 等;八进制数以字母 o 开头,如 o23,o83 等。对于长整数后面补加字母 L,如 1234L、0x23A0L 等。

② 浮点型常量:可用十进制或指数形式表示,如 34.89、123.78e−4 等。

③ 字符型常量:使用单引号引起的单个字符,如'a'、'4'等。一般为 ASCII 字符,对不可显示的控制字符通过转义字符"\"来实现,如"\n"表示换行符,"\0"表示空字符,"\r"表示回车符,"\'"表示单引号,"\""表示双引号,"\\"表示反斜杠。

④ 字符串型常量:使用双引号引起的一串字符,如"1432"、"yes"等。

注意:字符串型常量和字符常量是不一样的,在 C 语言中存储字符串时系统会自动在字符串尾部添加转义字符"\0"作为字符串的结束符。因此字符串常量"A"和字符常量'A'是不一样的。

⑤ 位类型:一个二进制数,如 0 和 1。

注意:常量可以是数值型常量或者是字符型常量。以上为数值型常量,所谓字符型常量是指在程序中用标识符来定义的常量。使用前通过预编译命令"#define"来定义,例如:

#define PI 3.14159

用符号常量 PI 表示数值 3.14159,在此之后的程序代码中,凡是出现 PI 的地方,均用 3.14159 来代替。

(2) 变量

变量是一种在程序执行过程中其值可以改变的量。一个变量由两部分组成:变量名和变量值。变量名是存储单元地址的符号化表示,而变量值就是该单元存放的内容。

变量在使用时,必须先定义、后使用,指出变量的数据类型和存储模式,以便于编译系统为其分配相应的存储单元。在 C51 中,变量的定义格式如下:

[存储种类] 数据类型 [存储器类型] 变量名 1[= 初值],变量名 2[= 初值],…;

注意：*数据类型和变量名是必需的，存储种类和存储器类型及初值是可选的。*

① 数据类型。在 C51 中，为了增强程序的可读性，可以使用 typedef 或 #define 定义的类型别名。例如：

```
#define uchar unsigned char
typedef unsigned int WORD
```

这样，编程时就可以用 uchar 和 WORD 来定义变量了，如：

```
uchar a = 0x23;                    //等价于 unsigned char a = 0x23;
WORD b = 0x1234;                   //等价于 unsigned int b = 0x1234;
```

② 变量名。变量名标识符只能由字母、数字、下划线组成，且其第一个字符必须是字母或下划线。变量名不能与系统关键字同名，如"uchar case＝0x23;"是错误的，因为 case 是分支程序关键字。在 Keil C 系统里面，关键字标识符在默认情况下，一般以蓝色显示，这一点可以避免变量名命名错误。

（3）存储种类

存储种类是变量在程序执行过程中的作用范围，即生存期。C51 变量存储种类有 4 种：auto（自动变量）、register（寄存器变量）、extern（外部变量）和 static（静态变量），其使用规则和方式与标准 C 基本一致，这里简单做一下说明。

① auto（自动变量）。自动变量的作用范围在定义它的函数体内或复合语句内。当定义它的函数体或复合语句执行时，C51 为该变量分配存储单元，结束时释放存储单元，其值不能保留。默认状态下，变量默认为 auto 类型，这也是使用最广泛的一种类型。

② register（寄存器变量）。寄存器变量定义在 CPU 内部的寄存器中，如 R0、R1 等通用工作寄存器，处理速度快，但数目少。C51 编译器能够自动识别程序中的使用频率最高的变量，并自动将其作为寄存器变量，用户无须专门声明。

③ extern（外部变量）。在一个文件内，要使用一个已经在其他文件中定义过的外部变量时，或者在一个函数体内，要使用一个已经在该函数体外定义或其他文件中定义过的外部变量时，该变量要用 extern 声明。外部变量被定义后分配固定的内存空间，在整个程序执行内都有效。

外部变量声明必须用关键字 extern，而外部变量的定义一般不用 extern 定义。例如：

```
int F1()
{ extern int A,B;              /* 外部变量声明 */
  ⋮
}
int A = 13,B = - 6;            /* 定义外部变量 */
```

一般该变量原始定义声明在程序的头部，定义在主函数 main()之外，又称全局变量。当外部变量不在当前文件时，需要使用预编译命令 #include<> 将含有该变量定义的文件添加进来。

④ static（静态变量）。在函数体内定义的静态变量为内部静态变量，它在该函数体内有效，在程序执行过程中一直存在，但在函数体外是不可见的，实现了在函数体外值被保护，当离开函数体再次调用该函数时，其值保持不变。在函数体外定义的静态变量是外部静态变量，它在程序中一直存在，但在定义它的文件之外是不可见的。这与 extern 声明的

外部变量不同,外部变量可以被其他文件所使用。

（4）存储器类型

MCS-51 系列单片机将程序存储器 ROM 和数据存储器 RAM 分开,在物理上分为 4 个空间：片内、片外数据存储器区和片内、片外程序存储区。存储器类型用于指明变量所处的存储器区域情况。C51 编译器支持的存储器类型如表 2-5 所示。

表 2-5　C51 编译器支持的存储器类型

存储器类型	描　　述
data	直接寻址的片内 RAM 的低 128 个字节,访问速度快
bdata	片内 RAM 的可位寻址区：20H～2FH,允许字节和位混合访问
idata	间接寻址访问的片内 RAM,允许访问全部片内 RAM 区（256 个字节）
pdata	使用 Ri 间接访问的片外 RAM 低 256 个字节
xdata	用 DPTR 间接访问的片外 RAM 全部区域,即 64KB 空间
code	程序存储器 ROM 的 64KB 空间

data、bdata 和 idata 型变量存放在片内数据存储区；pdata 和 xdata 型变量存放在片外数据存储区；code 型变量固化在程序存储区。例如：

```
char data x1;            //在片内 RAM 的低 128 个字节中定义可直接寻址的字符变量
unsigned char bdata x2;  /* 在片内 RAM 位寻址区 20H～2FH 中定义可位处理和字节处理的无符号字
                            符变量 */
int idata x3;            //在片内 RAM 的 256 个字节中定义可间接寻址的整型变量
long pdata x4;           //在片外 RAM 的 256 个字节中定义可间接寻址的长整型变量
float xdata x5;          //在片外 RAM 的 64KB 中定义可间接寻址的实型变量
int code x6 = 1234;      //在 ROM 空间定义整型变量
```

注意：对于 sfr、sfr16 和 sbit 变量不能有存储器类型修饰,bit 型变量可以用 data 或 bdata 加以修饰,其实也是多余的。另外默认的情况下,采用默认的存储器类型,而默认的存储器类型与存储器模式有关。

程序存储区的数据是不可改变的,所以编译时要对 code 型变量初始化,否则就会出错。code 变量内容只可访问不能修改,例如：

```
unsigned char code a[ ] = {0x00,0x01,0x02,0x03,0x04,0x05,0x06};
```

（5）数据存储模式

C51 编译器支持 3 种存储模式：small、compact 和 large 模式。不同的存储模式对变量默认的存储器类型不一样。

① small 模式：即小编译模式,此模式下编译时,函数参数和变量参数的默认存储器类型为 data。

② compact 模式：即紧凑编译模式,此模式下编译时,函数参数和变量参数的默认存储器类型为 pdata。

③ large 模式：即大编译模式,此模式下编译时,函数参数和变量参数的默认存储器类型为 xdata。

变量存储模式的改变可通过以下方法实现：

• 使用 Keil C 编译器菜单选项选择"Project"→"Options for target"→"target"。

- 在程序中使用预处理命令＃pragma 来实现。

如果没有指定,系统隐含为 small 模式,例如:

```
# pragma small
char x;
int xdata y;
# pragma compact
char m;
int xdata n;
int fun1(int x1,int y1) large
{ return (x1 + y1); }
int fun2(int x1,int y1) /* 函数的隐含存储模式为 small */
{ return (x1 - y1); }
```

程序编译时,x、y、m、n 存储器类型分别为 data、xdata、pdata 和 xdata;函数 fun1 的形参 x1 和 y1 存储器类型为 xdata;函数 fun2 的形参 x1 和 y1 存储器类型为 data。

(6) 绝对地址的访问(I/O 端口地址访问)

在 C51 中,可以通过变量的形式访问单片机存储器,也可以通过绝对地址的形式来访问。除了 sfr、sfr16 和 sbit 变量地址是已知的,其他类型的变量地址是可变的。片外 RAM 和外设端口地址是统一编址的,对外设的访问必须使用绝对地址的方式,如 A/D 转换器的通道地址。对绝对地址的访问有 3 种方式:

① 使用 C51 预定义的绝对宏。在程序中,用"＃include<absacc.h>"即可使用其中声明的宏来访问绝对地址,其函数定义原型包含 absacc.h 中,如下所示:

```
# define CBYTE ((unsigned char volatile code * ) 0)
# define DBYTE ((unsigned char volatile data * ) 0)
# define PBYTE ((unsigned char volatile pdata * ) 0)
# define XBYTE ((unsigned char volatile xdata * ) 0)
# define CWORD ((unsigned int volatile code * ) 0)
# define DWORD ((unsigned int volatile data * ) 0)
# define PWORD ((unsigned int volatile pdata * ) 0)
# define XWORD ((unsigned int volatile xdata * ) 0)
```

其中:宏名 CBYTE、DBYTE、PBYTE 和 XBYTE 是以字节的形式对相应的存储区寻址,而 CWORD、DWORD、PWORD 和 XWORD 以字的形式对相应的存储区寻址。访问形式为:

```
宏名[地址]                    /* 地址为存储单元的绝对地址,一般用十六进制表示 */
```

对绝对地址对存储单元的访问,例如:

```
# include < absacc.h >          /* 将绝对地址头文件包含在文件中 */
# include < reg52.h >           /* 将寄存器头文件包含在文件中 */
# define PORTA XBYTE[0x7FF0]    /* 将 PORTA 定义为外部 I/O 端口,地址是 7FF0H */
# define uchar unsigned char    /* 定义符号 uchar 为数据类型符 unsigned char */
# define uint unsigned int      /* 定义符号 uint 为数据类型符 unsigned int */
void main()
{
  uchar x1,x2;
  uint y1;
  x1 = XBYTE[0x0005];           /* 读取片外 RAM 的 0005 字节单元的数据 */
  x2 = PORTA;                   /* 读取片外地址为 7FF0H 的 I/O 端口的数据 */
```

```
y1 = XWORD[0x0025];              /* 读取片外 RAM 的 0025H 字单元的数据 */
…
PORTA = 0x34;                    /* 对片外地址为 7FF0H 的 I/O 端口写入数据 */
XBYTE[0x7FF1] = 0x55;           /* 对片外地址为 7FF1H 的 I/O 端口写入数据 */
while(1);
}
```

在上面程序中,对 PORTA 进行了预定义,使用方便。一旦硬件端口地址改变,只需改变预定义行内的地址即可。例如:

```
#define PORTA XBYTE[0xFFF0]
```

② 使用 C51 扩展关键字_at_。其用法简单,直接在数据变量声明的后面加上_at_const 即可,const 为绝对地址常数,但需要注意:绝对地址变量不能被初始化;bit 型变量不能用 _at_指定;使用_at 定义的变量必须为全局变量。例如:

```
#define uchar unsigned char
data uchar x1 _at_ 0x40;        /* 在 data 区中定义字节变量 x1,它的地址为 40H */
xdata char text[256] _at_ 0x2000; /* 在 xdata 区中定义字符数组变量 text,它的起始地址为 2000H */
```

③ 通过指针形式。采用指针的方法,可以对 C51 程序中任意指定的存储器单元进行访问。例如:

```
#define uchar unsigned char     /* 定义符号 uchar 为数据类型符 unsigned char */
void func(void)
{
  uchar data var1;
  uchar xdata * dp1;            /* 定义一个指向 pdata 区的指针 dp1 */
  dp1 = 0x1000;                 /* dp1 指针赋值,指向 xdata 区的 1000H 单元 */
  * dp1 = 0x12;                 /* 将数据 0x12 送到片外 RAM1000H 单元 */
  var1 = * dp1;                 /* 读取片外 RAM1000H 单元的内容,传给变量 var1 保存 */
}
```

3. C51 运算符及表达式

C51 具有丰富的运算符,很强的数据处理能力,可以构成多种表达式及语句,与标准的 C 语言基本相同,如表 2-6 所示。

表 2-6　C51 运算符

运算符名称	运　算　符
算术运算符	$+,-,*,/,\%,++,--$
关系运算符	$>,<,==,>=,<=,!=$
逻辑运算符	$\&\&,\|\|,!$
位运算符	$\&,\|,\sim,\wedge,<<,>>$
赋值运算符	$=,+=,-=,*=,/=,\%=,\&=,\|=,\wedge=,>>=,<<=$
指针运算符	$*\ \&$
条件运算符	$?:$
逗号运算符	$,$
求字节数运算符	sizeof
特殊运算符	$(),[],->,.$

C 语言是一种表达式语言,由运算符和运算对象构成的表达式后面加上分号";",就构成了相应的表达式语句。下面仅对 C51 编程中常用到的几种运算符进行介绍,其他的可参看标准 C 语言说明。

(1) 算术运算符

C51 支持的算术运算符有:加(+)、减(-)、乘(*)、除(/)、求余(%)、自增1(++)、自减1(--)共 7 种。需要注意的是:

① 对于除运算,如相除的两个数中有浮点数,则运算的结果为浮点数,如相除的两个数都为整数,则运算的结果为整数。如 2.5/2 结果为 1.25,而 8/5 的值为 1。

② 对于取余运算,则要求参加运算的两个数必须为整数,运算结果为它们的余数。如 8%5 的值为 3。

③ 自增运算符(++)和自减运算符(--)的功能是使变量值自动加 1 和减 1,编程时其常用于循环语句中作为循环变量。例如:

```
int i = 10,m,n;
m = ++i;                          //m = 11,i = 11,++i 是先自增 1 再使用 i 的值
n = i++;                          //n = 11,i = 12,i++ 是先使用 i 的值再自增 1
```

(2) 关系运算符

C51 支持 6 种关系运算符:大于(>)、小于(<)、大于等于(>=)、小于等于(<=)、等于(=)和不等于(!=),用于比较运算。

关系运算的结果为逻辑量,成立为真(1),不成立为假(0)。例如:5>3 的值为 1,而 10==100 的值为 0。

(3) 逻辑运算符

C51 支持 3 种逻辑运算符:&&(逻辑与)、||(逻辑或)、!(逻辑非),其运算结果为真或假。例如:设 a=3;b=0;则 a&&b 的值为 0,a||b 的值为 1,!a 的值为 0。

注意:在参与逻辑运算的数值中,只要不为 0 的数都作为"真"值处理。

(4) 位运算符

位操作对单片机的编程非常重要,因为在单片机应用系统设计中,需要经常对 I/O 端口操作。为此,C51 结合单片机硬件特性,也提供了强大灵活的位处理功能,使得也能像汇编语言一样直接对硬件进行操作。

C51 提供了 6 种位运算符:&(按位与)、|(按位或)、^(按位异或)、~(按位取反)、>>(右移)、<<(左移),用于对数值按二进制位形式进行操作。

例如:设 P1=0x55=01010101B,则

```
P1 = P1&0x0f;                    //P1 = 0x05
P1 = P1|0x0f;                    //P1 = 0x5f
P1 = P1^0x0f;                    //P1 = 0x5a
P1 = ~P1;                        //P1 = 0xaa
P1 = P1 >> 2;                    //P1 = 0x15
P1 = P1 << 2;                    //P1 = 0x54
```

注意:按位与运算通常用来对某些位清零或保留某些位;按位或运算通常用于把指定位为 1,其他位保持不变;左移时,高位丢失,低位补 0;右移时,低位丢失,高位补 0(对正

数)或补 1(对负数)。

例:用"左移"分离出 16 位数的高 8 位,用"与"0x00ff 分离出 16 位数的低 8 位。

```
# include < reg51.h>
# include < stdio.h>
# include < intrins.h>
void main (void)
{
  unsigned int data x;              //定义在内部 RAM 中的无符号 16 位整数
  unsigned char data h,l;           //定义在内部 RAM 中的无符号 8 位字符(整数)
  h = x >> 8;                       //取 x 的高 8 位
  l = x&0x00ff;                     //取 x 的低 8 位
}
```

(5) 赋值运算符

赋值运算符"＝"的作用是将运算符右边的表达式的值赋给其左边的变量。如:y=5+x;"＝"的左边只能是变量,而不能是常量或表达式,不能写成:4=x;或 x+y=10;。赋值运算符是右结合特性,所以:x=y=z=10;与 x=(y=(z=10));等效。

注意:关于运算符的优先级和结合型,其内容多,不易记牢,所以在不清楚的情况下,请使用括号加以明确,增强可读性。

复合赋值运算符:在"＝"之前加上其他双目运算符组成复合的赋值运算符,一共有 10 种,即:＋＝、－＝、＊＝、/＝、%＝、<<＝、>>＝、&＝、| ＝ 、^＝。

例如:

```
a += 5;                            //等价于 a = a + 5
x * = y + 8;                       //等价于 x = x * (y + 8)
x << = 8;                          //等价于 x = x << 8
x& = y + 8;                        //等价于 x = x&(y + 8)
```

使用复合赋值运算符可以简化程序和提高编译效果,产生质量较高的目标代码。

4. C51 基本语句

C51 是一种结构化程序设计语言,支持 3 种基本结构:顺序结构、选择结构和循环结构,相应的基本语句有:表达式语句和复合语句、选择语句、循环语句。

(1) 表达式语句和复合语句

在表达式后面加上一个";"就构成表达式语句。而把若干条语句用{}括起来,组合在一起形成的语句称为复合语句,看成实现特定功能的模块而加以区分。例如:

```
{
  tmp = a; a = b; b = tmp;         //实现 a 与 b 数据交换
}
```

注意:可以仅由一个分号";"占一行形成一个表达式语句,称为空语句。在语法上是一个语句,但在语义上不做具体操作。例,while(1);循环条件为真,循环体为空,实现无限循环。类似于汇编指令:JMP $。

例:下面函数实现读取单片机串行口的数据功能,若没有接收到则等待,若接收到数据则返回,返回值为接收的数据。

```
char getchar()
{   char c;
    while(!RI);                    //当接收中断标志位 RI 为 0 则等待,为 1 则结束等待
    c = SBUF;
    RI = 0;
    return(c);
}
```

(2) 选择语句

选择语句有 if 语句和 switch 语句。if 语句是用来判定所给定的条件是否满足,根据判定的结果(真或假)决定执行给出的两种操作之一,通常有以下 3 种形式。

① if (表达式) {语句组; }

例如:

```
if(x > y)printf(" % d",x);
```

② if (表达式) {语句组 1; } else {语句组 2; }

例如:

```
if(x > y) printf(" % d",x);
else printf(" % d",y);
```

③ if (表达式 1) {语句组 1; }
   else if (表达式 2)(语句组 2;)
   else if (表达式 3)(语句组 3;)
     ⋮
   else if (表达式 n-1)(语句组 n-1;)
   else {语句组 n}

例如:

```
if(x > y) printf(" % d",x);
else if(y > z) printf(" % d",y);
else printf(" % d",y);
```

if 语句通过第三形式的嵌套可以实现多分支结构,但结构复杂。switch 是 C51 中提供的专门处理多分支结构的多分支选择语句。其格式如下:

```
switch (表达式)
{case 常量表达式 1: {语句组 1; }break;
 case 常量表达式 2: {语句组 2; }break;
  ⋮
 case 常量表达式 n: {语句组 n; }break;
 default: {语句组 n + 1; }
}
```

例:下面是一个编程器操作函数,根据接收到的不同的命令参数,执行不同的功能。

```
void execute_cmd(unsigned char recv_cmd)
{
    switch (recv_cmd)
```

```
        {
            case 0:pgm_operation();break;                    //编程操作
            case 1: read_operation();break;                  //读数据操作
            case 2:pgm_lock_bit1();serial_out(CMD_2);break;  //写加密位1操作
            case 3: verify_data();break;                     //数据校验操作
            default:                                         //复位
        }
    }
```

注意：在 switch 结构中，break 语句不能省，否则会从当前语句顺序执行其后的程序。遇到 break 语句后，程序将结束当前 case 段，跳出 switch 结构。

（3）循环语句

循环语句有 while 语句和 for 语句，与 if 语句一样，在程序设计中经常使用。例如单片机中的延时功能。

① while 语句用于实现当型循环结构。其格式如下：

```
while(表达式) {语句组; }                /* 循环体 */
```

例：用 while 语句求 1～100 的和。

```
main( )
{
    int i = 1, sum = 0;                //sum 为累加和变量,初始值是 0
    while(i < = 100) { sum = sum + i; i++; }
}
```

while 语句另一种方式为：do while 语句，用于实现直到型循环结构。其格式如下：

```
do { 语句组; }                        /* 循环体 */
while(表达式);
```

上面例中相应的 while 语句替换为：

```
do { sum = sum + i; i++; }
while(i < = 100);
```

两种结构的不同在于，while 先判断后执行，do while 先执行后判断，所以无论条件是否满足，do while 结构至少要执行一次循环体。

② for 语句

for 语句是使用最灵活、用得最多的循环控制语句，同时也最为复杂。它可以用于循环次数已经确定的情况，也可以用于循环次数不确定的情况，它完全可以代替 while 语句。其格式如下：

```
for(表达式 1; 表达式 2; 表达式 3)
{ 语句组; }                           /* 循环体 */
```

例：在单片机设计中，经常用到的延时函数。用内循环构造一个基准的延时，调用时通过参数设置外循环的次数，这样就可以形成各种延时关系。

```
void delay(unsigned int x)
{
    unsigned int i, j;
```

```
    for(i = 0;i < x;i++)
        for(j = 0;j < 255;j++) ;
}
```

注意：for(; ;)与 while(1)一样，为无限循环语句。一般用于单片机中断程序设计中，一直处于等待状态，当有中断发生时，转而执行中断服务程序。

③ break 和 continue 语句

break 语句通常用在 switch 语句和 while、for 循环语句中；continue 语句只能用在 for 和 while 循环语句中。break 在 switch 中的使用参看 switch 部分。对于循环体来说，break 语句用于结束整个循环，而 continue 只是停止当前循环而非整个循环，即跳过循环体的剩余语句，再次进入循环条件判断，准备继续开始下一次循环体的执行。

例：求 1～100 的和程序段。

```
int i = 1,sum = 0;                        //sum 为累加和变量,初始值是 0
for(i = 1; ;i++)
{    if(i > 100) break;
     sum = sum + i;
}
```

例：统计 0～200 间不能被 3 整除的数。

```
for (i = 0,sum = 0;i < = 200;i++)
{
    if (i % 3 = = 0) continue;
    sum++;                                //sum 保存统计数
}
```

5. C51 构造数据类型

C51 构造数据类型有数组、结构体、指针、联合体和枚举等，其使用与标准 C 是一样的，这里对单片机 C51 中常用的数组和指针进行介绍。

(1) 数组

在程序设计中，为了处理方便，把具有相同类型的若干变量按有序的形式组织起来，构成一个新的集合称为数组。数组的每一项称为数组元素。数组元素的数据类型就是该数组的基本类型。在 C51 中，常用的是整型数组和字符数组。

例：在共阳极 LED 电路中，将显示数据缓冲区 display_data_buff 中的数字 0～15 转换成七段字型码送显示字型缓冲区 display_code_buff。

```
# include < reg51. h >
# include < stdio. h >
void main(void)
{
  unsigned char data i,num;
  unsigned char data display_data_buff[8];          //数据显示缓冲区,定义在 RAM 区
  unsigned char data display_code_buff[8];          //显示字型缓冲区, 定义在 RAM 区
  unsigned char code display_code[16] = {           //定义在 ROM 代码区
  0x0C0,0x0F9,0x0A4,0x0B0,0x99, 0x92, 0x82,0x0F8,   //0,1,2,3,4,5,6,7
  0x80, 0x90, 0x88, 0x83, 0x0C6,0x0A1, 0x86, 0x8E}  //8,9,A,B,C,D,E,F
  for (i = 0;i < = 7;i++)
  {
```

```
        num = display_data_buff[i];
        display_code_buff[i] = display_code[num];
    }
}
```

在这里使用数组 display_code[16]存放一表格数据,即与 0～F 相对照的七段显示字型码。

① 一维数组

数组在使用之前,必须先定义。其定义格式如下:

数据类型说明符 数组名[常量表达式]

例如:

```
int a[10];                              //定义了 a[0]～a[9]共 10 个整型元素
```

定义的同时,对数组元素初始化,例如:

```
int a[10] = {0,1,2,3,4,5,6,7,8,9};      //a[0] = 0,a[1] = 1, …, a[9] = 9
```

② 字符数组

用来存放字符数据的数组称为字符数组,字符数组中的每一个元素都用来存放一个字符。字符数组的定义和使用与一般数组相同。

例如:

```
char a[10];                             //定义了 a[0]～a[9]共 10 个字符型元素
char a[10] = { 'a', 'b', 'c', 'd', 'e', 'f' };
```

以上在定义的同时对前 5 个元素初始化,其他元素自动赋值空字符。

注意:通常用字符数组来存放一个字符串。字符串总是以"\0"来作为字符串结束符。例如:

```
char a[ ] = { 'a', 'b', 'c', 'd', 'e', 'f', '\0' };
```

或者写成"char a[]＝"abcdef";"和"char a[]＝{"abcdef"};"。

(2) 指针

指针是 C 语言中的一个重要概念。正确而灵活地使用指针数据类型,可以有效地表示复杂的数据结构(如数组、结构体);动态地分配存储器,直接处理内存地址。

① 指针的定义

指针就是变量的指针,即变量的地址。例如,变量 a 在内存中的地址为 1000,那么其指针就是 1000。

在使用汇编语言中,必须自行定义每个变量的存放地址,例如:

```
LED   EQU   30H;   表示将 30H 这个地址分配给 LED 变量使用
```

而在 C 语言中,变量定义变为:

```
unsigned char data Led;               //Led 地址是不确定的,它由编译程序分配
```

指针变量是指一个专门用来存放另一个变量地址的变量,它的值是指针,即另一个变量的地址。其定义的一般格式:

数据类型说明符 [存储器类型] ＊指针变量名;

例如：

```
int a,b, * p;                          //定义变量 a、b 和指针变量 p
```

② 指针运算符

- 取地址运算符 &。其功能是取变量的地址，例如：

```
p = &a;                                //变量 a 的地址送给指针变量 p
```

- 取内容运算符 *。用来表示指针变量所指向单元的内容，"*"后的变量必须是指针变量，即地址。例如：

```
b = * p;                               //如 a 初值等于 10,那么 b = 10; 相当于 b = a
```

再如在数组和字符串中应用：

```
char x[5], * xp;
unsigned char * sp, a[] = " hello";
xp = x;                 //数组名表示数组的首地址，也是第一个元素地址，可写成 xp = &x[0]
sp = a;                 //把字符串的首地址赋值给 sp
```

当指针指向数组时，可采用下标的方式引用数组元素，如：xp[1]与 x[1]内容相同。

③ 指针的存储器类型

指针变量定义时，如果指定存储器类型，指针被定义为基于存储器的指针，否则被定义为通用指针。通用指针的声明和使用与标准 C 语言相同。

```
char data * p1;            //指向 data 区的指针，该指针访问的数据在片内数据存储器中
int xdata * p2;            //指向 xdata 区的指针，该指针访问的数据在片外数据存储器中
```

这两种指针的区别在于它们占用的存储字节不同。通用指针在内存中占 3 个字节，存储器类型占 1 个字节，偏移量占 2 个字节。通用指针可访问任何变量而不管它在存储器中的位置。基于存储器指针只需 1 个字节（data、idata、bdata、pdata 指针）或 2 个字节（code、xdata 指针）。

通用指针产生的代码执行速度比基于存储区的指针要慢，因为存储区在运行前是未知的，编译器不能优化存储区访问，必须产生可以访问任何存储区的通用代码。所以考虑到速度，应尽可能地使用基于存储器的指针。

6. 函数

C51 编译器扩展了标准 C 函数的头部声明，这些扩展有：指定函数为一个中断函数；选择使用的寄存器组；指定重入等。其一般定义格式如下：

```
函数类型 函数名(形式参数表) [reentrant][interrupt m][using n]
{
    局部变量定义
    函数体
}
```

省略可选项[]后，与标准 C 定义方式一样，例如：

```
int max( int x, int y)
{
    int z;
    z = x > y ? x; y;
```

```
        return(z);
    }
```

在函数 max 中,将 x 和 y 中最大的赋值给局部变量 z,通过 return()语句返回。函数类型为 int 型,形式参数为 x 和 y,局部变量是 z。当函数不需要返回值时,一般把它的类型定义为 void,默认是 int。如果函数没有参数传递,在定义时,可以没有或为 void。例如:

void Process(void){ ⋯ } 或 void Process(){ ⋯ }　　　　　　//一般用于过程处理

(1) reentrant 修饰符

把函数定义为可重入函数。所谓可重入函数就是允许被递归调用的函数。函数的递归调用是指当一个函数正被调用尚未返回时,又直接或间接调用函数本身。一般的函数不能做到这样,只有重入函数才允许递归调用。例如:递归求数的阶乘 n!。

```
    int fac(int n) reentrant
    {
        int result;
        if (n == 0)result = 1;
        else result = n * fac(n − 1);
        return(result);
    }
```

注意:用 reentrant 修饰的重入函数不支持位操作,包括参数、函数体及返回值。

(2) interrupt m 修饰符

在 C51 程序设计中,当函数定义时用了 interrupt m 修饰符,系统编译时自动转化为中断函数,自动加上程序头段和尾段,并按 MCS-51 系统中断的处理方式自动把它安排在程序存储器中的相应位置。

在该修饰符中,m 的取值对应的中断情况如下:

0——外部中断 0　　　　　　　　1——定时/计数器 T0

2——外部中断 1　　　　　　　　3——定时/计数器 T1

4——串行口中断　　　　　　　　5——定时/计数器 T2

interrupt m 是 C51 函数中非常重要的一个修饰符,这是因为中断函数必须通过它进行修饰。例如:外中断 0 每发生一次中断,P1.0 引脚信号翻转。

```
void int0() interrupt 0 using 1
{
   P1^0 = ∼ P1^0;
}
```

编写中断函数注意如下几点。

① 中断函数不能进行参数传递。

② 中断函数没有返回值,在定义中断函数时将其定义为 void 类型。

③ 在任何情况下都不能直接调用中断函数,否则会产生编译错误。因为中断函数的返回是由 RETI 指令完成的,RETI 指令影响 8051 单片机的硬件中断系统。如果在没有实际中断情况下直接调用中断函数,RETI 指令的操作结果会产生一个致命的错误。

（3）using n 修饰符

该修饰符用于指定本函数内部使用的工作寄存器组，n 的取值为 0～3，表示寄存器组号，每组 8 个，分别用 R0～R7 表示。

注意：using n 修饰符不能用于有返回值的函数，因为 C51 函数的返回值是放在寄存器中的。如寄存器组改变了，返回值就会出错。

除中断函数外，在 C51 的实际编程过程中，关于函数的定义和使用，遵循标准 C 语言的使用方式。

7. C51 的输入/输出

在 C51 语言中，它本身不提供输入和输出语句，输入和输出操作是由函数来实现的。在 C51 的标准函数库中提供了一个名为"stdio. h"的一般 I/O 函数库，它当中定义了 C51 中的输入和输出函数。当对输入和输出函数使用时，须先用预处理命令"＃include＜stdio. h＞"将该函数库包含到文件中。

在 C51 中，输入和输出函数用得较少，格式输入函数 scanf() 和格式输出函数 printf() 用得相对较多。在 Keil 中，其文件内容如下：

```
extern char _getkey (void);
extern char getchar (void);
extern char ungetchar (char);
extern char putchar (char);
extern int printf (const char *, ...);
extern int sprintf (char *, const char *, ...);
extern int vprintf (const char *, char *);
extern int vsprintf (char *, const char *, char *);
extern char * gets (char *, int n);
extern int scanf (const char *, ...);
extern int sscanf (char *, const char *, ...);
extern int puts (const char *);
```

C51 的一般 I/O 函数库中定义的 I/O 函数都是通过串行接口实现的，在使用 I/O 函数之前，应先对 MCS-51 单片机的串行接口和定时/计数器进行初始化。串行口的波特率由定时/计数器溢出率决定。例如，选择串行口工作于方式 1，定时/计数器 1 工作于方式 2(8 位自动重载方式)，设系统时钟为 12MHz，波特率为 2400bps，则初始化程序如下：

```
SCON = 0x52;
TMOD = 0x20;
TH1 = 0xf3;
TR1 = 1;
```

例如，下面程序是通过 while 语句实现计算并输出 1～100 的累加和。

```
# include < reg51. h >        //包含特殊功能寄存器库
# include < stdio. h >        //包含 I/O 函数库
void main(void)              //主函数
{
  int i,s = 0;               //定义整型变量 x 和 y
  i = 1;
  SCON = 0x52;               //串口初始化
  TMOD = 0x20;
  TH1 = 0xf3;
```

```
    TR1 = 1;
    while (i <= 100)                           //累加 1~100 之和在 s 中
    {
        s = s + i; i++;
    }
    printf("1 + 2 + 3 + … + 100 = % d\n",s);
    while(1);
}
```

程序执行的结果将通过串口显示：$1+2+3+…+100=5050$。

（三）C51 使用规范

目前，基于 C51 的单片机程序设计已经得到广泛的推广和应用，C 语言也成为单片机开发人员必须掌握的一门语言了。因此，为了增强程序的可读性，便于源程序的交流，减少合作开发中的障碍，应当在编写 C51 程序时遵循一定的规范。

1. 注释

（1）采用中文。

（2）开始的注释。文件（模块）注释内容：公司名称、版权、作者名称、修改时间、模块功能、背景介绍等，复杂的算法需要加上流程说明。例如：

```
/ *********************************************************************
公司名称：
模 块 名：                    型号：
创 建 者：                    日期：2008-09-18
修 改 者：                    日期：2009-10-29
功能描述：
其他说明：
版    本：
********************************************************************* /
```

（3）函数开头的注释内容。函数名称、功能、说明、输入、返回、函数描述、流程处理、全局变量、调用样例等，复杂的函数需要加上变量用途说明。

```
/ *********************************************************************
函数名称：hex_to_ascii
功能描述：十六进制到 ASCII 码转换
入口参数：十六进制数
返 回 值：相应的 ASCII 码
调用函数：无
全局变量：
局部变量：hex_data,ascii_code
设 计 者：                    日期：2008-09-18
修 改 者：                    日期：2009-10-29
版    本：
********************************************************************* /
unsigned char hex_to_ascii(unsigned char hex_data)
{
    unsigned char ascii_code;
    if (hex_data <= 9)
    {
```

```
        ascii_code = hex_data + 0x30;
    }
    else
    {
        ascii_code = hex_data + 0x37;
    }
    return ascii_code;
}
/ ********************************************************** /
```

（4）程序中的注释内容。修改的时间和作者、方便理解的注释等。注释内容应简练、清楚、明了，一目了然的语句不加注释。

2．变量和函数的命名

命名必须具有一定的实际意义。例如：

```
unsigned char ascii_code;
unsigned char hex_data;
unsigned char hex_to_ascii(unsigned char);
```

（1）常量的命名：全部用大写。

```
//定义命令常量
#define CMD_0    0x00
#define CMD_1    0x01
#define CMD_2    0x02
#define CMD_3    0x03
#define CMD_4    0x04
```

（2）变量的命名：变量名加前缀，前缀反映变量的数据类型，用小写。反映变量意义的第一个字母大写，其他小写。例如：

ucReceiveData 接收数据

（3）函数的命名：函数名首字大写，若包含有两个单词，每个单词首字母大写。

函数原型说明包括：引用外来函数及内部函数，外部引用必须在右侧注明函数来源（模块名及文件名），内部函数只要注释其定义文件名。

3．编辑风格

（1）缩进：缩进以 Tab 为单位，一个 Tab 为 4 个空格大小。预处理语句、全局数据、函数原型、标题、附加说明、函数说明、标号等均顶格书写。语句块的"{"、"}"配对对齐，并与其前一行对齐。

（2）空格：数据和函数在其类型、修饰名称之间加适当空格并根据情况对齐。关键字原则上空一格，如：if (...)等。运算符的空格规定如下："->"、"["、"]"、"++"、"--"、"~"、"!"、"+"、"-"（指正负号）、"&"（取址或引用）、"*"（指使用指针时）等几个运算符两边不空格（其中单目运算符系指与操作数相连的一边），其他运算符包括大多数二目运算符和三目运算符"?:"两边均空一格。"("、")"运算符在其内侧空一格，在作函数定义时还可根据情况多空或不空格来对齐，但在函数实现时可以不用。","运算符只在其后空一格，需对齐时也可不空或多空格,对语句行后所加的注释应该用适当空格与语句隔开并尽可能对齐。

(3)对齐:原则上关系密切的行应对齐,对齐包括类型、修饰、名称、参数等各部分对齐。另外每一行的长度不应超过屏幕太多,必要时适当换行,换行时尽可能在","处或运算符处,换行后最好以运算符打头,并且以下各行均以该语句首行缩进,但该语句仍以首行的缩进为准,即如果其下一行为"{",则应与首行对齐。

(4)空行:程序文件结构各部分之间空两行,若不必要也可只空一行,各函数体之间一般空两行。

(5)修改:版本封存以后的修改一定要将旧语句用/＊＊/封闭,不能自行删除或修改,并要在文件及函数的修改记录中加以记录。

(6)形参:在定义函数时,在函数名后面括号中直接进行形式参数说明,不再另行说明。

四、软件设计

使用 sbit 对东西和南北向的红、黄、绿指示灯分别进行定义,这样便于对它们进行单独控制,为了在调试的时候较快观察到运行效果,交通信号灯切换时间设置得较短。采用 P0 口对 LED 进行控制,当输出低电平时,点亮 LED。交通灯状态如表 2-7 所示。

表 2-7　交通灯状态

| 东西方向(A 组) | | | 南北方向(B 组) | | | 状　态 |
红灯	黄灯	绿灯	红灯	黄灯	绿灯	
灭	灭	亮	亮	灭	灭	东西向通行,南北向禁止
灭	闪烁	灭	亮	灭	灭	东西向警告,南北向禁止
亮	灭	灭	灭	灭	亮	东西向禁止,南北向通行
亮	灭	灭	灭	闪烁	灭	东西向禁止,南北向警告

LED 模拟交通灯设计源程序如下:

```
/ **************************************************************
名称:LED 模拟交通灯设计
模块名:AT89C51
功能描述:东西向绿灯亮若干秒后,黄灯闪烁,闪烁 5 次后红灯亮,红灯亮后,南北向由红灯变为绿
         灯,若干秒后南北向黄灯闪烁,闪烁 5 次后红灯亮,东西向绿灯亮,如此重复
 ************************************************************* /
# include < reg51. h>
# define uchar unsigned char
# define uint unsigned int


sbit     Red_A  = P0^0;              //东西向指示灯
sbit   Yellow_A = P0^1;
sbit    Green_A = P0^2;
sbit     Red_B  = P0^3;              //南北向指示灯
sbit   Yellow_B = P0^4;
sbit    Green_B = P0^5;
uchar Flash_Count = 0;               //闪烁次数
uchar Operation_Type = 1;            //操作类型
/ **************************************************************
函数名称:DelayMS
函数功能:延时函数
```

入口参数：参数 x 控制循环次数，从而控制延时时间长短

```
********************************************************************** /
void DelayMS(uint x)
{
  uchar i;
  while(x-- )
  for(i = 0; i < 120; i++);
}
/ *******************************************************************
函数名称：Traffic_Light
函数功能：交通灯切换子程序
  ********************************************************************** /
void Traffic_Light()
{
  switch (Operation_Type)
  {
    case 1:                        //东西向绿灯与南北向红灯亮
            Red_A = 1; Yellow_A = 1; Green_A = 0;
            Red_B = 0; Yellow_B = 1; Green_B = 1;
            DelayMS(4000);         //延时
            Operation_Type = 2;    //下一操作
            break;
    case 2:                        //东西向黄灯开始闪烁,绿灯关闭
            Green_A = 1;
            //闪烁 5 次
            for(Flash_Count = 0;Flash_Count < 10;Flash_Count++)
            {
              DelayMS(600);        //延时
              Yellow_A = !Yellow_A;
            }
            Operation_Type = 3;    //下一操作
            break;
    case 3:                        //东西向红灯与南北向绿灯亮
            Red_A = 0; Yellow_A = 1; Green_A = 1;
            Red_B = 1; Yellow_B = 1; Green_B = 0;
            DelayMS(4000);         //延时
            Operation_Type = 4;    //下一操作
            break;
    case 4:                        //南北向黄灯开始闪烁,绿灯关闭
            Green_B = 1;
            //闪烁 5 次
            for(Flash_Count = 0;Flash_Count < 10;Flash_Count++)
            {
              DelayMS(600);        //延时
              Yellow_B = !Yellow_B;
            }
            Operation_Type = 1;    //回到第一种操作
            break;
  }
}
//主程序
void main()
{
  while(1) Traffic_Light();
}
```

五、Proteus 软件仿真

首先,按照在 Proteus ISIS 中搭建电路图,将编译的程序代码文件 ＊.hex 加载到 AT89C51 中执行。仿真电路如图 2-19 所示,南北向通行,绿灯亮,东西禁止,红灯亮。

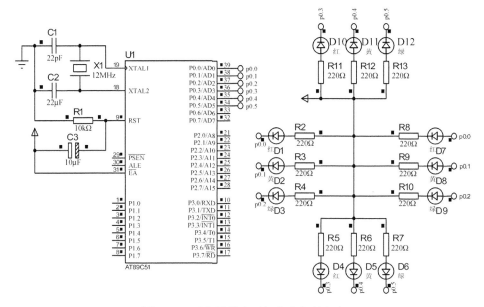

图 2-19　LED 模拟交通灯仿真控制电路

程序运行后,首先连续运行,使交通灯正常轮流切换。如果有误,可采用断点运行的方式进行调试,将断点设置在每次切换处,观察 P0 口的电平状态。

六、任务小结

本任务对单片机 C 语言(简称 C51)编程的基本结构进行介绍。程序主要包括三部分:主函数、延时函数、分支选择结构。程序调试时,若要观察最终结果可选择全速运行,若要检查子程序的运行过程可选择跟踪运行调试。

小　　　结

本模块从比较汇编语言和 C 语言在指令、组织结构上的区别为出发点,介绍了单片机的指令系统、单片机汇编语言程序设计结构;单片机 C 语言语法结构及对标准 C 语言的扩充。全面掌握单片机的 C 语言程序设计技术,熟练使用 C 语言控制单片机的内、外部资源,为单片机系统的综合设计打下良好的基础。

学完本模块后,要求:

(1) 能够看懂汇编语言代码执行功能,且转换成相应的 C 语言代码。

(2) 熟悉单片机指令系统,理解指令的功能和特点。

(3) 了解汇编语言程序设计的基本结构,比较与 C51 程序设计上的异同。

(4) 熟悉 C51 程序设计的基本结构,掌握 C51 变量基本数据类型、构造数据类型和存储器类型,比较与标准 C 语言的不同。

(5) 熟悉 C51 的各种运算符、语句及函数的使用。

(6) 注意编程规范,养成良好的编程习惯。

思考与练习

1. 填空题

(1) MCS-51 系列单片机汇编语言指令基本格式由标号、_____、_____和注释组成。

(2) 汇编语言中可以使用伪指令,它们不是真正的指令,仅用来_____。

(3) MOV A,20H 源寻址方式为_____寻址,MOV A,@R1 源寻址方式为_____寻址,JNZ rel 指令的寻址方式为_____寻址。

(4) MOV PSW,#10H 是将 MCS-51 的工作寄存器置为第_____组。

(5) MCS-51 的 2 条查表指令是_____和_____。

(6) 假定(A)=85H,(R0)=40H,(40H)=0AFH。执行指令"ADD A,@R0"后,累加器 A 的内容为_____,CY 的内容为_____,AC 的内容为_____,OV 的内容为_____。

(7) 在 MCS-51 中 PC 和 DPTR 都用于提供地址,但 PC 是为访问_____存储器提供地址,而 DPTR 是为访问_____存储器提供地址。

(8) 若 R7 的初值为 00H 的情况下,"DJNZ R7,rel"指令将循环执行_____次,在 C51 中用_____语句实现。

(9) "ORL A,#0F0H"是将 A 的高 4 位置 1,而低 4 位_____。

(10) 执行下列指令序列后,所实现的逻辑运算式为_____,用 C51 改写后的语句是_____。

```
MOV  C,P1.0
ANL  C,P1.1
ANL  C,P1.2
MOV  P3.0,C
```

(11) RET 是_____指令,RETI 是_____指令,在中断服务程序中,至少应该有一条_____指令。

(12) 要用传送指令访问 MCS-51 片外 RAM,它的指令操作码助记符是_____;要用传送指令访问 MCS-51 片内 RAM,它的指令操作码助记符是_____。

(13) 在 C51 中,定义位单元的关键字是_____,定义 8 位特殊功能寄存器的关键字是_____。

(14) C51 变量存储种类有_____、_____、extern 和 static,C51 编译器支持的存储类型有 data、_____、_____、_____、code 和 pdata。

(15) small 编译器模式下编译时,函数参数和变量参数的默认存储器类型为_____,large 编译器模式下编译时,函数参数和变量参数的默认存储器类型为_____。

(16) 使用 C51 预定义绝对宏的形式将 ADC0809 定义为 I/O 端口_____(其中地址

是 7FFFH)。

(17) C51 的一般 I/O 函数库中定义的 I/O 函数都是通过_____接口实现,在使用 I/O 函数之前,应先对 MCS-51 单片机的_____和_____进行初始化。

(18) C51 中,"while(1);"语句与汇编语言里_____语句效果相同。

2. 思考题

(1) MCS-51 单片机有哪几种寻址方式? 各寻址方式所对应的寄存器或存储器空间如何?

(2) 请用数据传送指令来实现下列要求的数据传送。

- R0 的内容输出到 R1;
- 内部 RAM 20H 单元的内容传送到 A 中;
- 外部 RAM 30H 单元的内容送到 R0;
- 外部 RAM 30H 单元的内容送到内部 RAM 20H 单元;
- 外部 RAM 1000H 单元的内容送到内部 RAM 20H 单元;
- ROM 2000H 单元的内容送到内部 RAM 20H 单元;
- ROM 2000H 单元的内容送到外部 RAM 30H 单元;
- ROM 2000H 单元的内容送到外部 RAM 1000H 单元。

(3) C 语言编程与汇编语言编程有什么区别? C51 编程与标准 C 语言应用编程有什么区别?

(4) MCS-51 单片机直接支持的 C51 数据类型有哪些? C51 特有的数据类型有哪些?

(5) C51 中的存储器类型有哪些? 它们分别表示的存储区域是什么?

(6) 在 C51 中,bit 位与 sbit 位有什么区别?

(7) 在 C51 中,绝对地址访问有哪几种方式? 通过绝对地址访问的存储器有哪些?

(8) 在 C51 中,中断函数与一般函数有什么不同?

(9) 按给定的存储类型和数据类型,写出下列变量的说明形式。

- 在 data 区定义字符变量 v1;
- 在 idata 区定义整型变量 v2;
- 在 xdata 区定义无符号字符型数组 v3[4];
- 在 xdata 区定义一个指向 char 类型的指针 pt;
- 定义一个可寻址位变量 flag;
- 定义一个特殊功能寄存器变量 P0。

(10) 若单片机的晶振频率是 12MHz,使用循环转移指令编写延时 20ms 的延时子程序,并思考与在 C51 中实现有何不同。

模块 **3**

## CHAPTER 3

单片机开发系统介绍

下面以调试流水灯控制系统任务介绍单片机开发系统。

一、任务描述

以模块 1"流水灯控制"任务为例,进行单片机系统介绍。通过本任务学习,掌握单片机开发系统的基本组成、功能和使用方法;了解单片机程序编译环境,熟悉 Keil C51 和 Proteus 软件的基本使用,进行联机调试。

首先利用 Keil C51 软件完成项目文件的创建、源程序文件的创建、编译项目并生成 ∗.hex 文件,调试程序;然后利用 Proteus ISIS 软件建立流水灯控制电路,下载目标程序 ∗.hex 到单片机,在 Proteus 环境中调试程序,观察仿真结果。

二、硬件原理图

流水灯控制系统调试电路原理图参看图 1-12。

三、相关理论知识

知识点一:单片机开发系统及功能

一个单片机应用系统从提出任务到正式投入运行的过程,称为单片机的开发过程。开发过程所使用的硬件设备和应用软件,称为单片机的开发工具。单片机本身没有自开发功能,必须借助开发工具来完成系统的任务。单片机开发系统包括计算机、单片机在线仿真器、开发工具软件、编程器等。开发系统的功能包括在线仿真、调试、辅助设计软件和目标程序的固化。

单片机开发系统的连接示意图如图 3-1 所示。

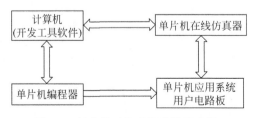

图 3-1　单片机开发系统连接示意图

在线仿真器是由一系列硬件构成的设备,它能仿真用户系统中的单片机,并能模拟用户系统的 ROM、RAM 和 I/O 端口,当系统处于在线仿真状态时,用户系统的运行环境和脱机运行的环境完全"逼真"。

目前国内使用的单片机仿真器有很多,如复旦大学的 SICE 系列、南京伟福的 E2000 系列、周立功的 TKS 系列、万利的 Insight 系列、中国科技大学的 KDV 系列等。

使用辅助设计软件(汇编语言或单片机 C 语言)编写源程序。由于 C51 简单易用,且具有较好的可移植性,已成为单片机程序设计主流开发语言。编写好源程序后,通过开发工具软件与仿真器连接(如 Keil C51),对源程序进行编译连接生成目标文件,然后对系统进行在线调试和仿真;最后将生成的 *.hex 文件通过编程器固化到单片机或相应的程序存储器目标芯片中,将目标芯片插入电路板中进行脱机运行,从而完成单片机系统的设计。

以上仿真调试形式是真实的硬件仿真,即使用的仿真器和电路板都是物理设备,仅对程序代码测试。而另一种仿真调试形式是虚拟硬件仿真,是通过软件建立硬件电路参数模型测试,无须物理设备,测试正确后再将生成的 *.hex 文件通过编程器固化到物理目标芯片中,对实际的硬件电路测试。如图 3-2 所示,本书任务实例主要采用这种方式,有利于学生自学。

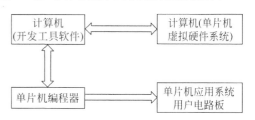

图 3-2　单片机虚拟仿真测试系统图

实践表明,单片机的软件开发和硬件开发都离不开一些基本的开发软件和开发工具。其中 Keil C51 和 Proteus 软件能同时对单片机应用系统进行软件仿真和硬件仿真,为单片机应用系统设计提供了良好的开发平台。

知识点二:Keil C51 集成开发环境的使用

Keil C51 软件是当前最流行的开发 MCS-51 系列单片机的软件,它由美国 Keil Software 公司推出。Keil μVision3 集成开发环境是 Keil Software 公司开发的基于 51 系列单片机的软件开发平台,Keil μVision3 开发系统提供了丰富的库函数和功能强大的集成开发调试工具,可以完成项目的建立和管理、编译、链接、目标代码的生成、软件仿真和硬件仿真等完整的开发流程,支持汇编和 C 语言的程序设计,界面友好,易学易用。

Keil C51 软件可以从相关网站下载并安装。安装好后,双击桌面快捷图标 或在"开始"菜单中选择 Keil μVision3,启动 Keil μVision3 集成开发环境,启动后界面如图 3-3 所示。

(一)创建项目

Keil μVision3 中有一个项目管理器,用于对项目文件进行管理。它包含了程序段环境变量和编程有关的全部信息,为单片机程序的管理带来了很大的方便。创建一个新项目的操作步骤如下:

(1)启动 Keil μVision3,创建一个项目文件,并从器件数据库中选择一款合适的单片机型号。

(2)创建一个新的源程序文件,并把这个源文件添加到项目中。

(3)为该单片机芯片添加或配置启动程序代码。

(4)设置工具选项,使之适合目标硬件。

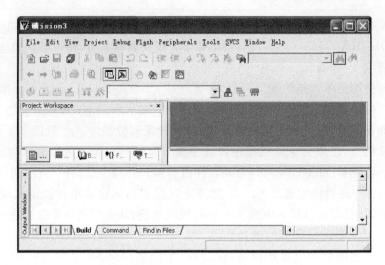

图 3-3　Keil μVision3 启动后的集成开发环境界面

（5）编译项目并创建一个＊.hex 文件。

下面以本模块任务为例分别介绍每一步的具体操作。

1. 新建项目文件

单击菜单"Project"→"New Project"命令，弹出如图 3-4 所示的"新建项目"对话框，指定保存路径，建议每个项目使用一个独立文件夹，例如本项目保存在"模块 3"文件夹；然后在"文件名"中输入项目名称，例如"3-1"，单击"保存"按钮即完成新项目的创建（系统默认扩展名为".uv2"）。

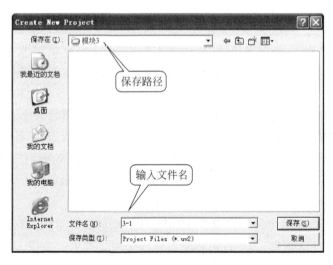

图 3-4　"新建项目"对话框

此时弹出选择单片机的型号对话框，如图 3-5 所示，展开 Atmel 系列单片机，选择"AT89C51"，单击"确定"按钮完成设备的选择。

单片机型号选择结束后，在 Keil μVision3 工作界面左边的项目管理器中新增加了一个"Target 1"目标 1 文件夹，如图 3-6 所示。

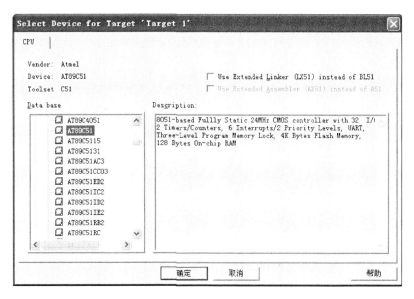

图 3-5   选择单片机的型号对话框

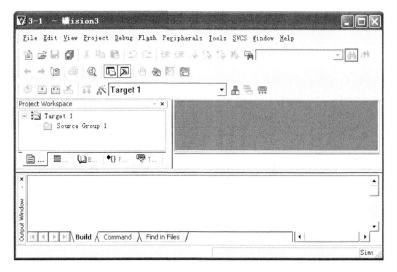

图 3-6   项目管理器中新增"Target 1"文件夹

2. 新建源程序文件

单击菜单"File"→"New"命令,就可以创建一个源程序文件。该命令会打开一个空的
编辑器窗口,默认名为"Text 1",输入如下源程序:

```
/******************************************************************
名称:流水灯控制
模块名:AT89C51,74LS373
功能描述:当开关打开时,LED 自上而下依次点亮;当开关闭合时,LED 从下向上依次点亮
****************************************************************** /
#include < reg51.h>
```

```
#define uchar unsigned char            //类型重定义
#define uint unsigned int
sbit Key = P0^0;                       //定义位名称
void DelayMS(uint ms);                 //延时函数原型声明
//主程序
void main( )
{
  uchar i,keyPre,shift;
  Key = 1;
  while(1)
  {
     keyPre = Key;
     if(keyPre)
     {
        shift = 0x01;
        for(i = 0;i < 8;i++)
        { P1 = ~shift; DelayMS(200); shift << = 1;}
     }
     else
     { shift = 0x80;
        for(i = 0;i < 8;i++)
        { P1 = ~shift; DelayMS(200); shift >> = 1;}
     }
  }
}
/ ***********************************************************************
函数名称: DelayMS
函数功能: 延时函数
入口参数: 参数 ms 控制循环次数,从而控制延时时间长短
  *********************************************************************** /
void DelayMS(uint ms)
{
  uchar i;
  while(ms-- )
  for(i = 0; i < 120; i++);
}
```

程序输入完毕后,单击"File"→"Save"命令对源程序进行保存,在保存时,文件名可以是字符、字母或数字,并且一定要带扩展名(使用汇编语言编写的源程序,扩展名为.asm,使用单片机 C 语言编写的源程序,扩展名为.c)。保存好源程序后,源程序窗口中的关键字呈彩色高亮显示。这里保存为"3-1.c"。

注意:源程序扩展名".c"必须手动输入,表示为 C 语言程序,使 Keil C51 采用对应的 C 语言的方式来编译源程序。

源程序文件创建好后,可以把这个文件添加到项目管理器中。单击项目管理器中"Target 1"文件夹旁边的"+"按钮,展开后在"Source Group 1"上右击,弹出快捷菜单,如图 3-7 所示。选择"Add Files to Group 'Source Group 1'"命令,弹出如图 3-8 所示的加载文件对话框。在该对话框中选择文件类型为"C Source file",找到刚才创建的"3-1.c"源程序文件,然后单击"Add"按钮,3-1.c 即被加入项目中,此时对话框不消失可以继续加载其他

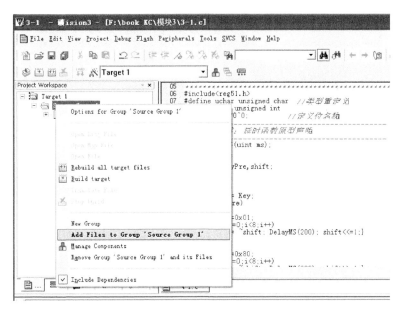

图 3-7　在快捷菜单中选择加载源程序文件命令

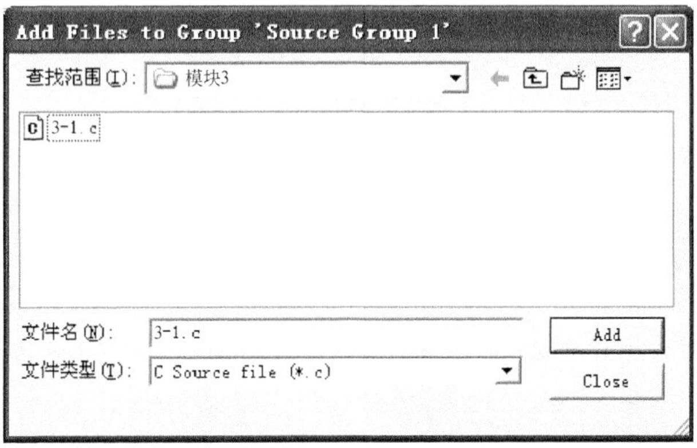

图 3-8　在对话框中选择要添加的文件

文件。单击"Close"按钮将对话框关闭。

此时在 Keil 软件项目管理器的"Source Group 1"文件夹中可以看到新加载的 3-1.c 文件。

3. 为目标1设置选项

选中 Target 1,单击菜单"Project"→"Options for Target 'Target 1'"命令,弹出为目标1的设置选项对话框,如图 3-9 所示,共有 11 个选项卡,其中"Target"、"Output"和"Debug"选项较为常用,默认打开"Target"选项卡。

在该选项卡中可以对目标硬件及所选器件片内部件进行参数设置,包括指定 CPU 时钟频率;是否使用片上自带的 ROM 存储器;指定 C51 编译器的存储模式(默认为 SMALL模式);指定 ROM 存储器大小使用;指定片外程序存储器和片外数据存储器的地址范围(如果没有则不填)等。

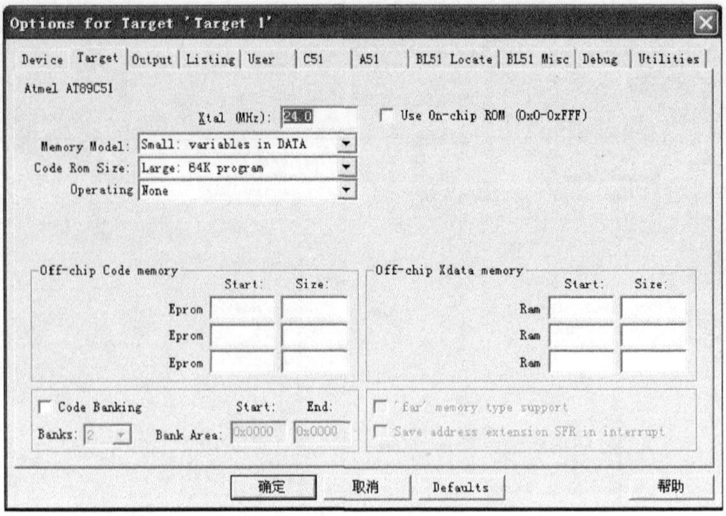

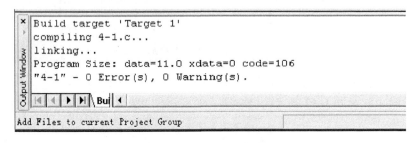

图 3-9　目标 1 的设置选项对话框

4. 编译项目并创建 ∗.hex 文件

单片机不能处理 C 语言程序,必须将 C 程序转换成二进制或十六进制代码才能处理,这个转换过程称为汇编或编译。Keil C51 软件本身带有 C51 编译器,可将 C 程序转换成十六进制代码,即 ∗.hex 文件。

在完成项目设置后,就可对源程序进行编译。执行菜单“Project”→“Rebuild all Target files”命令,可以编译源程序并生成目标文件。如果程序有错,则编译不成功,Keil μVision3 将会在输出窗口(“View”→“Output Window”命令切换显示或屏蔽此窗口)的编译页中显示如图 3-10 所示信息,双击某一条错误信息,光标将会停留在 Keil μVision3 文本编辑窗口中出现语法错误或警告的位置处,修改并保存后,重新编译,直至正确无误。

```
Build target 'Target 1'
compiling 4-1.c...
linking...
Program Size: data=11.0 xdata=0 code=106
"4-1" - 0 Error(s), 0 Warning(s).
            Bui
Add Files to current Project Group
```

图 3-10　错误和警告信息

若成功创建并编译了应用程序,就可以开始调试。当程序调试好之后,要求创建一个 ∗.hex 文件,生成的 ∗.hex 文件可以下载到 EPROM 或仿真器中。

若要创建 ∗.hex 文件,必须再为目标设置选项,在“Output”选项卡中选中“Create HEX File”复选框,如图 3-11 所示,单击“确定”按钮完成所需设置。设置完成后,执行菜单“Project”→“Rebuild all Target files”命令即可。

打开“模块 3”文件夹,可以看到已经创建了的 3-1.HEX 文件。

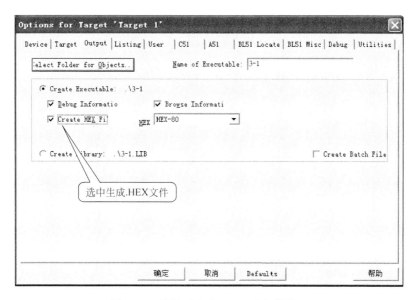

图 3-11 编译时生成".HEX"文件设置

（二）调试程序

1. CPU 仿真

使用 Keil μVision3 可对源程序进行测试，它提供了两种工作模式，这两种模式可以在"Options for Target'Target 1'"对话框的"Debug"选项卡中进行选择，如图 3-12 所示。

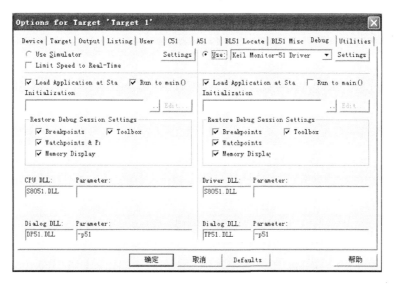

图 3-12 仿真调试设置

"Use Simulator"：软件仿真模式，将 Keil μVision3 调试器配置成纯软件产品，能仿真 8051 系列的绝大多数功能而不需任何硬件目标板，如串行口、外部 I/O 和定时器等，这些外围部件是在选择单片机 CPU 时选定的。

"Use"：硬件仿真，用户选择相应的硬件仿真器仿真。

如果选中 Use：Keil Monitor-51 Driver 硬件仿真选项，还可以单击右边的"Settings"按钮，对硬件仿真器连接情况进行设置，如图 3-13 所示。

Port：串行口号，仿真器与计算机连接的串行口号。

Baudrate：波特率设置，与仿真器串行通信时的波特率，仿真器上的设置必须与它一致。

Cache Options：缓存选项，可选可不选，选择可加快程序的运行速度。

Serial Interrupt：选中它允许单片机串行中断。

2. 启动调试

源程序编译好后，选择相应的仿真操作模式，可启动源程序的调试。单击"启动调试"图标或执行菜单"Debug"→"Start/Stop Debug Session"命令，

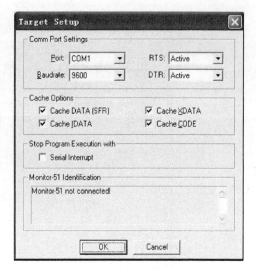

图 3-13　仿真器连接参数设置

可以启动 Keil μVision3 的调试模式，调试界面如图 3-14 所示。Keil 内建了一个仿真 CPU 用来模拟执行程序，该仿真 CPU 功能强大，可以在没有硬件和仿真器的情况下进行程序的调试。

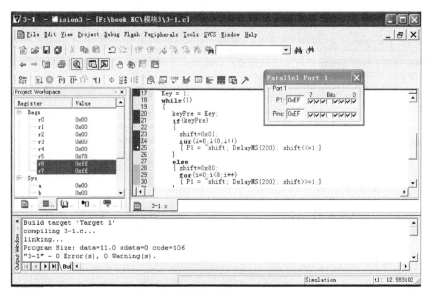

图 3-14　调试界面

进入调试状态后，"Debug"菜单项中原来不能用的命令现在已可以使用了，而且工具栏多出一个用于运行和调试的工具条，如图 3-15 所示，Debug 菜单上的大部分命令可以在此找到对应的快捷按钮，从左到右依次是复位、连续运行、暂停运行、单步运行、过程单步运行、执行完当前子程序、运行到当前行、下一状态、打开跟踪、观察跟踪、反汇编窗口、观察窗口、代码作用范围分析、1#串行窗口、内存窗口、性能分析、工具按钮命令。

3. 断点的设定和删除

在 Keil μVision3 中，用户可以采用以下不同的方法来定义断点。

图 3-15 运行调试工具条

（1）在文本编辑窗口或反汇编窗口中选定所在行，然后单击工具栏的设置断点按钮图标 ，或执行菜单"Debug"→"Insert/Remove Breakpoint"命令。

（2）在文本编辑窗口或反汇编窗口中选定所在行，右击，从打开的快捷菜单中选择"Insert/Remove Breakpoint"命令。

（3）利用"Debug"下拉菜单，打开"Breakpoints…"对话框，在这个对话框中可以查看定义或更改断点设置。

4. 目标程序的执行

目标程序的执行可以使用以下方法。

（1）使用菜单"Debug"→"Run"命令或命令按钮 或按下功能键 F5 全速执行程序。

（2）使用菜单"Debug"→"Step"命令或相应的命令按钮 或使用功能键 F11 可以单步执行程序。

（3）使用菜单"Debug"→"Step Over"命令或相应的命令按钮 或功能键 F10 可以以过程单步形式执行命令。所谓过程单步，是指把 C 语言中的一个函数作为一条语句来全速执行。

按下 F11 键，可以看到源程序窗口的左边出现了一个黄色调试箭头，指向源程序的第一行。每按一次 F11 键，即执行该箭头所指程序行，然后箭头指向下一行。如果程序有错误，可以通过单步执行来查找错误，但是如果程序已正确，每次进行程序调试都要反复执行这些程序行，会使得调试效率很低，为此可以在调试时使用 F10 键来替代 F11 键。

5. 反汇编窗口

在进行程序调试及分析时，经常会用到反汇编。反汇编窗口同时显示目标程序、编译的汇编程序和二进制文件，如图 3-16 所示。利用"View"→"Disassembly Window"切换显示或屏蔽此窗口。

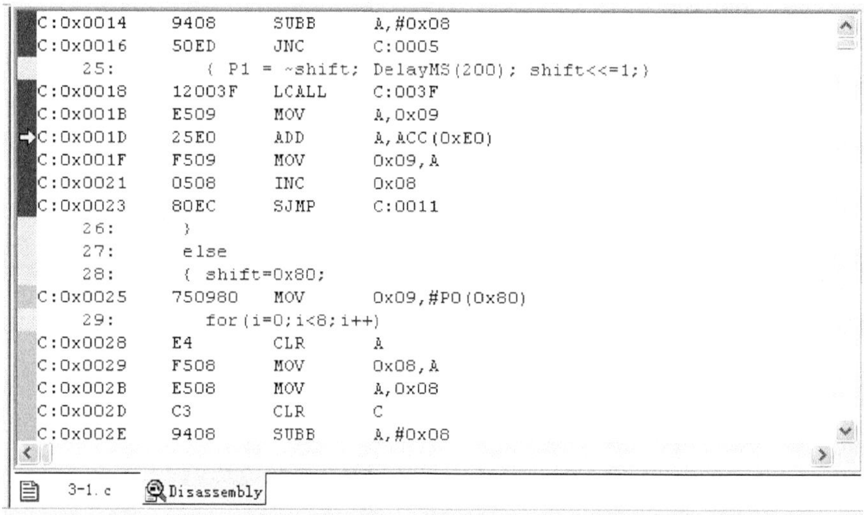

图 3-16 反汇编窗口

当反汇编窗口作为当前活动窗口时,若单步执行指令,所有的程序将按照 CPU 指令及汇编指令来单步执行,而不是 C 语言的单步执行。

6. CPU 寄存器窗口

单击"启动调试"图标或执行菜单"Debug"→"Start/Stop Debug Session"命令后,在"Project Workspace"项目窗口中可显示 CPU 寄存器内容,如图 3-17 所示。用户除了可以观察外还可以修改,单击选中一个单元,出现文本框后输入相应的数值按 Enter 键即可。

7. 存储器窗口

在存储器窗口中,可以显示 4 个不同的存储区,每个存储区能显示不同地址存储单元的内容。利用"View"→"Memory Window"切换显示或屏蔽此窗口。

Keil μVision3 IDE 把 MCS-51 内核的存储器资源分成以下 4 个不同区域。

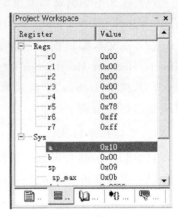

图 3-17　寄存器窗口

(1) 内部可直接寻址 RAM 区 data,表示为 D:xx。

(2) 内部间接寻址 RAM 区 idata,表示为 I:xx。

(3) 外部 RAM 区 xdata,表示为 X:xxxx。

(4) 程序存储器 ROM 区 code,表示为 C:xxxx。

例如,单击"Memory ♯1"切换存储区,在"Address"栏中输入地址值"D:0000"后按回车键,显示区域直接显示该地址开始的存储单元内容,如图 3-18 所示。若要更改某地址存储单元的内容,只需要在该地址上双击并输入新内容即可。

在 Memory 窗口中显示的 RAM 数据可以修改,用鼠标对准要修改的存储器单元,右击,在弹出的快捷菜单中选择"Modify Memory at 0x…",在接着弹出的对话框文本输入栏内输入相应数值后按 Enter 键即可。

8. 观察和修改变量窗口

执行菜单"View"→"Watch & Call stack Window"命令,打开相应的窗口,如图 3-19 所示,选择 Watch ♯1～♯3 中的任一窗口,按 F2 键,在"Name"栏中填入用户变量名即可,但必须是存在的变量,或者使用鼠标直接将变量拖入栏中。如果想修改数值,可单击"Value"栏,出现文本框后输入相应的数值。

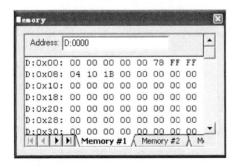

图 3-18　存储器窗口

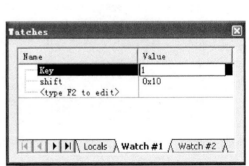

图 3-19　观察和修改变量窗口

9. 串行窗口

Keil μVision3 中提供了 3 个专门用于串行调试输入和输出的窗口,模拟的单片机串行口数据将在该窗口中显示。

可选择"UART ♯0"或"UART ♯1"或"UART ♯2"命令打开相应串行窗口。

10. 外围设备窗口

在线调试时,通过菜单"Peripherals"下面的"Interrupt、I/O-Ports、Serial、Timer"命令,可以依次对单片机的外部中断、4 个并行口、串行口、定时/计数器进行设置。在本任务调试中可以看到 P1 口的状态值随变量"shift"的内容变化,如图 3-20 所示,修改 P0 口的值,P1口的值变化顺序随之翻转。

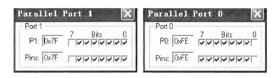

图 3-20　并行口调试窗口

知识点三:Proteus 软件仿真系统的使用

Proteus 是由英国 Labcenter Electronics 公司开发的电路分析与实物仿真及印制电路板设计软件,可以仿真、分析各种模拟器件和集成电路。它从 1989 年出现到现在已经有二十多年的历史,在全球广泛使用。

Proteus 安装以后,主要由两个程序组成:ARES 和 ISIS。前者主要用于 PCB 工布线及其电路仿真,后者主要采用原理图的方法绘制电路并进行相应的仿真。除了上述基本应用之外,Proteus 革命性的功能在于它的电路仿真是交互的,针对微处理器的应用,可以直接在基于原理图的虚拟原型上编程,并实现软件代码级的调试,可以直接实时动态地模拟按钮、键盘的输入和 LED、液晶显示的输出等,同时配合各种虚拟工具如示波器、电压表、电流表、信号发生器、逻辑分析仪等进行相应的测量和观测。

Proteus 软件能对单片机应用系统进行软件和硬件仿真,为设计单片机应用系统提供了一个非常好的平台。本书采用 Proteus 7.1 进行系统仿真设计,其特点如下:

(1)实现了单片机仿真和 SPICE 电路仿真相结合。Proteus 具有模拟电路仿真、数字电路仿真、单片机及其外围电路组成系统的仿真、RS-232 动态仿真、I²C 调试器、SPI 调试器、键盘和 LCD 系统仿真度功能,还具有各种虚拟仪器,如示波器、逻辑分析仪、信号发生器等。

(2)支持主流单片机系统的仿真。目前支持主流的单片机类型有 8051 系列、AVR 系列、68000 系列、PIC12 系列、PIC16 系列、PIC18 系列、Z80 系列、HC11 系列,以及各种外围芯片。

(3)提供软件调试功能。Proteus 仿真系统具有全速、单步、设置断点等调试功能,可以观察各个变量、寄存器的当前状态,同时还支持第三方的软件编译和调试环境,如 Keil C51。

(4)具有强大的原理图绘制功能。在 Proteus 仿真系统中可以快速、方便地绘制单片机应用系统原理图。

本节只介绍 Proteus ISIS 软件的工作环境和基本操作,并以绘制本模块任务中流水灯控制电路原理图为例介绍其具体操作步骤。

（一）Proteus ISIS 的工作界面及基本操作

1. Proteus ISIS 原理图的工作界面

单击"开始"→"程序"→"Proteus 7.1 Professional"→"ISIS 7.1 Professional"，即可进入图 3-21 所示 Proteus ISIS 的工作界面，它是一种标准的 Windows 界面，由菜单栏、主工具栏、预览窗口、元件列表栏、模型选择工具栏、原理图编辑窗口、方向工具栏、仿真按钮、状态栏等部分组成。

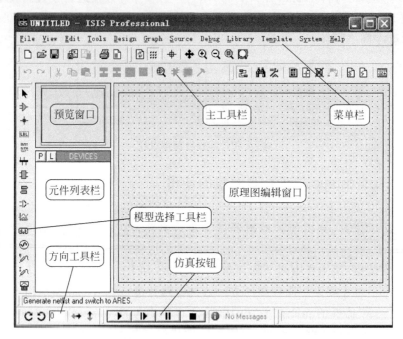

图 3-21　Proteus ISIS 的工作界面

（1）Proteus ISIS 共有 12 项菜单

"File"文件菜单，主要用于对原理图文件的管理。

"View"查看菜单，可以进行原理图窗口定位、栅格的调整及图形的缩放等操作。

"Edit"编辑菜单，可进行原理图编辑窗口中元件的剪切、复制、粘贴、撤销、恢复等操作。

"Tools"工具菜单，具有实时注释、自动布线、搜索标记、属性分配工具、全局注释、ASCII 数据导入、材料清单、电气规则检查、网表编辑、模型编译、网表到 ARES 等功能。

"Design"设计菜单，具有编辑设计属性、编辑面板属性、编辑设计注释、配置电源线、新建原理图、删除原理图、打开前一个原理图、打开后一个原理图、原理图切换、原理图设计管理等功能。

"Graph"图形菜单，具有编辑仿真图形、增加跟踪曲线、模拟图表、查看日志、导出数据、清除数据、图形一致性分析、批量模态分析等。

"Source"源文件菜单，具有添加/移除源文件、设置编译、设置外部文件编辑器和全部编译等功能。

"Debug"调试菜单，具有调试、开始/重启动调试、断点运行、使用远程调试设备等功能。

"Library"库菜单,具有选择元件/符号、制作器件、制作符号、器件封装、分解、编译到库、自动放置到库、验证封装、库管理器等功能。

"Template"模板菜单,具有设置图形颜色、图形格式、文本格式、图形文本、连接点等功能。

"System"系统菜单,具有系统信息、打开文本预览、设置系统环境、设置路径、设置图纸尺寸、设置仿真选项等功能。

"Help"帮助菜单,为用户提供帮助信息。

(2) 主工具栏

主工具栏包括文件工具条、查看工具条、编辑工具条和设计工具条 4 个部分,可以通过执行"View"→"Toolbars..."命令控制其显示或关闭。

① 文件工具条,如图 3-22 所示。

② 查看工具条,如图 3-23 所示。

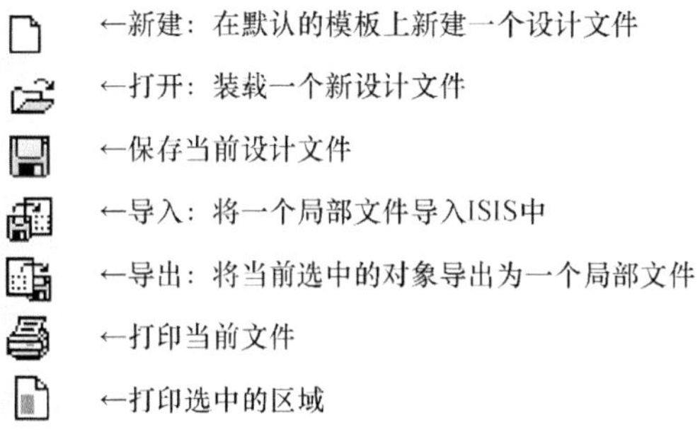

←新建:在默认的模板上新建一个设计文件
←打开:装载一个新设计文件
←保存当前设计文件
←导入:将一个局部文件导入ISIS中
←导出:将当前选中的对象导出为一个局部文件
←打印当前文件
←打印选中的区域

图 3-22　文件工具条

←显示刷新
←显示/不显示网格点切换
←显示/不显示手动原点
←以鼠标所在点的中心进行显示
←放大
←缩小
←查看整张图
←查看局部图

图 3-23　查看工具条

③ 编辑工具条,如图 3-24 所示。

←撤销最后的操作(Undo)
←恢复最后的操作(Redo)
←剪切选中对象(Cut)
←复制到剪贴板(Copy)
←从剪贴板粘贴(Paste)
←复制选中的块对象(Block Copy)
←移动选中的块对象(Block Move)
←旋转选中的块对象(Block Rotate)
←删除选中的块对象(Block Delete)
←选取元器件,从元件库中选取各种各样的元器件(Pick Parts From Libraries)
←做元器件,把原理图符号分装成原件(Make Device)
←PCB包装原件,对选中的元件定义PCB包装(Package Tooling)
←把选中的元件打散成原始的组件(Decompose)

图 3-24　编辑工具条

④ 设计工具条,如图 3-25 所示。

←自动布线(Wiew Auto-router)

←查找并选中(Search & Tag Property)

←属性标注工具(Assignment Tool)

←物理清单(Design Explore)

←新建绘图页(New Sheet)

←删除绘图页(Delete Sheet)

←返回父页设计(Exit To Parent Sheet)

←材料清单(View Bom Report)

←电气检查(View Electrical Report)

←导出网表并进入PCB布图区(Netlist Transfer To Areas)

图 3-25 设计工具条

(3) 预览窗口

预览窗口可显示两个内容:一个是在元器件列表中选择一个元件时,显示该元件的预览图;另一个是鼠标落在原理图编辑窗口时,显示整张原理图的缩略图,并会显示一个绿色的方框,绿色方框里的内容就是当前原理图编辑窗口中显示的内容,通过改变绿色方框的位置,就可以改变原理图的可视范围,如图 3-26 所示。

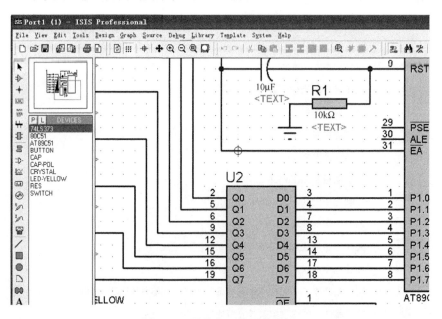

图 3-26 预览窗口使用示意图

(4) 元件列表栏

元件列表栏用来选择元器件、终端、图表、信号发生器和虚拟仪器等。元件列表栏上有一个条形标签，表明当前所处的模式及其下所列的对象类型。如图 3-27 所示，当前模式为“选择元器件模式”，选中的元器件为“CAP-POL”，该元器件会出现在预览窗口，在原理图编辑窗口单击，移动鼠标可将其放在合适的位置。单击“P”按钮会打开挑选元件对话框，选择了一个元件后，该元件会出现在元件列表中。

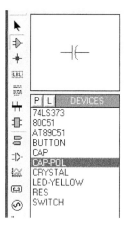

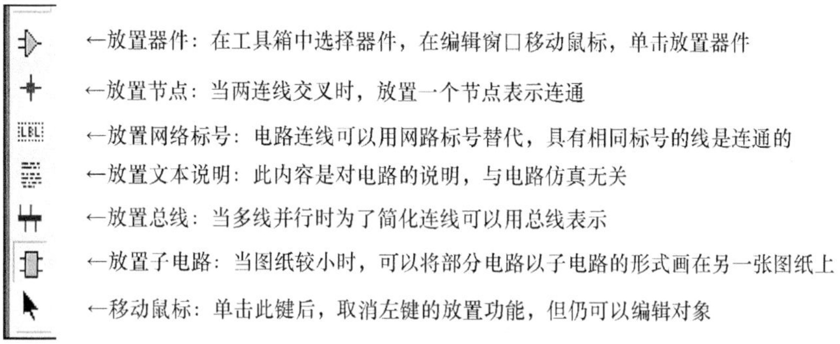

(5) 模式选择工具栏

① 选择原理图对象的放置类型，如图 3-28 所示。

② 选择放置仿真调试工具，如图 3-29 所示。

③ 图形工具选择图标，如图 3-30 所示。

P
L
DEVICES
74LS373
80C51
AT89C51
BUTTON
CAP
CAP-POL
CRYSTAL
LED-YELLOW
RES
SWITCH

图 3-27 元器件选择器

←放置器件：在工具箱中选择器件，在编辑窗口移动鼠标，单击放置器件
←放置节点：当两连线交叉时，放置一个节点表示连通
←放置网络标号：电路连线可以用网路标号替代，具有相同标号的线是连通的
←放置文本说明：此内容是对电路的说明，与电路仿真无关
←放置总线：当多线并行时为了简化连线可以用总线表示
←放置子电路：当图纸较小时，可以将部分电路以子电路的形式画在另一张图纸上
←移动鼠标：单击此键后，取消左键的放置功能，但仍可以编辑对象

图 3-28 选择原理图对象的放置类型的按钮

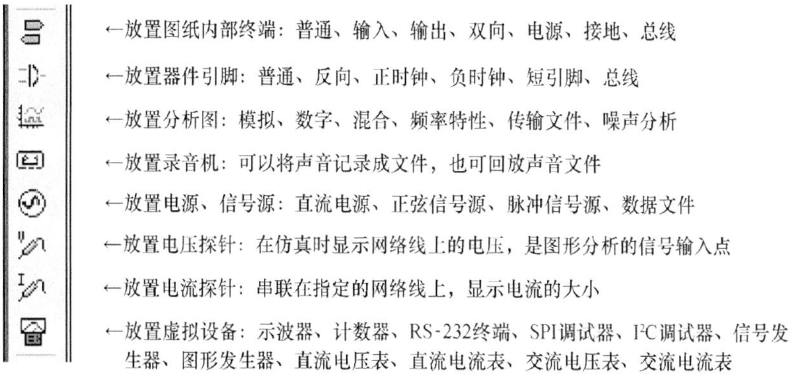

←放置图纸内部终端：普通、输入、输出、双向、电源、接地、总线
←放置器件引脚：普通、反向、正时钟、负时钟、短引脚、总线
←放置分析图：模拟、数字、混合、频率特性、传输文件、噪声分析
←放置录音机：可以将声音记录成文件，也可回放声音文件
←放置电源、信号源：直流电源、正弦信号源、脉冲信号源、数据文件
←放置电压探针：在仿真时显示网络线上的电压，是图形分析的信号输入点
←放置电流探针：串联在指定的网络线上，显示电流的大小
←放置虚拟设备：示波器、计数器、RS-232终端、SPI调试器、I²C调试器、信号发生器、图形发生器、直流电压表、直流电流表、交流电压表、交流电流表

图 3-29 选择放置仿真调试工具的按钮

(6) 原理图编辑窗口

在原理图编辑窗口完成电路原理图的编辑和绘制，为了方便作图，ISIS 中坐标系统的基本单位是 10nm，主要是为了和 Proteus ARES 保持一致。但坐标系统的识别(read-out)单位被限制在 1th(0.1in=100th)。坐标原点默认在图形编辑区的中间，图形的坐标值能够显示在屏幕的右下角的状态栏中。窗口内有点状的栅格，可以通过“查看”菜单的“栅格”命令在打开和关闭间切换。点与点之间的间距由当前捕捉的设置决定。

原理图编辑窗口没有滚动条，可通过预览窗口改变原理图的可视范围。

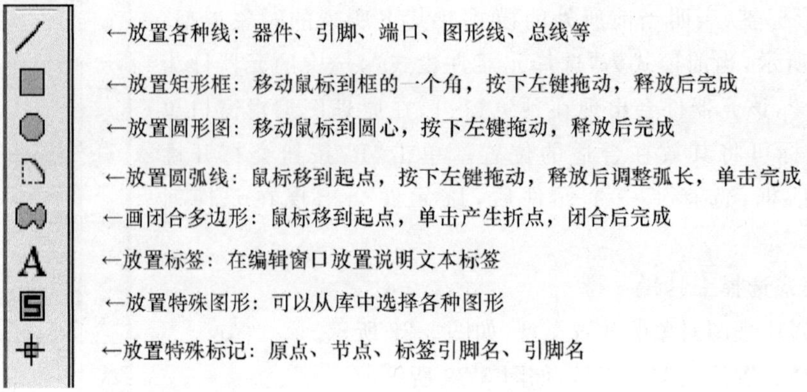

←放置各种线：器件、引脚、端口、图形线、总线等

←放置矩形框：移动鼠标到框的一个角，按下左键拖动，释放后完成

←放置圆形图：移动鼠标到圆心，按下左键拖动，释放后完成

←放置圆弧线：鼠标移到起点，按下左键拖动，释放后调整弧长，单击完成

←画闭合多边形：鼠标移到起点，单击产生折点，闭合后完成

←放置标签：在编辑窗口放置说明文本标签

←放置特殊图形：可以从库中选择各种图形

←放置特殊标记：原点、节点、标签引脚名、引脚名

图 3-30　图形工具选择图标的按钮

（7）仿真按钮

仿真工具栏用于仿真运行控制，如图 3-31 所示。

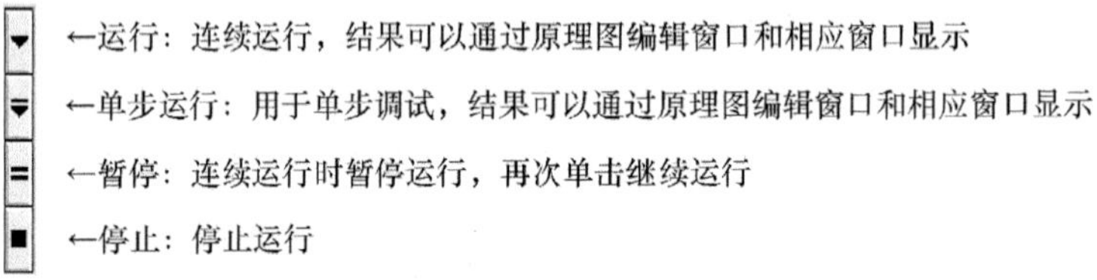

←运行：连续运行，结果可以通过原理图编辑窗口和相应窗口显示

←单步运行：用于单步调试，结果可以通过原理图编辑窗口和相应窗口显示

←暂停：连续运行时暂停运行，再次单击继续运行

←停止：停止运行

图 3-31　仿真工具栏

（8）方向工具栏

方向工具栏用于改变对象的位置，如图 3-32
所示。

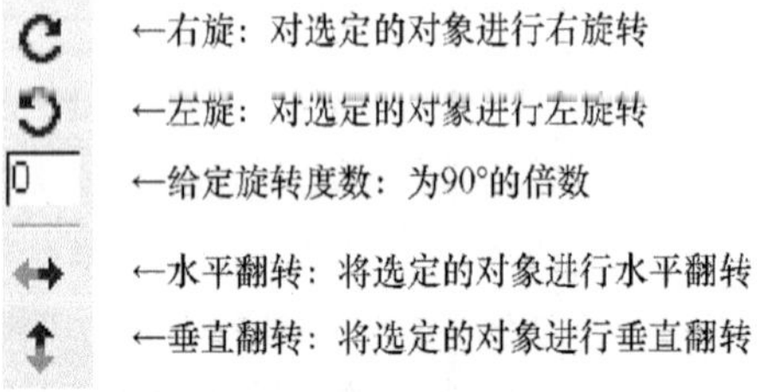

2. Proteus 操作特性

下面列出了 Proteus 不同于 Windows 的操
作特性。

（1）在元件列表中选择元器件后可对其进行
放置操作。

←右旋：对选定的对象进行右旋转

←左旋：对选定的对象进行左旋转

←给定旋转度数：为90°的倍数

←水平翻转：将选定的对象进行水平翻转

←垂直翻转：将选定的对象进行垂直翻转

图 3-32　方向工具栏

（2）鼠标左键用于放置元件、连线。

（3）鼠标右键单击用于选择元件、连线和其他对象同时弹出快捷菜单。

（4）双击右键可删除元件、连线。

（5）先右击后单击，可以编辑元件属性。

（6）按住右键拖出方框，可选中方框中的多个元件和连线。

（7）改连接线走线方式，可先右击连线，再单击拖动。

（8）3D 鼠标中键滚轮向前或后滚动，可用于放大或缩小原理图。

（9）单击中键后可移动原理图，右击结束移动。

（二）Proteus ISIS 原理图设计

以模块 1 任务 1.2 的流水灯控制为例，介绍 Proteus ISIS 原理图的绘制方法。

1. 新建设计文件

启动 ISIS 7 Professional 程序,打开 Proteus ISIS 工作界面,单击命令工具栏上的□ 按钮直接建立;或选择"File"→"New Design",出现选择模板窗口,如图 3-33 所示,其中横向图纸为 Landscape,纵向图纸为 Portrait,DEFAULT 为默认模板。选中"DEFAULT",再单击"OK"按钮,就新建了一个未命名的新设计文件。然后执行"Save"命令,保存为 3-1. dsn(默认文件扩展名)。

图 3-33　图纸模板选择窗口

2. 从元件库中选取元件

此任务用到的元件有 AT89C51、74LS373、电阻 R、电容 C、晶体振荡器、发光二极管(黄色)、switch 开关、"地"和"电源"等。单击图 3-27 所示元件选择器上的"P"按钮弹出"Pick Devices"对话框,如图 3-34 所示,进行元件的选取。

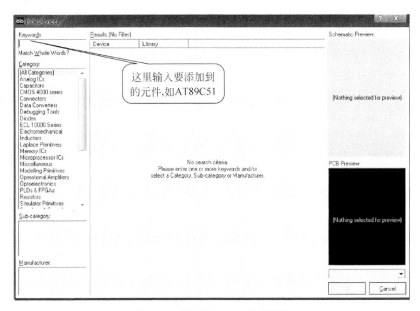

图 3-34　"Pick Devices"对话框

通过与 Category、Sub-Category、Manufacture、Results 窗口结合进行选择,要求对元件库较为熟悉。

(1) 添加单片机

打开"Pick Devices"对话框,在"Keywords"(关键字)文本框中输入"AT89C51",然后从"Results"列表中选择所需的型号。此时在元件预览图中分别显示出元件的原理图和封装图,如图 3-35 所示。单击"OK"按钮,或者直接双击"Results" 列表中的"AT89C51",均可将元件添加到元件列表栏中。注意,一般搜索时,输入元件的几个关键字符即可,如"89C51",可以加大搜索范围。

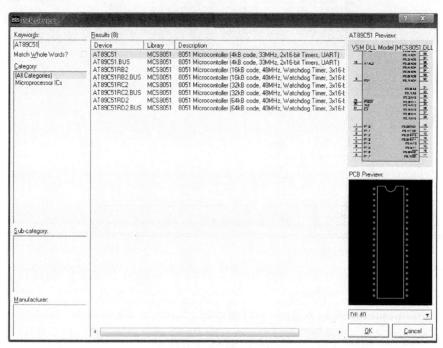

图 3-35　添加单片机

(2) 继续添加其他元件

添加开关:打开"Pick Devices"对话框,在"Keywords"文本框中输入"switch",从"Results"列表中将开关添加到元件列表栏中。

添加电容:打开"Pick Devices"对话框,在"Keywords"文本框中输入"cap 33pF",则"Results"列表中显示出各种型号 33pF 电容,任选一个"50V"电容添加到元件列表栏中。

添加电解电容:打开"Pick Devices"对话框,在"Keywords"文本框中输入"cap",将极性电容"cap-pol"添加到元件列表栏中。

添加电阻:打开"Pick Devices"对话框,在"Keywords"文本框中输入"res",将电阻添加到元件列表栏中。

添加晶振:打开"Pick Devices"对话框,在"Keywords"文本框中输入"crystal","Results"列表中只有一种晶振类型,双击该元件,将其添加到元件列表栏中。

添加发光二极管:打开"Pick Devices"对话框,在"Keywords"文本框中输入"led",将"LED-YELLOW"添加到元件列表栏中。

3. 放置、移动、旋转、删除元器件

元件添加完毕后，开始原理图的绘制工作。

（1）放置元件。在元件列表中选取 AT89C51，然后将光标移动到原理图编辑区，在任意位置单击，即出现一个随光标浮动的元件原理图符号，移动光标到适当位置单击即可完成该元件的放置。

图 3-36 所示为将光标移动到原理图编辑区，在任意位置单击后，出现随光标浮动的元件原理图符号。

图 3-37 所示为移动光标到适当位置单击完成该元件的放置。

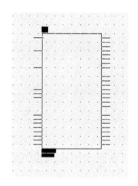

图 3-36　随光标浮动的单片机符号

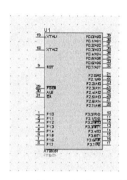

图 3-37　放置后的单片机符号

（2）移动。在原理图编辑窗口，要移动元件或连线应先右击对象，使元件或连线处于选中状态（默认颜色为红色），再按住左键拖动，元件或连线就跟随鼠标指针移动，到达合适位置时，松开左键。

默认情况下栅格捕捉单位设置为100th(0.1in=100th)，若需对元件进行更精确的移动，可将捕捉单位设置为 50th 或 10th（执行"View"菜单下捕捉设置命令或按功能键 F1、F2）。

（3）旋转。采用以下两种方法可以旋转元件：

一种方法是放置元件前，在元件列表中选择要放置的元件，单击方向工具栏相应的转向按钮可旋转元件，再在原理图编辑窗口放置已经更改方向的元件。

另一种方法是在原理图编辑窗口改变已经放置元件的方向，右击选中要改变方向的元件，在弹出的快捷菜单中选择所需的旋转操作，如图 3-38 所示。

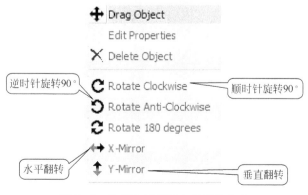

图 3-38　执行快捷菜单中的旋转命令

（4）删除。在原理图编辑窗口中要删除元件时，右键双击该元件就可删除该元件，或用左键框选，或单击选中该元件，再按下 Delete 键也可以删除元件。

通过放置、移动、旋转、删除元件，可将各元件放置在 ISIS 原理图编辑窗口的合适位置，如图 3-39 所示。

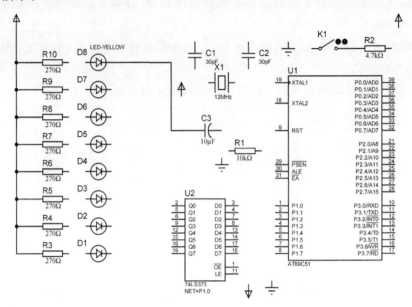

图 3-39　将各元件放置在原理图编辑窗口的合适位置

4．放置电源和地

单击模型选择工具栏中的"Terminals Mode"按钮 ，如图 3-40 所示，在元件列表栏中单击"POWER"，可以在预览窗口看到电源的符号，再在原理图编辑窗口中单击，将"电源"放置在合适的位置。同样，在元件列表栏中单击"GROUND"，将"地"放置在合适的位置，如图 3-39 所示。

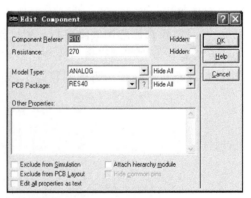

图 3-40　添加"电源"和"地"　　　　　图 3-41　电阻 R10 属性设置对话框

5．设置、修改元件属性

在需要设置或修改属性的元件上右击，在弹出的快捷菜单中选择"Edit Properties"，在出现的对话框中，可以设置元件属性。如图 3-41 所示，修改电阻 R10 属性。其中：

Component Referer：元件标识名（R10）。

Resistance：电阻值设置（270Ω）。

Model Type：模型类型。

PCB Package：封装形式。

Hidden：是否显示该属性。

注意：不同的元件属性对话框略有区别，具体设置时再做说明，依次按设计要求设置好所有元件的属性，其中默认 $V_{CC}=5V,V_{DD}=5V,GND=0V$。

6. 连线

Proteus 的智能化可以在想要画线的时候进行自动检测，系统默认自动布线按钮 ▦ 有效，可以直接画线。只要将光标放置在要连线的元件引脚附近，就会自动捕捉到该引脚，单击，然后移动鼠标到连接对象引脚附近，捕捉到该引脚后再单击，就可以画好一条连线。若想手动设定连线路径，只要在转弯处单击即可（若要画一条任意角度线，则需在移动鼠标过程中按下 Ctrl 键）。在此过程的任何时刻，都可以按 Esc 键或者右击来放弃画线。

若要绘制总线，先单击模式选择工具栏 ╫ "总线"按钮，再在原理图编辑窗口合适位置绘制出总线来。

用上述办法完成图 3-39 中各元件的连线，布线效果如图 3-42 所示。

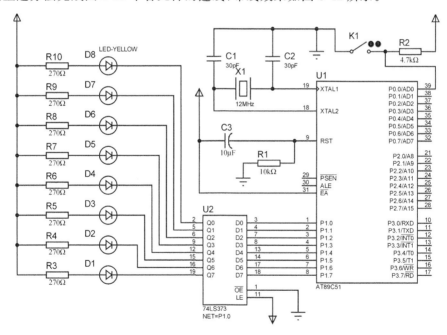

图 3-42 布线效果图

7. 添加网络标号

各元件引脚与单片机引脚通过总线的连接并不表示真正意义上的电气连接，需要添加网络标号才行。其次，当相连的两个引脚不方便走线时，也可以通过模型选择工具栏中的"Terminals Mode"按钮 ▤ 的"DEFAULT"添加引线端子和网络标号。在 Proteus 仿真时，系统会认为具有相同网络标号的引脚是连接在一起的。

单击模型选择工具栏的 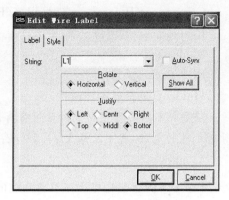 按钮,然后在需要放置网络标号的元件引脚附近单击,弹出如图 3-43 所示的"Edit Wire Label"对话框,在"String"文本框中输入网络标号"L1",单击"OK"按钮即可完成网络标号的添加。

其他网络标号的添加与此类似,这里就不再赘述。

8. 电气规则检查

设计完电路图后,单击菜单"Tools"→"Electrical Rule Check…"命令,则弹出电气规则检查结果对话框。如果检查无误,则系统给出"No ERC errors found"信息,若有错,会有详细的说明,根据说明再进行修改。

图 3-43 "Edit Wire Label"对话框

至此,流水灯控制系统电路原理图绘制完成,保存文件。

知识点四:Keil C51 与 Proteus 联合仿真调试

1. 用 Proteus 软件仿真

程序经 Keil 软件编译通过并生成 * . hex 文件后,就可以利用 Proteus 软件进行仿真了。在 Proteus ISIS 编辑环境中绘制好仿真原理图,右击"AT89C51"单片机,从弹出的快捷菜单中选择"Edit Properties"命令,弹出"Edit Component"对话框,如图 3-44 所示。

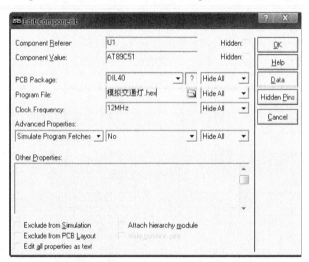

图 3-44 "Edit Component"对话框设置

在"Program File"中载入编译好的"3-1. HEX"文件,并在"Clock Frequency"文本框中输入时钟频率 12MHz,单击"OK"按钮返回到 Proteus ISIS 原理图工作界面。最后单击"运行"按钮即可进行功能仿真,仿真效果如图 3-45 所示,运行后暂停,此时 D6 灯亮,其他灯熄灭。

2. Keil C51 与 Proteus 联合仿真调试

可以在 Keil C51 软件工作界面下,运行已编译好的程序,同时在 Proteus ISIS 软件工作界面观察仿真效果。可以采用以下操作:

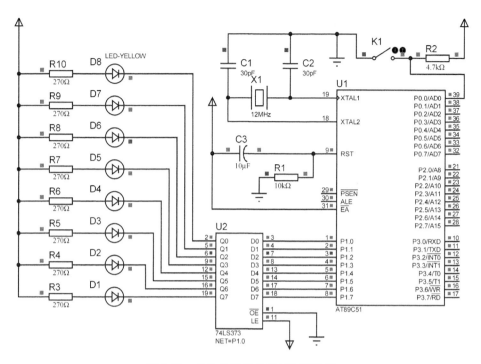

图 3-45　单片机控制交通灯仿真效果

（1）把 Proteus 安装目录下 VDM51. dll（.. \ Labcenter Electronics \ Proteus 7 Professional \MODELS）文件复制到 Keil 的安装目录中（.. \C51\BIN）。

（2）编辑.. \Keil 下 tools. ini 文件，加入一行：TDRV8＝BIN\VDM51. DLL（"Proteus VSM Monitor-51 Driver"）。

（3）在 Keil 软件中，建立好相应的项目文件，编译生成相应的"3-1. HEX"文件。然后选中 Target 1，执行菜单"Project"→"Options for Target 'Target 1'"命令，打开"Debug"调试选项卡，如图 3-46 所示。

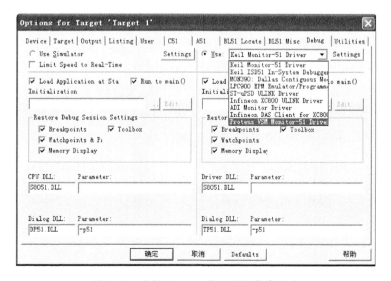

图 3-46　选择 Proteus 作为硬件仿真平台

单击"Use"前的单选框,再在右侧下拉列表中选择"Proteus VSM Monitor-51 Driver"选项,最后单击"确定"按钮,关闭对话框。

(4) 在 Proteus ISIS 软件中绘制好要仿真的电路原理图,为"AT89C51"单片机添加 Keil C51 生成的"3-1. HEX"目标仿真文件;在 Proteus ISIS 中选择"Debug"→"Use Remote Debug Monitor",使系统处于远程后台待命状态。

(5) 在 Keil 中执行"Debug"→"Start/Stop Debug Session"命令,启动源程序的调试,就可以同时在 Proteus ISIS 软件工作界面观察仿真效果,如图 3-47 所示,可以观察到程序和硬件电路的同步运行情况。

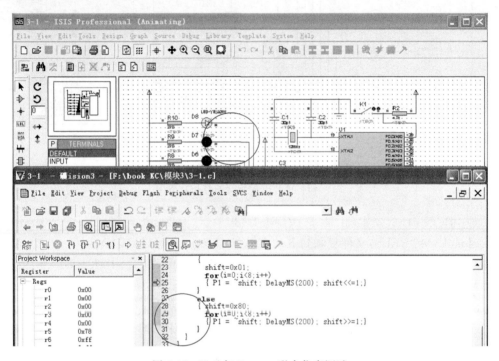

图 3-47 Keil 与 Proteus 联合仿真调试

(6) 观察微处理器内部状态窗口。通过 Proteus 下的"Debug"的"8051 CPU Registers"、"8051 CPU SFR Memory"和"8051 CPU Internal (IDATA) Memory"命令,可以调出寄存器窗口、特殊功能寄存器窗口和内部数据存储器窗口,如图 3-48 所示,通过窗口可以观察单片机内部数据的变化。

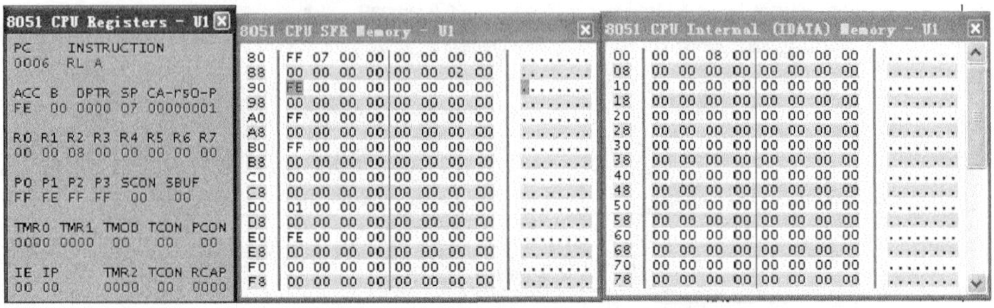

图 3-48 常用观察单片机内部状态窗口

四、任务小结

通过使用 Keil C51 和 Proteus ISIS 软件联合调试流水灯控制系统任务,使读者对使用 Keil C51 和 Proteus ISIS 软件进行单片机应用系统开发设计有了更加深入的了解。Keil C51 具有良好的程序设计界面、编辑、编译及调试功能,Proteus ISIS 具有强大的单片机系统设计与仿真功能,它们为单片机应用系统开发设计提供了良好的平台。

小　　结

本模块以调试流水灯控制系统任务为引导,介绍了单片机开发系统的概念、功能及使用方法,重点介绍了 Keil C51 集成开发环境的使用和 Proteus 软件仿真系统的使用,以及两者的联合调试过程。整个开发过程一般可分为 4 步。

(1) Proteus ISIS 电路设计。利用 Proteus ISIS 进行单片机系统硬件设计,在 ISIS 平台上进行单片机系统电路设计、选择元件、插接件、连接电路和电气检测。

(2) Keil 源程序设计。在 Keil 平台上进行单片机系统程序设计、编辑、编译、调试,最后生成目标代码文件 ∗.hex。

(3) Proteus ISIS 实时仿真。在 ISIS 平台上将目标代码文件加载到单片机系统中,并实现单片机系统实时交互、协同仿真,它在相当程度上反映了实际单片机系统的运行情况。

(4) PCB 与硬件的设计和制作。利用 Proteus 或 Protel 生成 PCB 板电路图,并制作 PCB 板,安装元件和接口,利用开发系统将上面生成的 ∗.hex 文件下载到单片机芯片,完成调试与设计。

学完本模块后,要求:

(1) 了解单片机开发系统的连接和使用。

(2) 掌握 Keil C51 创建项目的步骤和操作方法。

(3) 掌握在 Proteus ISIS 中绘制电路原理图的步骤和方法。

(4) 掌握 Keil C51 与 Proteus ISIS 联合仿真调试前所必须的设置内容。

思考与练习

1. 填空题

(1) 仿真器的作用是_____,编程器的作用是_____。

(2) 使用单片机开发系统调试 C 语言程序时,新建立的源文件扩展名必须是_____,最终通过编译将源程序转换成_____。

(3) 在使用总线进行电路连接时,还需要为相连的元件引脚端添加_____,否则在电气上没有真正连接。

2. 思考题

(1) 单片机开发系统由哪些设备组成?如何连接?

(2) 使用 Keil C5 和 Proteus ISIS 进行单片机应用系统仿真调试的一般过程是什么?

(3) 在 Keil C51 环境下如何设置和删除断点?设置断点的目的是什么?

(4) 在 Keil C51 环境下如何查看和修改变量及寄存器的内容？如何观察存储器内容，再在 Keil C51 环境下编程测试。

(5) 在 Keil C51 环境下编译以下源程序并生成十六进制(∗.hex)文件。

```
/***********************************************************
名称：练习使用 74LS138 控制 8 位 LED 滚动显示
*********************************************************** /
# include< reg51.h>
# define uchar unsigned
# define uint unsigned int
/***********************************************************
函数名称：delay
函数功能：延时一段时间
*********************************************************** /
void delay(void)
{
    unsigned char i,j;
    for(i = 0;i < 250;i++)
        for(j = 0;j < 250;j++) ;
}
//主程序
void main()
{
    while(1)
    {
      P2 = (P2 + 1) % 8;
      delay();
    }
}
```

(6) 用 Proteus ISIS 绘制如图 3-49 所示的单片机仿真原理图(在 Proteus ISIS 中绘制仿真原理图时，最小系统所需的晶振电路、复位电路和$\overline{EA}$引脚与电源的连接都可以省略，不影响仿真效果)。并将上题输出的十六进制(∗.hex)文件载入仿真原理图中仿真。

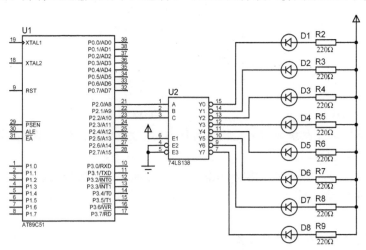

图 3-49　单片机仿真原理图

## CHAPTER 4

MCS-51系列单片机中断系统及定时/计数器

任务 4.1 $\overline{\text{INT0}}$ 中断控制 LED 状态

一、任务描述

采用 $\overline{\text{INT0}}$ 中断方式控制 LED 状态随开关状态的改变而改变。将 P1 口的 P1.4～P1.7 作为输入位，P1.0～P1.3 作为输出位，利用单片机将开关所设的数据读入单片机内，并依次通过 P1.0～P1.3 输出，驱动发光二极管，以检查 P1.4～P1.7 输入的电平情况(开关闭合则相应的 LED 亮)。通过本任务，理解中断的基本概念和中断过程，掌握外部中断的使用方法，学会如何编制中断服务程序。

二、硬件原理图

如图 4-1 所示，开关 K1(中断请求信号)利用外部中断 $\overline{\text{INT0}}$ 接入。采用中断边沿触发方式，每中断一次，单片机对 P1 口完成一次读写操作。当 P1.0～P1.3 任何一位输出 0 时，相应的发光二极管就会发光。当开关 K1 来回拨动一次时，将产生一个下降沿信号，通过 $\overline{\text{INT0}}$ 发出中断请求。

三、相关理论知识

知识点一：MCS-51 中断系统

对初学者来说，中断这个概念比较抽象，其实单片机的处理系统与人的一般思维有着许多异曲同工之妙，在日常生活和工作中有很多类似的情况。举个很贴切的比方，中断的过程可类比为：一位教师正在讲课；一个学生对老师所讲的问题不太明白，举手提问；老师允许了这个学生的提问，并做解答；解答完毕后从刚才被学生打断的地方继续讲课。

这个过程就是一个中断。日常生活和工作中的中断现象还有很多，为什么会出现这样的中断呢？道理很简单，人只有一个大脑，在某一特定的时间内，可能会面对两三个甚至更多的任务。但一个人又不可能在同一时间去完成多项任务，因此只能

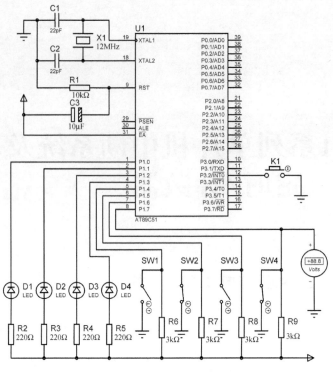

图 4-1　外部中断 0 控制电路图

分析任务的轻重缓急,采用中断的方式穿插去完成它们。这种情况对于单片机的中央处理器也是如此,单片机中 CPU 只有一个,但在同一时间内可能会面临处理很多任务的情况,如主程序的运行、数据的输入和输出、定时/计数时间已到等,此时单片机也得像人的思维一样停下某一项(或几项)任务而先去完成一些紧急任务。

在此事件中,"教师"就相当于计算机的 CPU,"教师讲课"相当于 CPU 正在处理的程序和数据,而"学生举手提问"则是中断源。

这种处理方法上升到计算机理论,就是一个资源面对多项任务的处理方式,由于资源有限,面对多项任务要同时处理时,就会出现资源竞争的现象,中断技术就是解决资源竞争的一个可行方法。采用中断技术可使多项任务共享一个资源,所以有些文献也称中断技术是一种资源共享技术。

(一) 中断概述

1. 什么是中断

通过教师上课的示例,可以很明确地给中断下一个定义。中断就是 CPU 暂时停止其正在执行的程序,去处理外部事件,处理完毕后再返回原来被中断的地方,继续执行原来被中断的程序,这个过程叫做中断。图 4-2 描述的就是中断的过程。比如任务 4.1 中,当 $\overline{INT0}$ 所接开关来回拨动一次时,将产生一个下降沿信号,即产生一个中断请求,CPU 就会暂时停止正在执行的程序,去读取 P1 口高 4 位的状态并通过 P1 口低 4 位所接的发光二极管表现出来。

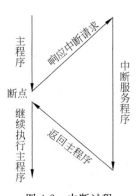

图 4-2　中断过程

“中断”之后所要执行的相应处理程序称为中断服务或中断处理子程序,原来正常运行的程序称为主程序。主程序被断开的位置(或地址)称为“断点”。引起中断的原因,或能发出中断申请的来源,称为“中断源”。中断源要求服务的请求称为“中断请求”(或中断申请)。

调用中断服务程序的过程类似于调用子程序,其区别在于调用子程序在主程序中是事先安排好的,而何时调用中断服务程序事先却无法确定(比如何时拨动$\overline{INT0}$所接的开关是随机的),因为“中断”的发生是由外部因素决定的,程序中无法事先安排调用指令,因此,调用中断服务程序的过程是由硬件自动完成的。

2. 中断的作用

中断是计算机的一个重要功能,采用中断技术能实现以下功能。

(1) 提高 CPU 利用率。CPU 的工作速度快,外设工作速度慢,中断可以解决快速的 CPU 与慢速的外设之间的矛盾,使 CPU 和外设同时工作。CPU 在启动外设工作后继续执行主程序,同时外设也在工作。每当外设做完一件事就发出中断申请,请求 CPU 中断它正在执行的程序,转而去执行中断服务程序(一般情况下处理输入/输出数据),中断处理完之后,CPU 恢复执行主程序,外设也继续工作。这样,CPU 可启动多个外设同时工作,大大提高了 CPU 的效率。

(2) 实时处理。实时控制是微型计算机系统,特别是单片机系统应用领域的一个重要任务。在实时控制中,现场的各种参数、信息均随时间和现场的变化而变化,并且这种变化是随机发生的。这些外界变量可根据要求随时向 CPU 发出中断请求,请求 CPU 及时处理。如中断条件满足,CPU 马上就会响应,进行相应的处理,从而实现实时处理。

(3) 故障处理。CPU 在系统运行过程中,常会出现一些故障,如电源突然掉电、运算溢出等,有了中断系统,当上述情况出现时,就可以通过中断系统由中断源向 CPU 发出中断请求,再由 CPU 转到相应的故障处理程序进行处理。

(二)中断源和中断过程

1. 中断源

MCS-51 单片机有两类共 5 个中断源,分别是 2 个外部中断源$\overline{INT0}$(P3.2)、$\overline{INT1}$(P3.3)和 3 个内部中断源:定时器 T0 溢出中断源、定时器 T1 溢出中断源、串行口发送/接受中断源。如任务 4.1 中的中断源就是外部中断$\overline{INT0}$。

(1) $\overline{INT0}$(P3.2):外部中断 0 请求,由 P3.2 脚输入。通过 IT0 脚(TCON.0)来决定是低电平有效还是下跳变有效。一旦输入信号有效,就向 CPU 申请中断,并使 IE0 置 1。

(2) $\overline{INT1}$(P3.3):外部中断 1 请求,由 P3.3 脚输入。通过 IT1 脚(TCON.2)来决定是低电平有效还是下跳变有效。一旦输入信号有效,就向 CPU 申请中断,并使 IE1 置 1。

(3) 定时器 T0 溢出中断请求。当定时器 T0 产生溢出时,定时器 T0 中断请求标志位(TCON.5)置位(由硬件自动执行),请求中断处理。

(4) 定时器 T1 溢出中断请求。当定时器 T1 产生溢出时,定时器 T1 中断请求标志位(TCON.7)置位(由硬件自动执行),请求中断处理。

(5) 串行中断请求。当接收或发送完一串行帧时,内部串行口中断请求标志位 RI(SCON.0)或 TI(SCON.1)置位(由硬件自动执行),请求中断。

2. 中断过程

中断处理过程为：中断源发出中断请求→CPU 对中断请求做出响应→执行中断服务程序→返回主程序。

（1）中断请求。中断请求是中断源向 CPU 发出信号，要求 CPU 中断原来执行的程序并为它服务。中断请求信号可以是电平信号，也可以是脉冲信号，当中断源发出中断请求时，将相应的中断请求标志位（位于定时/计数器控制寄存器 TCON、串行口控制寄存器 SCON 中）置"1"，向 CPU 请求一次中断服务。

（2）中断响应。CPU 检测到中断请求信号后（某些中断源的中断请求标志位为"1"），应该对该中断请求做出中断响应。CPU 响应中断是有条件的，这些条件是：

① CPU 对中断是开放的。若 CPU 处于中断屏蔽状态，则不可能对中断做出响应。

② CPU 此时没有响应同级或更高级的中断。

③ CPU 完成当前正在执行的一条指令后才能响应中断，换句话说，CPU 当前正处于所执行指令的最后一个机器周期。

④ 正在执行的指令不是 RETI 或者是访问 IE、IP 的指令，否则必须等该指令执行完毕后，再另外执行一条指令后才能响应。

当满足以上中断响应条件时，进入中断响应，CPU 响应中断后，进行下列操作。

① 保护断点地址。中止正在执行的程序，并对断点实行保护，即将断点的地址（PC 值）压入堆栈保护起来，以便在中断结束时，从堆栈中弹出断点地址，返回到主程序。

② 撤销该中断源的中断请求标志。CPU 是在执行每条指令的最后一个机器周期来查询各中断请求标志位的状态的，响应中断后，必须将其中断请求标志撤销，否则可能引起重复中断，导致程序的死循环。有些中断请求标志位是 CPU 响应中断后自动撤销的，有些则需要在程序中由用户用软件对该中断请求标志位清 0，用户在使用的过程中要注意。

③ 确定中断服务程序的入口地址，并将这个入口地址送入程序计数器 PC，从而转去执行中断服务子程序。由于每个中断源都有唯一的中断入口地址和它相对应，哪个中断源发生中断，就把哪个中断源的中断入口地址装入 PC。MCS-51 单片机的 5 个中断源的中断入口地址如表 4-1 所示。

表 4-1　中断入口地址表

中 断 源	n	入口地址
外部中断 0	0	0003H
定时器 T0 中断	1	000BH
外部中断 1	2	0013H
定时器 T1 中断	3	001BH
串行口中断	4	0023H

从表 4-1 可知，每两个中断入口地址之间只相隔 8B，一般来说，8B 是不足以存放相应的中断服务子程序的。用汇编编程使用时，通常在这些中断入口地址处存放一条绝对转移类指令，使程序跳转到用户安排的中断服务程序的起始地址上去，C51 中只需声明格式化函数即可，详细见后面关于中断函数说明。

以上中断响应操作，除串行口的中断请求标志位需要软件清零以外，其他均由 CPU 自动完成。

（3）中断服务。中断服务程序一般包括以下几个部分。

① 保护现场。根据需要把断点处有关寄存器的内容压入堆栈保护起来,因为 CPU 的寄存器在主程序和中断服务程序中都可以使用。如果某些寄存器已经保存了主程序的一些数据,并且在以后的程序中可能还要继续使用,而在中断服务程序中也要用到这些寄存器,则原来寄存器中保存的值就会被破坏,以后主程序就不能再继续使用这些数据了。具体哪些寄存器的值需要保护,要根据需要而定。在 MCS-51 中,常用的寄存器有累加器 A,工作寄存器 R0～R7,程序状态字寄存器 PSW 和数据指针 DPTR 等。

② 执行中断服务程序。中断服务就是要执行中断服务子程序,中断服务子程序是程序设计者请求中断的目的。一般来说,中断服务子程序都比较简单,逻辑上不会很复杂。

③ 恢复现场。与保护现场相对应,在结束中断服务程序之前,应将压入到堆栈中保护的寄存器的值从堆栈中弹出来,也就是恢复相应寄存器在主程序中的值,以便主程序返回后能继续使用。需要注意的是,对于 MCS-51 单片机,堆栈的操作原则是先进后出,后进先出。当然,恢复现场和保护现场是相对应的,如果程序中没有保护现场,则在中断结束时也就不用恢复现场了。

④ 中断返回。此时,CPU 将压入堆栈中保护的断点地址弹出到程序计数器 PC 中,使CPU 继续执行被中断的主程序(在汇编语言中,在中断服务程序的最后必须有中断返回指令 RETI)。

（三）MCS-51 中断系统结构及控制

MCS-51 单片机中断系统的结构图如图 4-3 所示。

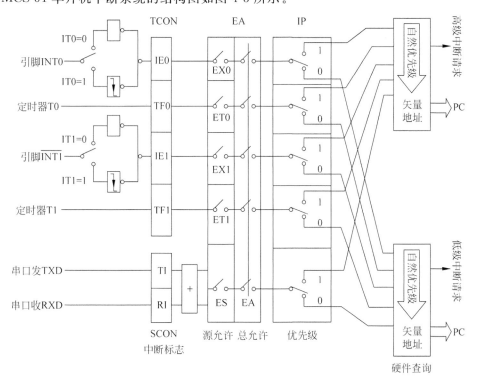

图 4-3　MCS-51 单片机中断系统的结构图

由图 4-3 可知,与中断相关的寄存器有 4 个,分别为定时器控制寄存器 TCON、串行控制寄存器 SCON、中断允许控制寄存器 IE 和中断优先级控制寄存器 IP。5 个中断源的排列顺序由中断优先级控制寄存器 IP 和顺序查询逻辑电路共同决定,5 个中断源可以实现两级中断优先级嵌套。下面分别介绍各个控制寄存器。

1. TCON 寄存器中的中断请求标志

TCON 为定时器 T0 和定时器 T1 的控制寄存器,同时也锁存 T0 和 T1 的溢出中断标志及外部中断$\overline{INT0}$和$\overline{INT1}$的中断标志等,与中断有关的位如表 4-2 所示。

表 4-2　TCON 名称和位地址

TCON	D7	D6	D5	D4	D3	D2	D1	D0
	TF1	TR1	TF0	TR0	IE1	IT1	IE0	IT0
位地址	8FH	8EH	8DH	8CH	8BH	8AH	89H	88H

(1) TF1(TCON.7)。定时器 T1 的溢出中断标志。定时器 T1 被启动计数后,从初值做加 1 计数,计满溢出后由硬件置位 TF1,同时向 CPU 发出中断请求,此标志一直保持到 CPU 响应中断后才由硬件自动清 0。也可由软件查询该标志,并由软件清 0。

(2) TF0(TCON.5)。定时器 T0 的溢出中断标志。其操作功能与 TF1 相同。

(3) IE1(TCON.3)。外部中断 1 的中断请求标志,当检测到外部中断引脚 1 上存在有效中断请求信号时,由硬件使 IE1 置 1。当 CPU 响应该中断请求时,由硬件使 IE1 清 0。

(4) IT1(TCON.2)。外部中断 1 的触发方式控制位。

当 IT1＝0 时,外部中断 1 控制为电平触发方式,低电平有效。CPU 在每个机器周期的 S5P2 期间对$\overline{INT1}$(P3.3)引脚采样,若为低电平,则认为有中断申请,随即使 IE1 标志置位;若为高电平,则认为无中断申请,或中断申请已撤销,随即使 IE1 标志复位。在电平触发方式中,CPU 响应中断后不能由硬件自动清除 IE1 标志,也不能由软件清除 IE1 标志,所以,在中断返回之前必须撤销$\overline{INT1}$引脚上的低电平,否则将再次中断,导致出错。

当 IT1＝1 时,外部中断 1 控制为边沿触发方式,负跳变有效。CPU 在每个机器周期的 S5P2 期间对$\overline{INT1}$(P3.3)引脚采样,若在相继的两个机器周期采样过程中,一个机器周期采样到外部中断 1 请求为高电平,接着下一个机器周期采样到外部中断 1 请求为低电平,则使 IE1 置 1,直到 CPU 响应该中断时,才由硬件使 IE1 清 0。

(5) IE0(TCON.1)。$\overline{INT0}$中断标志。其操作功能与 IE1 相同。

(6) IT0(TCON.0)。$\overline{INT0}$中断触发方式控制位。其操作功能与 IT1 相同。

2. SCON 寄存器中的中断标志

SCON 是串行口控制寄存器,其低两位 TI 和 RI 锁存串行口的发送中断标志和接收中断标志。SCON 与中断有关的位如表 4-3 所示。

表 4-3　SCON 名称和位地址

SCON	D7	D6	D5	D4	D3	D2	D1	D0
	—	—	—	—	—	—	TI	RI
位地址							99H	98H

（1）TI(SCON.1)。串行口发送标志。CPU将数据写入发送缓冲器SBUF时,就启动发送,每发送一个串行帧,硬件将使TI置位。但CPU响应中断时并不清除TI,必须由软件清除。

（2）RI(SCON.0)。串行接收中断标志。在串行口允许接收时,每接收完一个串行帧,硬件将使RI置位。同样,CPU响应中断时不会清除RI,必须由软件清除。

MCS-51系统复位后,TCON和SCON均清0,使用时要注意各位的初始状态。

3. IE寄存器中断的开放和禁止标志

计算机中断系统有两种不同类型的中断:一类称为非屏蔽中断;另一类称为可屏蔽中断。对非屏蔽中断,用户不能用软件的方法加以禁止,一旦有中断申请,CPU必须予以响应。对可屏蔽中断,用户可以通过软件的方法来控制是否允许中断,允许中断称为中断开放,不允许中断称为中断屏蔽。MCS-51系列单片机的5个中断源都是可屏蔽的中断,其中断系统内部设有一个中断允许控制寄存器IE,用于控制CPU对各中断源的开放或屏蔽。IE寄存器各位定义如表4-4所示。

表 4-4　IE 名称和位地址

IE	D7	D6	D5	D4	D3	D2	D1	D0
	EA	—	—	ES	ET1	EX1	ET0	EX0
位地址	AFH			ACH	ABH	AAH	A9H	A8H

（1）EA(IE.7)。总中断允许位。EA＝1,开放所有中断,各中断源的允许和禁止可通过相应的中断允许位单独加以控制;EA＝0,禁止所有中断。

（2）ES(IE.4)。串行口中断允许位。ES＝1,允许串行口中断;ES＝0,禁止串行口中断。

（3）ET1(IE.3)。定时器1中断允许位。ET1＝1,允许定时器1中断;ET1＝0,禁止定时器1中断。

（4）EX1(IE.2)。外部中断1中断允许位。EX1＝1,允许外部中断1中断;EX1＝0,禁止外部中断1中断。

（5）ET0(IE.1)。定时器0中断允许位。ET0＝1,允许定时器0中断;ET0＝0,禁止定时器0中断。

（6）EX0(IE.0)。外部中断0中断允许位。EX0＝1,允许外部中断0中断;EX0＝0,禁止外部中断1中断。

MCS-51系列单片机系统复位后,IE中各中断允许位均被清0,即禁止所有中断。

4. IP寄存器中断优先级标志

为什么要有中断优先级? CPU同一时间只能响应一个中断请求。若同时来了两个或两个以上中断请求,就必须有先有后。为此将5个中断源分成高、低两个级别,高级优先,由IP控制。每个中断源都可以通过编程确定为高优先级或低优先级,因此,可实现两级嵌套。同一优先级别中的中断源可能不止一个,因此,也有一个中断优先权排队问题。

专用寄存器IP为中断优先级寄存器,其锁存各中断源优先级控制位,IP中的每一位均可由软件来置1或清0,1表示高优先级,0表示低优先级。其格式如表4-5所示。

表 4-5　IP 名称和位地址

IP	D7	D6	D5	D4	D3	D2	D1	D0
	—	—	—	PS	PT1	PX1	PT0	PX0
位地址				BCH	BBH	BAH	B9H	B8H

（1）PS(IP.4)。串行口中断优先控制位。PS＝1,设定串行口为高优先级中断；PS＝0,设定串行口为低优先级中断。

（2）PT1(IP.3)。定时器 T1 中断优先控制位。PT1＝1,设定定时器 1 为高优先级中断；PT1＝0,设定定时器 T1 为低优先级中断。

（3）PX1(IP.2)。外部中断 1 中断优先控制位。PX1＝1,设定外部中断 1 为高优先级中断；PX1＝0,设定外部中断 1 为低优先级中断。

（4）PT0(IP.1)。定时器 T0 中断优先控制位。PT0＝1,设定定时器 T0 为高优先级中断；PT0＝0,设定定时器 T0 为低优先级中断。

（5）PX0(IP.0)。外部中断 0 中断优先控制位。PX0＝1,设定外部中断 0 为高优先级中断；PX0＝0,设定外部中断 0 为低优先级中断。

当系统复位后,IP 低 5 位全部清 0,所有中断源均设为低优先级中断。

如果几个同优先级的中断源同时向 CPU 申请中断,CPU 将通过内部硬件查询逻辑,按自然优先级顺序确定先响应哪个中断请求。自然优先级由硬件形成,排列如图 4-4 所示。

由此可知,CPU 有两套中断优先级的设置方法：一种是用软件编程来实现的；另一种是自然优先级。需要强调的是：中断优先级是可编程的,但是自然优先级是固定的,不能设置。在这两套中断优先级的设置方法下,就有可能产生中断嵌套,所谓中断嵌套是指当CPU 正在执行某个中断服务程序时,如果发生更高一级的中断源请求中断,CPU 可以"中断"正在执行的低优先级中断,转而响应更高一级的中断。中断嵌套示意图如图 4-5 所示。

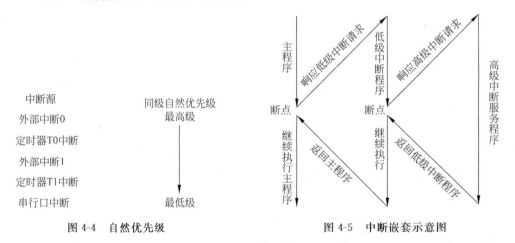

图 4-4　自然优先级　　　　　图 4-5　中断嵌套示意图

中断嵌套只能高优先级"中断"低优先级,低优先级不能"中断"高优先级,同一优先级也不能互相"中断"。

中断嵌套结构从图上看类似调用子程序嵌套,但也有不同的地方：子程序嵌套是在程序中事先安排好的,但是中断嵌套是随机发生的；子程序嵌套没有次序限制,但是中断嵌套只允许高优先级中断低优先级。

知识点二：MCS-51 系列单片机中断服务系统应用

中断系统需要解决的主要问题是编制应用程序，包括两部分内容：一是中断初始化；二是编写中断服务程序。

1. 首先对中断系统进行初始化

（1）开中断，即设定 IE 寄存器。注意开放中断时要开放两级中断：一是总中断；另一个是要开放具体中断源的中断允许位。例如：

```
EA = 1;                          //开放中断总允许位
EXO = 1;                         //开放外部中断 0 允许位
```

（2）设定中断优先，即设置 IP 寄存器。根据中断源的轻重缓急，划分高优先级和低优先级。例如：

```
PTO = 1;                         //指令把定时器 TO 设为高优先级中断
```

（3）如果是外部中断，还必须设定中断响应方式，即设定 IT0、IT1 位。例如：

```
ITO = 1;                         //设定外部中断 0 为边沿触发方式
```

（4）如果是计数或定时中断，必须先设定定时或计数的初始值（详见任务 4.2 的知识点中关于定时/计数器的介绍）。

（5）初始化结束后，对于定时器或计数器而言，需要启动定时或计数，即设定 TR0、TR1 位。串口接收中断，要设置允许接收位 REN。

2. 中断初始化结束后编制中断服务程序

中断服务程序在 C51 中直接以函数的形式编写，常用的中断函数定义形式如下：

```
void 函数名( ) interrupt n
```

其中，n 为中断类型号，C51 编译器允许 0~31 个中断，n 的取值范围为 0~31。MCS-51 单片机的 5 个中断源所对应的中断类型号见表 4-1。

在任务 4.1 中用到了外部中断 0，中断号为 0，因此该函数的结构如下：

```
void ex_intex0(void) interrupt 0     //interrupt 0 表示该函数为中断类型号 0 的中断函数
{
    …
}
```

3. 中断的扩展

MCS-51 单片机有 5 个中断源，但提供给用户使用的外中断只有两个——$\overline{INT0}$ 和 $\overline{INT1}$，当外部中断源多于两个时，可采用硬件请求和软件查询相结合的方法，把多个中断源通过硬件经或非门引入到外部中断输入端 INTx，同时又连接到 I/O 口上。这样，每个中断源都可能引起中断。在中断服务程序中，读入 I/O 口的状态，通过查询就能区分是哪个中断源引起的中断。若有多个中断源同时发出中断请求，则查询的次序就决定了同一优先级中断中的优先次序。电路原理结构如图 4-6 所示。

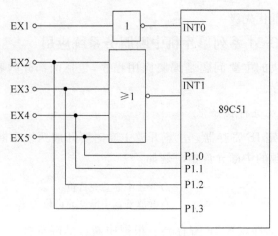

图 4-6　多外部中断示意图

四、软件设计

根据图 4-1 单片机外部中断 0 控制 LED 硬件电路图,编写相应的 C51 软件控制程序。

```
/ *********************************************************************
名称:外部中断 0 控制 LED 状态设计
功能描述:采用 INT0 中断方式控制 LED 状态随开关状态而改变。开关 K0 每来回拨动一次,单片机对
        P1 口完成一次读写操作,当 SW1~SW4 中开关闭合时,相应的发光二极管就会点亮
# include < reg51. h >
sbit P1_0 = P1^0;
sbit P1_1 = P1^1;
sbit P1_2 = P1^2;
sbit P1_3 = P1^3;
sbit P1_4 = P1^4;
sbit P1_5 = P1^5;
sbit P1_6 = P1^6;
sbit P1_7 = P1^7;
/ *********************************************************************
函数名称:ex_intex0
函数功能:外部中断 0 服务子程序
 ********************************************************************* /
void ex_intex0(void) interrupt 0
{
    P1_0 = P1_4;      P1_1 = P1_5;
    P1_2 = P1_6;      P1_3 = P1_7;
}
//  主程序
void main()
{
        P1 = 0xff;              //P1 口四个按键位置 1
        EX0 = 1;                //开外部中断 0
        EA = 1;                 //开中断总开关
        IT0 = 1;                //外部中断 0 电平触发
        while(1)                //等待中断
        { ;  }
}
```

五、Proteus 软件仿真

外部中断 0 控制电路软件仿真图如图 4-7 所示。程序运行后,改变 SW1~SW4 的状态,然后按一下与外部中断 0 相连的按钮开关,观察电路运行效果。

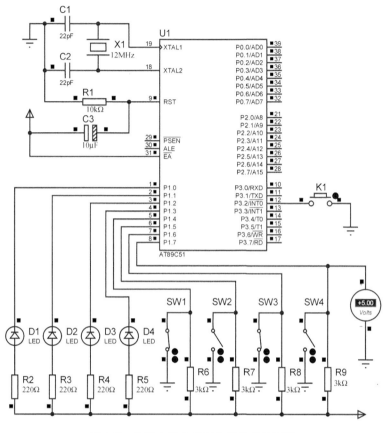

图 4-7 外部中断 0 控制电路软件仿真图

六、任务小结

本任务是单片机外部中断的一个简单应用,初学者可能不明白为什么主函数里并没有跳转到中断服务函数的指令,怎么中断服务程序就自动执行了呢?没错,中断不需要什么指令来启动,它会自己启动,就像定时时间到闹钟就会响一样。中断的到来是随机的(比如任务中接在 $\overline{INT0}$ 中断源上的开关按下是随机的),不像主程序调用子程序的时候有一个调用语句。实际上只要 CPU 响应了某个中断源的中断请求,CPU 会自动去执行中断服务子程序。因此,只要用户在相应中断源的中断入口地址处写好中断服务程序就可以了(比如任务中的中断服务程序 ex_intex0(void) interrupt 0 和主程序 main()是互相独立的两个函数定义)。

使用中断时要特别注意:单片机复位时应使各个中断源的中断允许位都设为禁止状态,在主程序中要把需要使用的中断源中断允许打开;在使用中断时,需要确定是否保护现场,及时清除那些不能被硬件自动清除的中断请求标志,以免产生错误的中断。

任务 4.2　定时器控制交通指示灯系统

一、任务描述

与前面模拟交通灯设计任务不同,这里采用定时器方式设计一交通灯控制系统,使道路状态切换时间更准确。正常情况下,90s 后信号灯由"红灯"转"黄灯",经过 2s 的过渡后"黄灯"转"绿灯",另外设东西方向、南北方向紧急开关各一个,紧急开关闭合时,相应方向切换成"绿灯",以方便特种车辆通过。另设置一个开关,在晚上由人工闭合,此时所有的灯都变成黄灯。通过本任务的学习,理解 MCS-51 单片机定时/计数器的结构和工作原理,掌握定时/计数器的控制方法,熟悉定时和计数的 C51 编程方法。

二、硬件原理图

设定 P1.0 控制南北方向"绿灯",P1.1 控制南北方向"黄灯",P1.2 控制南北方向"红灯",P1.3 控制东西方向"绿灯",P1.4 控制东西方向"黄灯",P1.5 控制东西方向"红灯"。主程序执行对 P1 口各使用位的控制,南北方向的紧急开关利用外部中断$\overline{INT0}$、$\overline{INT1}$实现,有中断产生时,则转入相应的中断服务子程序,使相应方向切换成"红灯"。白天和晚上切换的开关接 P3.6,使定时/计数器 T0 每隔 20ms 溢出一次,产生中断,在中断服务程序中检测开关状态,实现白天和晚上的切换。晶振采用 12MHz,硬件原理图如图 4-8 所示。

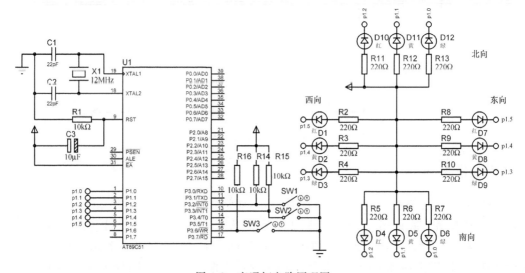

图 4-8　交通灯电路原理图

三、相关理论知识

知识点三：定时/计数器的结构与控制

MCS-51 单片机内部都带有定时/计数器,8051 单片机内部有两个 16 位的定时/计数器,称为 T0 和 T1,可以实现定时和对外部事件计数两种功能。具体说,定时/计数器可用来实现定时控制、延时、频率测量、脉宽测量、信号发生、信号检测等。此外,还可作为串行通信波特率发生器使用。

(一)定时/计数器概述

定时器 T0 和 T1 的结构以及与 CPU 的关系如图 4-9 所示。两个 16 位的定时器实际上都是 16 位加法计数器。定时器 T0、定时器 T1 分别由两个 8 位专用寄存器组成：定时器 T0 由 TH0 和 TL0 组成，定时器 T1 由 TH1 和 TL1 组成。TL0、TL1、TH0、TH1 的访问地址依次为 8AH~8DH，每个寄存器均可单独访问。T0 和 T1 都可通过软件编程的方式设置成定时或计数工作方式或者其他可控工作方式。这些功能都由特殊功能寄存器 TMOD 和 TCON 来控制。

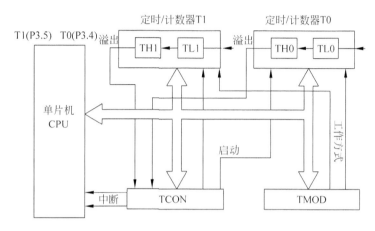

图 4-9　定时/计数器结构框图

TMOD 用于控制定时/计数器的工作方式，TCON 则用于启动和停止定时/计数器 T0 和 T1 的计数，同时管理定时器 T0 和 T1 的溢出标志位等。

设置为定时工作方式时，定时/计数器对片内振荡器输出的 12 分频后的脉冲信号进行计数，即对机器周期进行计数，即每个机器周期使定时器的数值加 1，直至计满溢出。定时器的定时时间与系统的振荡频率相关。如果单片机系统采用 12MHz 晶振，则计数周期为 $1\mu s$，这是最短的定时周期，适当选择定时器的初值可获取各种定时时间。

设置为计数工作方式时，定时/计数器对来自输入引脚 T0(P3.4)和 T1(P3.5)的外部信号进行计数，外部脉冲的下降沿将触发计数。在每个机器周期内采样引脚输入电平，若前一个机器周期采样值为 1，后一个机器周期采样值为 0，则计数器加 1。新的计数值是在检测到输入引脚电平发生 1 到 0 的负跳变后，在下一个周期装入计数器中，可见，检测一个由 1 到 0 的负跳变需要两个机器周期。

由此可知，不管定时/计数器工作在定时方式还是计数方式，实质上都是计数，只不过计数脉冲的来源不同而已，设置为定时方式时是对内部机器周期进行计数，设置为计数工作方式时是对外部 P3.4 或 P3.5 引脚上的脉冲信号进行计数。当设置了定时器的工作方式并启动定时器后，定时器就按被设定的工作方式独立工作，不再影响 CPU 操作，只有在定时/计数器溢出时，才可能中断 CPU 当前的操作。用户可以重新设置定时器的工作方式，以改变定时器的工作状态。由此可见，定时器是单片机中工作效率高且应用灵活的部件。

（二）定时/计数器的控制

定时/计数器 T0 和 T1 都由 TMOD 和 TCON 来控制，可以通过改变 TMOD 和 TCON 中相应的位来改变 T0 和 T1 的工作状态。

1. 定时/计数器工作方式寄存器 TMOD

TMOD 用来控制 T0 和 T1 的工作方式，其中低 4 位用来控制 T0，高 4 位用来控制 T1，它们的含义完全相同。TMOD 各位的符号及意义如表 4-6 所示。

表 4-6　TMOD 名称和位地址

TMOD	D7	D6	D5	D4	D3	D2	D1	D0
	GATE	C/$\overline{T}$	M1	M0	GATE	C/$\overline{T}$	M1	M0
位地址	高 4 位控制 T1				低 4 位控制 T0			

（1）M1 和 M0：方式选择位。定义如表 4-7 所示。

表 4-7　定时/计数器工作方式选择

M1	M0	工作方式	功 能 说 明
0	0	方式 0	13 位计数器
0	1	方式 1	16 位计数器
1	0	方式 2	自动再装入 8 位计数器
1	1	方式 3	定时器 T0：分成两个 8 位计数器 定时器 T1：停止计数

（2）C/$\overline{T}$：功能选择位。C/$\overline{T}$＝0 时，设置定时/计数器为定时工作方式；C/$\overline{T}$＝1 时，设置定时/计数器为计数工作方式。

（3）GATE：门控位。

当 GATE＝0 时，用软件使 TR0、TR1 置 1 或清 0，启动或停止相应的定时/计数器。

当 GATE＝1 时，硬件和软件共同启动方式，用软件使 TR0 或 TR1 置 1，同时还需 $\overline{INT0}$(P3.2)或$\overline{INT1}$(P3.3)为高电平方可启动定时器，即允许外中断 $\overline{INT0}$、$\overline{INT1}$ 启动定时器。

TMOD 不能位寻址，因此，只能通过字节操作来改变 TMOD 各位的值。MCS-51 单片机复位时，TMOD 所有位清 0。

2. 定时/计数器控制寄存器 TCON

TCON 的作用是控制定时器的启动、停止以及标志定时器的溢出和中断情况。TCON 的格式如表 4-8 所示，现介绍 TR0 与 TR1 的位功能，其他各位参见表 4-2。

表 4-8　TCON 名称和位地址

TCON	D7	D6	D5	D4	D3	D2	D1	D0
	TF1	TR1	TF0	TR0	IE1	IT1	IE0	IT0
位地址	8FH	8EH	8D	8CH	8BH	8AH	89H	88H

（1）TR1(TCON.6)：定时器 T1 运行控制位。由软件置 1 或清 0 来启动或关闭定时器 T1。当 GATE＝1，且 $\overline{INT1}$ 高电平时，TR1 置 1 启动定时器 T1；当 GATE＝0 时，TR1 置 1

即可启动定时器 T1。

(2) TR0(TCON.4)：定时器 T0 运行控制位。其功能及操作情况同 TR1。

TCON 的字节地址为 88H，可以位寻址。可用位操作指令或字节操作指令修改 TCON 各位的值。当 MCS-51 单片机复位时，TCON 的所有位均清 0。例如：

```
TR0 = 1;                           //启动 T0
TF0 = 0;                           //TF0 溢出标志位清零
```

知识点四：定时/计数器的工作方式

(一) 4 种工作方式

通过知识点三的介绍可知，当给 TMOD 设置不同的值，就可以使定时/计数器(T0 或 T1)工作在 4 种不同的工作方式。在方式 0、方式 1 和方式 2 时，T0 和 T1 的工作方式相同，在方式 3 时，T0 和 T1 有所区别。在本书中，以 T0 为例讲解 4 种工作方式。

1. 工作方式 0

当 M1M0＝00 时，定时/计数器工作在方式 0，其逻辑电路如图 4-10 所示(定时/计数器 T1 与其完全一致)。

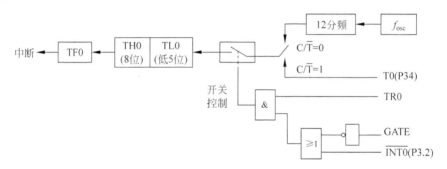

图 4-10　定时/计数器 T0 在方式 0 时的等效电路

工作方式 0 是 13 位定时/计数器，其计数器由 TL 的低 5 位和 TH0 的高 8 位构成，TL 的高 3 位没有使用。当 $C/\overline{T}=0$ 时，多路开关接振荡脉冲的 12 分频输出，13 位计数器对内部机器周期进行计数，这就是定时工作方式。当 $C/\overline{T}=1$ 时，多路开关接通计数引脚(P3.4)，外部计数脉冲由 T0(P3.4)输入。当计数脉冲发生负跳变时，计数器加 1，这就是计数工作方式。

不管是定时工作方式还是计数工作方式，当 TL 的低 5 位计数满溢出时，不会向 TL 的第六位进位，而向 TH 进位，当全部 13 位计数器计数满溢出时，TF0 置"1"。TF0 溢出中断被 CPU 响应后，转入中断时由硬件清"0"，TF0 也可由软件查询和清"0"。当工作在方式 0 时，计数器的计数值范围是 $1\sim8192(2^{13})$。用做定时器时，如果单片机的晶振选为 12MHz，则方式 0 的最大定时时间为 $8192\mu s$。

方式 0 是 13 位的计数器，它的计数初值等于 2^{13} 减去要求计数的数值。例如，要求计数 500，计数的初值应为 $2^{13}-500=7692$，用二进制表示为 1111000001100。在给定时器预置初值时应将高 8 位给 TH0，即把 F0H 给 TH0，而将低 5 位给 TL0 的低 5 位，即把 0CH 给 TL0。

当为定时工作方式时,定时时间的计算公式为:

$$（2^{13}-计数初值）×晶振周期×12 \quad 或 \quad （2^{13}-计数初值）×机器周期$$

2. 工作方式1

当M1M0＝01时,定时/计数器工作于方式1,此时,定时/计数器的逻辑电路如图4-11所示。

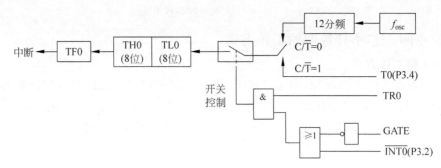

图4-11　定时/计数器T0在方式1时的等效电路

可以看出,方式0和方式1的逻辑结构基本相同,只是在方式1时计数器的位数不同,方式0为13位,而方式1为16位,由TH0高8位和TL0低8位组成,其他和方式0相同。在方式1中,计数器的计数值范围是1～65536(2^{16})。计数初值计算出来以后,直接把高8位赋给TH0,低8位赋给TL0,例如初值仍为500,用二进制表示为1111000001100,此时应该给TL0装入0CH,而给TH0装入FEH。

当为定时工作方式时,定时时间的计算公式为:

$$（2^{16}-计数初值）× 晶振周期×12 \quad 或 \quad （2^{16}-计数初值）× 机器周期$$

3. 工作方式2

当M1M0＝10时,定时/计数器工作于方式2,定时/计数器的逻辑电路如图4-12所示。方式2为8位自动重装初值计数方式。由TL0构成8位计数器,TH0仅用来存放初值。启动T0前,TL0和TH0装入相同的初值,当TL0计满后,将标志位TF0置位,CPU申请中断,同时TH0中的初值还会自动地装入TL0,并重新开始定时或计数,而TH0中的初值不变,以便下次再给TL0重装初值。

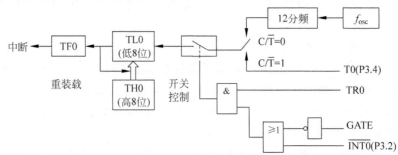

图4-12　定时/计数器T0在方式2时的等效电路

在方式2下,计数值有限,只有8位,最大到255。但是这种方式不需要指令重装初值,因而操作方便,很适合于那些重复计数的应用场合。例如我们可以通过这样的计数方式产生中断,从而产生一个固定频率的脉冲,也可以当作串行数据通信的波特率发送器使用。

4.工作方式3

当 M1M0＝11 时,定时/计数器工作于方式 3,此时,T0 和 T1 的工作方式有很大不同。

(1) T0 方式 3。T0 在方式 3 时的逻辑电路如图 4-13 所示。

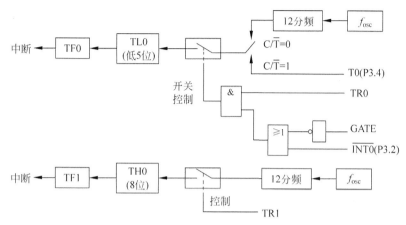

图 4-13　定时/计数器 T0 在方式 3 时的等效电路

值得注意的是,在工作方式 3 下,T0 被拆成两个独立的 8 位计数器 TL0 和 TH0。

① TL0 既可以作计数器使用,也可以作定时器使用,T0 的各控制资源(TF0、TR0、GATE、C/$\overline{\text{T}}$、$\overline{\text{INT0}}$)全归它使用。其功能与方式 0 或方式 1 完全相同。

② TH0 只能作为简单的定时器使用,而且由于 T0 的控制资源已被 TL0 占用,因此只能"抢占"T1 的控制位 TR1 和 TF1,也就是 TR1 负责控制 TH0 定时的启动和停止,TH0计数溢出会置位 TF1。

(2) T0 方式 3 下的 T1。当 T0 工作于方式 3 时,由于 T1 的 TF1、TR1 被 TH0 占用,所以计数器溢出时,只能将输出信号送至串行口,即用做串行口波特率发生器。此时 T1 仍然可以工作在方式 0、方式 1 或方式 2 下,逻辑电路参见图 4-14。

当作波特率发生器使用时,只需设置好工作方式,即可自动运行。从图 4-14 中可以看出,T0 方式 3 下的 T1 方式 2,因能自动重装初值,用做波特率发生器更为合适。

(二)定时/计数器的编程及应用

1.初始化

MCS-51 单片机的定时/计数器是可编程的。因此,在使用之前要先通过软件对其进行初始化。初始化程序主要完成以下工作。

(1) 确定 T0 和 T1 的工作方式,对 TMOD 赋值。

(2) 计算初值,并将其送入 TH0、TL0 或 TH1、TL1。

(3) 如使用中断,则还要对 IE 进行赋值,开放中断。

(4) 将 TR0 或 TR1 置位,启动定时/计数器。

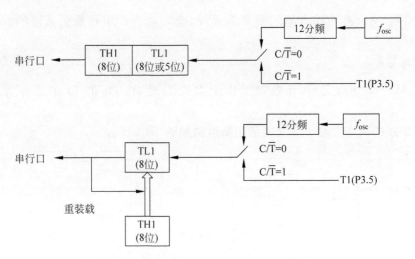

图 4-14　定时/计数器 T1 在方式 3 时的等效电路

2. 合理选择定时/计数器的工作方式

根据所要求定时时间的长短、是否需要重复定时等条件合理选择定时/计数器的工作方式。一般来说，如果要求定时时间长，就选择方式 1(方式 0 一般不采用)；定时时间短(小于 255 个机器周期)并且需要重复定时，就选择方式 2。

3. 计算定时/计数初值

因为不同的工作方式，计数器位数不同，因而最大计数值也不同。下面介绍初值的具体算法。假设最大计数值为 M，各种工作方式下的 M 值如下。

方式 0：$M=2^{13}=8192$。

方式 1：$M=2^{16}=65536$。

方式 2：$M=2^8=256$。

方式 3：T0 分成两个独立的 8 位计数器，所以两个 M 均为 256。

因为定时/计数器是做加 1 计数，并在计数满溢出时置位 TF0 或 TF1，因此初值 X 计算公式为：

$$X=M-计数值$$

例如，设系统时钟频率为 12MHz，要产生 10ms 定时，计算初值。此时，机器周期为 $1\mu s$，需要对机器周期计数 10000 次，10000 即为计数值，如果要求在方式 1 下工作，则初值 $X=M-计数值=65536-10000=55536 =$ D8F0H。

4. 编制应用程序

(1) 定时/计数器的初始化。包括定义 TMOD、写入定时初值、设置中断系统、启动定时/计数器等。

(2) 正确编制定时/计数器的中断服务程序。注意是否需要重装初值，若选择的工作方式并不是方式 2，又要重复定时，则应该在中断服务程序中重装初值。

(3) 将定时/计数器用于计数方式时，则外部事件的脉冲必须从 P3.4(T0)或 P3.5(T1)引脚输入，且外部脉冲的最高频率不能超过时钟频率的 1/24。

通常利用定时/计数器来产生周期性的波形。利用定时/计数器产生周期性波形的基本思想是：利用定时/计数器产生周期性的定时,定时时间到则对输出端进行相应的处理。如产生周期性的方波只需定时时间到对输出端取反一次即可。

举例：设系统时钟频率是 6MHz,利用 T0 编程实现从 P1.0 输出周期为 1ms 的方波。

分析：输出周期 1ms 的方波,只需 P1.0 每隔 $500\mu s$ 取反一次则可。当系统时钟为 6MHz,一个机器周期 $2\mu s$,T0 工作在方式 2 时,最大的定时时间为 $512\mu s$,满足 $500\mu s$ 的定时要求,方式控制字应设定为 00000010B(02H)。定时时间 $500\mu s$,计数值为 250,初值 $X=256-250=6$,则 TH0=TL0=06H。

参考程序：

```
# include < reg51.h >
sbit   P1_0 = P1^0;
void   main()
{
    TMOD = 0x02;
    TH0 = 0x06;   TL0 = 0x06;
    EA = 1;   ET0 = 1;
    TR0 = 1;
    while(1);
}
void   time0_int(void)   interrupt 1
{   //中断服务程序
    P1_0 = ! P1_0;
}
```

如果不采用中断方式,而采用查询方式实现,则编程如下：

```
# include   < reg51.h >
sbit   P1_0 = P1^0;
void   main()
{
    char   i;
    TMOD = 0x02;
    TH0 = 0x06;   TL0 = 0x06;
    TR0 = 1;
    for(;;)
    {   //查询计数溢出
        if (TF0)   { TF0 = 0;P1_0 = ! P1_0;}
    }
}
```

举例：设系统时钟频率为 12MHz,编程实现从 P1.0 输出周期为 1s 的方波。

分析：输出周期为 1s 的方波,需要每隔 500ms 对 P1.0 取反实现,定时时间为 500ms。由于定时时间较长,一个定时/计数器不能直接实现,可用定时/计数器 T0 产生周期性为 10ms 的定时,定义一个变量对 10ms 计数 50 次实现。系统时钟为 12MHz,一个机器周期 $1\mu s$,定时/计数器 T0 定时 10ms,计数值为 10000,只能选方式 1,方式控制字为 00000001B

(01H)，初值 X 为：

$X = 65536 - 10000 = D8F0H$，则 $TH0 = D8H$，$TL0 = F0H$。

参考程序：

```c
# include < reg51.h>
sbit   P1_0 = P1^0;
char   N;                           //记录中断次数
void   main()
{
    TMOD = 0x01;
    TH0 = 0xD8;    TL0 = 0xf0;
    EA = 1;   ET0 = 1;
    i = 0;
    TR0 = 1;
    while(1);
}
void   time0_int(void)   interrupt 1
{   //中断服务程序
    TH0 = 0xD8;    TL0 = 0xf0;
    N++;
    if (50 == N)
    {   P1_0 = !P1_0;   N = 0;   }
}
```

举例：用单片机定时/计数器设计一个秒表，由 P1 口连接的 LED 采用 BCD 码显示，发光二极管亮表示 0，暗表示 1。计满 60s 后从头开始，依次循环。

分析：定时器 T0 工作于定时方式 1，产生 1s 的定时。定时器 T1 工作在方式 2，当定时器 T0 的定时时间到时，由软件复位 T1(P3.5)脚，产生负跳变，再由定时器 T1 进行计数，计满 60 次(1 分钟)溢出，再重新开始计数。

按上述设计思路可知：方式寄存器 TMOD 的控制字应为 61H；定时器 T1 的初值应为：

$$256 - 60 = 196 = (C4H)_{16}$$

参考程序：

```c
# include "reg51.h"
# include "intrins.h"                          //_nop_()延时函数用
# define     LED          P1
# define     Delayus()    _nop_();_nop_();      //延时
# define     Inttobcd(a)  ((a)/10) * 16 + ((a) % 10);    //Int 转 BCD 码
sbit     P3_5 = P3^5;                          //T1 引脚
char     SEC;                                  //全局变量,秒数
//1 秒延时程序
void delay()
{
  long int i;
  for(i = 0;i < 20;i++)
  {
```

```
        TH0 = 0x3c;                      //置 50ms 计数循环初值
        TL0 = 0xb0;
        TF0 = 0;
        TR0 = 1;                         //启动定时器 T0
        while(TF0 == 0)                  //等待计数溢出
        {; }
    }
}
//显示初始化程序
void dispinit()
{
    SEC = 0;                             //秒初始化
    LED = SEC;
}
//主程序
void main()
{
char   SEC_Show;                         //显示秒数
TMOD = 0x61;                             //定时器 T0 以方式 1 定时,定时器 T1 以方式 2 计数
TH1 = 0xc4;                              //定时器 T1 置初值
TL1 = 0xc4;
TR1 = 1;                                 //启动定时器 T1
dispinit();
while(1)                                 //无限循环
{
    if (TF1 == 1)                        //60 秒计数到
    {
        dispinit();
        TF1 = 0;
    }else                                //60 秒不到继续计数
    {
        P3_5 = 0;                        //T1 引脚产生负跳变
        Delayus();
        P3_5 = 1;                        //T1 引脚恢复高电平
        SEC++;
        SEC_Show = Inttobcd(SEC);        //BCD 码调整
        delay();                         //延时 1 秒
        LED = SEC_Show;                  //LED 显示,点亮发光二极管
    }
}
}
```

通过本例可知,定时/计数器既可用做定时亦可用做计数,而且其应用方式非常灵活。同时还可以看出,软件定时不同于定时器定时(也称硬件定时)。软件定时是对循环体内指令机器数进行计数,定时器定时是采用加法计数器直接对机器周期进行计数。二者工作机理不同,置初值的方式也不同,相比之下,定时器定时在方便程度和精度上都高于软件定时。此外,软件定时在定时期间一直占用 CPU,而定时器定时如采用查询工作方式,一样占用 CPU,如采用中断工作方式,则在其定时期间 CPU 可处理其他指令,从而可以充分发挥定时/计数器的功能,大大提高了 CPU 的效率。

四、软件设计

定时器控制交通指示灯系统源程序如下：

```
/*****************************************************************
名称：定时器控制交通指示灯系统
模 块 名：AT89C51
功能描述：正常情况下,90s后信号灯由"红灯"转"黄灯",经过2s的过渡后"黄灯"转"绿灯",另外设
        东西方向、南北方向紧急开关各一个,紧急开关闭合时,相应方向切换成"绿灯",以方便特
        种车辆通过。另设置一个开关,晚上时由人工闭合,此时所有的灯都变成黄灯
*****************************************************************/

# include < reg51. h >
# include < stdio. h >

unsigned char t0;
void yellow();                    //东西、南北方向同时打开黄灯
void yellowflash();               //东西、南北方向同时打开黄灯,每隔0.5s开始闪烁
void delay0_5s();                 //延时0.5s
void delayxms(unsigned char t);   //延时t*0.5s
/*****************************************************************
函数名称：ex_intex0
函数功能：外部中断0服务子程序
*****************************************************************/
void ex_intex0(void) interrupt 0
{
    EA = 0;                       //关闭中断,不允许中断嵌套
    while((P3&0x04) == 0)         //检测外部中断0是否持续有效
    {
        P1 = 0x1E;                //东西方向绿灯亮、南北方向红灯亮,其他四个灯关闭
    }
    EA = 1;                       //打开中断
}
/*****************************************************************
函数名称：ex_intex1
函数功能：外部中断1服务子程序
*****************************************************************/
void ex_intex1(void) interrupt 2
{
    EA = 0;                       //关闭中断,不允许中断嵌套
    while((P3&0x08) == 0)         //检测外部中断1是否持续有效
    {
        P1 = 0x33;                //东西方向红灯亮、南北方向绿灯亮,其他四个灯关闭
    }
    EA = 1;                       //打开中断
}
/*****************************************************************
函数名称：tm_timer0
函数功能：定时器T0服务子程序
*****************************************************************/
```

```
void tm_timer0(void) interrupt 1
{
    EA = 0;                        //关闭中断,不允许中断嵌套
    while((P3&0x40) == 0)          //检测 P3.6 开关是否闭合
    {
        yellow();                  //东西、南北方向同时打开黄灯
    }
    TH0 = (0xffff - 20000) / 32;   //20ms 定时初值重新装入
    TL0 = (0xffff - 20000) % 32;
    EA = 1;                        //打开中断
}
//   主程序
void main()
{
    TMOD = 0x11;                   //T1 工作方式 1,T0 工作方式 0
    EA = 1;
    EX0 = 1;IT0 = 0;               //打开外部中断 0
    EX1 = 1;IT1 = 0;               //打开外部中断 1
    ET0 = 1;                       //打开定时器 T0 中断
    TH0 = (0xffff - 20000) / 32;   //装入 20ms 定时初值
    TL0 = (0xffff - 20000) % 32;
    TR0 = 1;                       //启动定时器 T0
    while(1)                       //无限循环
    {
        P1 = 0x1e;                 //东西方向绿灯亮、南北方向红灯亮,其他四个灯关闭
        delayxms(180);             //延时 90s
        yellowflash();             //东西、南北方向同时打开黄灯,每隔 0.5s 闪烁一次
        P1 = 0x33;                 //东西方向红灯亮、南北方向绿灯亮,其他四个灯关闭
        delayxms(180);             //延时 90s
        yellowflash();             //东西、南北方向同时打开黄灯,每隔 0.5s 闪烁一次
    }
}
/*************************************************************
函数名称: yellow
函数功能: 东西、南北方向同时打开黄灯
**************************************************************/
void yellow()
{
    P1 = 0x2d;                     //两个黄灯同时打开
}
/*************************************************************
函数名称: yellowflash
函数功能: 东西、南北方向同时打开黄灯,每隔 0.5s 闪烁一次
**************************************************************/
void yellowflash()
{
    unsigned char i;
    for(i = 0;i < 2;i ++)
    {
        P1 = 0x2d;                 //两个黄灯同时打开
        delay0_5s();
```

```
        P1 = 0xff;                      //两个黄灯同时关闭
        delay0_5s();
    }
}
/ ***************************************************************
函数名称：delay0_5s
函数功能：延时 0.5s,用 T1 工作方式 1 定时 50ms,再循环 10 次得到 0.5s 的延时时间
  ************************************************************** /
void delay0_5s()
{
    for(t0 = 0;t0 < 10;t0 ++ )
    {
      TH1 = 0x3c;
      TL1 = 0xb0;
      TR1 = 1;
      while(!TF1);                      //TF1 = 1 时 50ms 定时时间到
      TF1 = 0;
      TR1 = 0;
    }
}
/ ***************************************************************
函数名称：delayxms
函数功能：在函数 delay0_5s 的基础延时,即延时 t * 0.5s
  ************************************************************** /
void delayxms(unsigned char t)
{
    for(t0 = 0;t0 < t;t0 ++ )
    delay0_5s();
}
```

五、Proteus 软件仿真

定时器控制交通指示灯系统软件仿真图如图 4-15 所示。

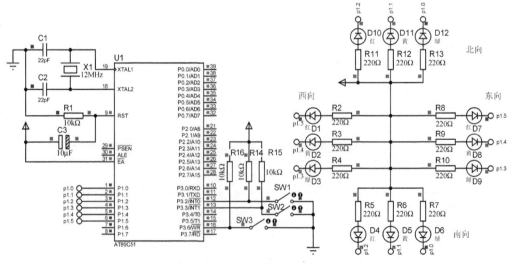

图 4-15　定时器控制交通指示灯系统软件仿真图

六、任务小结

本任务是定时/计数器的应用和中断应用相结合的例子。由于任务中需要 3 个外中断，单片机只提供两个，扩展外部中断的方法很多，在本模块有所表述，本任务中利用定时/计数器 T0 来扩展一个外部中断。当定时/计数器定时时间到，就向 CPU 申请中断，在中断服务程序中检测 P3.6 口开关的状态，实现白天和晚上的切换。本任务中用到了两种按键工作方式：一种是中断方式；另一种是定时器定时扫描方式。在实际应用中，为了保证安全查询键值和响应，通常还要进行按键去抖和等待键释放的动作。本任务中的 3 个开关要求在任一时刻只允许其中一个被按下，即不需要中断嵌套。另外，在中断服务程序中，通常需要保护现场，然后才是真正的中断处理程序，在本任务中，读者可考虑如何进行现场的保护和恢复。

小　　结

中断和定时/计数器是单片机系统两个核心内容，本模块通过对 $\overline{\text{INT0}}$ 中断控制 LED 状态任务和定时器控制交通指示灯系统任务的实现，讲述了单片机中断技术和定时/计数器的基本概念、结构和功能，重点讲述了有关中断和定时/计数器的专用控制寄存器的使用、编程方法和步骤。学完本模块后，要求：

（1）了解单片机中断基本概念和中断结构。

（2）了解单片机中断任务的 3 个步骤，即中断响应、中断处理和中断返回，了解中断优先级，熟悉单片机有关中断控制的专用寄存器设置（TCON、SCON、IE 和 IP），掌握中断程序的设计方法。

（3）了解定时/计数器的基本概念、功能和系统控制结构。

（4）掌握单片机定时/计数器的两个控制寄存器（TMOD、TCON）的使用，以及 4 种工作方式的不同。

（5）掌握单片机定时/计数器的初始化编程结构，以及中断服务程序的编写。

思考与练习

1. 填空题

（1）MCS-51 系列单片机中断系统有_____中断源，_____级优先级。

（2）外部中断 1 入口地址为_____，中断类型号为_____。

（3）中断响应后，首先将_____压入堆栈，进行保护，然后执行中断服务程序；当中断结束时，从堆栈中弹出_____，返回到主程序。

（4）当计数器产生计数溢出时，把定时器/控制器的 TF0(TF1)位置"1"。对计数溢出的处理，在中断方式时，该位作为_____位使用；在查询方式时，该位作_____位使用。

（5）在定时器工作方式 0 下，计数器的宽度为 13 位，如果系统晶振频率为 3MHz，则最大定时时间为_____。

（6）MCS-51 系列单片机的 T0 做计数时，采用工作方式 2，则工作方式控制字为_____。

（7）MCS-51 系列单片机的 T0 做定时时，采用工作方式 1，则 C51 初始化编程语句为_____。

（8）当 CPU 响应定时器 T0 的中断请求后，程序计数器 PC 的内容是_____。

（9）MCS-51 系列单片机的中断系统由_____、_____、_____、_____等寄存器组成。

（10）中断处理过程可分为_____、_____和_____三个阶段。

2. 思考题

（1）MCS-51 系列单片机在什么条件下可响应中断？

（2）MCS-51 系列单片机中与中断有关系的特殊功能寄存器有几个？它们各自的功能是什么？

（3）概述一个中断请求被响应的过程。

（4）中断响应过程中，为什么通常要保护现场？如何保护？

（5）MCS-51 系列单片机定时/计数器的定时功能和计数功能有何区别？分别应用于何场合？

（6）MCS-51 系列单片机定时器有几种工作模式？它们之间有何区别？如何选择和设定？

（7）单片机用内部定时方法产生频率为 100kHz 方波，设单片机的晶振频率为 12MHz，请编程实现。

（8）设单片机晶振频率为 6MHz，使用定时器 0 以定时方法在 P1.0 输出周期为 $400\mu s$，占空比为 10∶1 的矩形脉冲，以工作方式 2 编程实现。

（9）以中断方法设计单片机秒、分脉冲发生器。假定 P1.0 每秒钟产生一个机器周期的正脉冲，P1.1 每分钟产生一个机器周期的正脉冲。

（10）使用一个定时器，如何通过软、硬件结合的方法，实现较长时间的定时？

（11）软件定时和硬件定时有什么区别？

（12）试编制一段程序，功能为：当 P1.2 引脚的电平上跳时，对 P1.1 的输入脉冲进行计数；当 P1.2 引脚的电平下跳时，停止计数。

MCS-51单片机串行接口与应用

任务5.1 单片机之间的串行双机通信

一、任务描述

采用两台 AT89C51 单片机 U1 和 U2 进行串行双机通信设计,单片机 U1 通过串行口 TXD 端将一段流水灯控制码以方式 1 的方式发送至单片机 U2 的 RXD 端,U2 再利用该控制码控制 P1 口的 8 位 LED 状态。通过本任务,使读者掌握 MCS-51 系列单片机串行通信的基本原理及控制、波特率设计及串行口应用知识,进一步学习定时器的功能和编程。

二、硬件原理图

单片机串行口双机通信硬件电路图如图 5-1 所示。U1 作为发送机,U2 作为接收机,两者的发送脚 RXD 和接收脚 TXD 交叉连接。U1 通过串行口间接控制与 U2 的 P1 口相连的 8 个 LED 发光管亮灭。

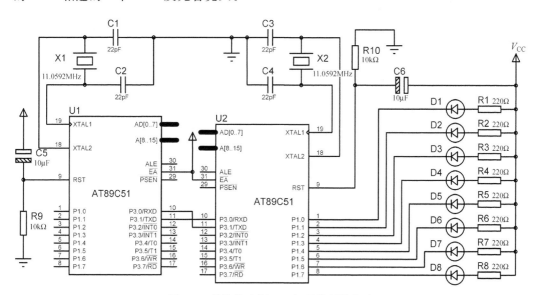

图 5-1 单片机串行口双机通信硬件电路

三、相关理论知识

知识点一：串行通信基础

单片机与外部的信息交换称为通信。单片机与外部最常用的通信方式是串行通信，通过内部的串行通信接口与外部设备进行数据交换，在数据采集和信息处理等众多场合有着重要应用。

（一）串行通信方式

1. 并行通信和串行通信

单片机与单片机（或外设）之间的通信，通常采用两种形式，即并行通信和串行通信。所谓并行通信，是指数据的各位同时传输的通信方式，如图 5-2(a)所示。串行通信则是指数据一位一位地顺序传输的通信方式，如图 5-2(b)所示。

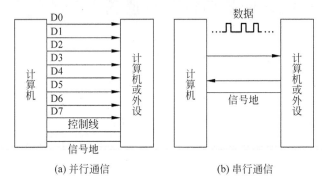

(a) 并行通信　　　　　　　　　(b) 串行通信

图 5-2　通信的基本方式

并行通信传送速度快、效率高，但数据线多、结构复杂、成本高，一般适用于近距离通信。串行通信速度较慢，但需要的传输线少，接线简单，适用于远距离通信。

2. 串行通信的方式

按照串行数据的时钟控制方式，串行通信有两种基本方式：异步通信方式和同步通信方式。

（1）异步通信方式

在异步通信中，数据通常是以字符为单位组成字符帧传送的。字符帧由发送端一帧一帧地发送，每一帧数据是低位在前，高位在后，如图 5-3 所示。通过传输线被接收端一帧一帧地接收。发送端和接收端可以由各自独立的时钟来控制数据的发送和接收，即两个时钟可以彼此独立，互不同步。

图 5-3　典型串行异步通信数据格式

在异步通信中,接收端是依靠字符帧格式来判断发送端何时开始发送、何时结束发送的。字符帧格式是异步通信的一个重要指标。

① 字符帧。字符帧也称数据帧,由起始位、数据位、奇偶校验位和停止位4部分组成,如图5-3所示。

- 起始位:位于字符帧开头,只占一位,为逻辑0低电平,用于向接收设备表示开始发送一帧信息。
- 数据位:紧跟起始位之后,根据情况数据位可取5位、6位、7位或8位,低位在前,高位在后。
- 奇偶校验位:位于数据位之后,占一位,用于对字符传送作正确性检查。奇偶校验位是可选择的,有3种可能,即奇校验、偶校验和无校验,由用户根据需要选定。
- 停止位:位于字符帧的末尾,为逻辑"1"高电平,可取1位、1.5位、2位,用于向接收端表示一帧字符传送完毕,也为发送下一帧数据做准备。因此,若数据位为8位(1个字节),一个串行帧可由10位、10.5位或11位构成。

在串行通信中,两相邻字符帧可以没有空闲位,也可以有若干空闲位,这由用户来决定。

② 波特率。异步通信的另一个重要指标为波特率。

波特率为每秒钟传送二进制数码的位数,也称比特率,单位为b/s(位/秒)。波特率用于表示数据的传输速度,波特率越高,数据传输的速度越快。通常,异步通信的波特率为50~19200b/s。

注意:波特率和数据的实际传输速率不同,字符的实际传输速率是每秒内所传字符帧的帧数,和字符的格式有关。

(2) 同步通信方式

同步通信是一种连续串行传送数据的通信方式,一次通信只传输一帧信息。这里的信息帧和异步通信的字符帧不同,如图5-4所示。图5-4(a)为单同步字符帧格式,图5-4(b)为双同步字符帧格式,但它们均由同步字符、数据字符和校验字符CRC三部组成。在同步通信中,同步字符可以采用统一的标准格式,也可以由用户约定。

同步 字符1	数据 字符1	数据 字符2	数据 字符3			同步 字符 n	CRC1	CRC2

(a) 单同步字符帧格式

同步 字符1	同步 字符2	数据 字符1	数据 字符2			同步 字符 n	CRC1	CRC2

(b) 双同步字符帧格式

图5-4 串行同步通信的字符帧格式

同步通信与异步通信有各自的优点和缺点。

① 同步通信的优点是数据传输速率较高,通常可达56000b/s或更高,其缺点是要求发送时钟和接收时钟必须保持严格同步。

② 异步通信的优点是不需要传送同步时钟,字符帧的长度不受限制,故设备简单;缺点是字符帧中因包含起始位和停止位而降低了有效数据的传输速率。

（二）串行通信的制式

在串行通信中数据是在两个站之间进行传送的，按照数据传送方向，串行通信可分为单工、半双工和全双工三种制式。图 5-5 所示为三种制式的示意图。

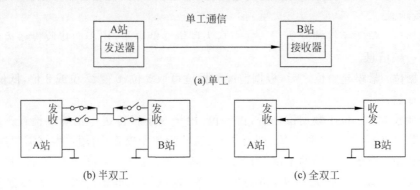

图 5-5　单工、半双工和全双工三种制式示意图

在单工制式下，通信线的一端接发送器，另一端接接收器，数据只能按照一个固定的方向传送，如图 5-5(a)所示。

在半双工制式下，系统的每个通信设备都由一个发送器和一个接收器组成，如图 5-5(b)所示。在这种制式下，数据能从 A 站传送到 B 站，也可以从 B 站传送到 A 站，但是不能同时在两个方向上传送，即只能一端发送，另一端接收。其收发开关一般是由软件控制的电子开关。

全双工通信系统的每端都有发送器和接收器，可以同时发送和接收，即数据可以在两个方向上同时传送，如图 5-5(c)所示。

在实际应用中，尽管多数串行通信接口电路具有全双工功能，一般情况只工作于半双工制式下，这种用法简单、实用。

（三）串行通信的接口电路

串行接口电路的种类和型号很多，能够完成异步通信的硬件电路称为 UART，即通用异步接收/发送器(Universal Asychronous Receiver/Transmitter)；能够完成同步通信的硬件电路称为 USRT(Universal Sychronous Receiver/Transmitter)；既能异步通信又能同步通信的硬件电路称为 USART(Universal Sychronous Asychronous Receiver/Transmitter)。

从本质上说，所有的串行接口电路都是以并行数据形式与 CPU 接口，以串行数据形式与外部逻辑接口。它们的基本功能都是从外部逻辑接收串行数据，转换成并行数据后传送给 CPU，或从 CPU 接收并行数据，转换成串行数据后输出到外部逻辑。

知识点二：MCS-51 系列单片机的串行接口

MCS-51 系列单片机内部有一个可编程全双工串行通信接口，它具有 UART 的全部功能。该接口不仅可以同时进行数据的发送和接收，也可做同步移位寄存器使用。该串行口有 4 种工作方式，帧格式有 8 位、10 位和 11 位，并能设置各种波特率。在此将对其结构、工作方式和波特率进行讨论。

（一）MCS-51 系列单片机串行口结构

MCS-51 系列单片机的串行口结构如图 5-6 所示。与 MCS-51 系列单片机串行口有关的特殊功能寄存器有 SBUF、SCON 和 PCON,下面对它们分别详细讨论。

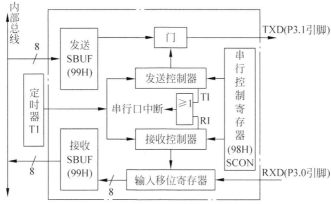

图 5-6　MCS-51 系列单片机的串行口结构

1. 串行口数据缓冲器 SBUF

SBUF 是两个在物理上独立的接收、发送寄存器,一个用于存放接收到的数据,另一个用于存放欲发送的数据,可同时发送和接收数据。两个缓冲器共用一个地址 99H,通过对 SBUF 的读、写指令来区别是对接收缓冲器还是发送缓冲器进行操作。CPU 在写 SBUF 时,就是修改发送缓冲器;读 SBUF,就是接收缓冲器的内容。接收或发送数据,是通过串行口对外的两条独立收发信号线 RXD(P3.0)、TXD(P3.1)来实现的,因此可以同时发送、接收数据,为全双工制式。

2. 串行口控制寄存器 SCON

SCON 用来控制串行口的工作方式和状态,可以进行位寻址,字节地址为 98H。单片机复位时,所有位全为 0。其格式如图 5-7 所示。

SCON(98H)

SM0	SM1	SM2	REN	TB8	RB8	TI	RI

图 5-7　SCON 的各位定义

对各位的含义说明如下。

(1) SM0、SM1:串行方式选择位。定义如表 5-1 所示。

表 5-1　串行口的工作方式

SM0	SM1	工　作　方　式	功　　　能	波　特　率
0	0	方式 0	8 位同步移位寄存器	$f_{osc}/12$
0	1	方式 1	10 位 UART	可变
1	0	方式 2	11 位 UART	$f_{osc}/64$ 或 $f_{osc}/32$
1	1	方式 3	11 位 UART	可变

(2) SM2:多机通信控制位,用于方式 2 和方式 3 中。在方式 2 和方式 3 处于接收时,若 SM2=1,且接收到的第 9 位数据 RB8 为 0 时,则不激活 RI;若 SM2=1,且 RB8=1 时,

则置 RI＝1；若 SM2＝0，不论接收到第 9 位 RB8 为 0 还是为 1，TI、RI 都以正常方式被激活。在方式 1 处于接收时，若 SM2＝1，则只有当收到有效的停止位后，RI 才置 1。在方式 0 中，SM2 应为 0。

（3）REN：允许串行接收控制位。由软件置位或清零。REN＝1 时，允许接收；REN＝0 时，禁止接收。

（4）TB8：发送数据的第 9 位。在方式 2 和方式 3 中，由软件置位或复位，一般用做奇偶校验位。在多机通信中，可作为区别地址帧或数据帧的标志位，一般约定地址帧时 TB8 为 1，数据帧时 TB8 为 0。

（5）RB8：接收数据的第 9 位。功能同 TB8。

（6）TI：发送中断标志位。在方式 0 中，发送完 8 位数据后，由硬件置位；在其他方式中，在发送停止位之初由硬件置位。因此 TI 是发送完一帧数据的标志，可以用指令来查询是否发送结束。TI＝1 时，也可向 CPU 申请中断，响应中断后必须由软件清除 TI。

（7）RI：接收中断标志位。在方式 0 中，接收完 8 位数据后，由硬件置位；在其他方式中，在接收停止位时由硬件置位。因此 RI 是接收完一帧数据的标志，也可以通过指令来查询是否接收完一帧数据。RI＝1 时，也可向 CPU 申请中断，响应中断后也必须由软件清除 RI。

3. 电源及波特率选择寄存器 PCON

PCON 主要是为 CHMOS 型单片机的电源控制而设置的专用寄存器，不可以位寻址，字节地址为 87H。在 HMOS 的 8051 单片机中，PCON 除了最高位以外其他位都是虚设的。其格式如图 5-8 所示。

PCON(87H)

| SMOD | × | × | × | GF1 | GF0 | PD | IDL |

图 5-8　PCON 的各位定义

与串行通信有关的只有 SMOD 位。SMOD 为波特率选择位。在方式 1、方式 2 和方式 3 时，串行通信的波特率与 SMOD 有关。当 SMOD＝1 时，通信波特率乘 2，当 SMOD＝0 时，波特率不变。其他各位用于电源管理，在此不再赘述。

（二）MCS-51 系列单片机的串行口工作方式

MCS-51 系列单片机的串行口有 4 种工作方式，通过对 SCON 中的 SM1、SM0 位来决定，如表 5-1 所示。

1. 方式 0

在方式 0 下，串行口作同步移位寄存器用，以 8 位数据为一帧，无起始位和停止位，其波特率固定为 $f_{osc}/12$。串行数据从 RXD(P3.0)端输入或输出，同步移位脉冲由 TXD(P3.1)送出。这种方式常用于扩展 I/O 口，外接移位寄存器实现数据并行输入或输出。

（1）数据发送。当数据写入 SBUF 后，从 RXD 端输出，在移位脉冲的控制下，逐位移入（低位在前）74LS164(串入并出移位寄存器)，74LS164 完成数据的串并转换。当 8 位数据全部移出后，TI 由硬件置 1，发出中断请求。数据由 74LS164 并行输出，在下次发送数据之前，必须由软件将 TI 清 0。其接口电路如图 5-9 所示，RXD 端接 74LS164 的串行输入端 A、B，TXD 接 74LS164 的时钟脉冲输入端 CLK，P1.0 接 74LS164 的清零端。由图 5-9 可知,通过外接 74LS164,串行口能够实现数据的并行输出。

(2) 数据接收。要实现接收数据,必须首先把 SCON 中的允许接收位 REN 设置为 1。当 REN 设置为 1 时,数据就在移位脉冲的控制下,从 RXD 端输入(低位在前)。当接收到 8 位数据时,将接收中断标志位 RI 置 1,发出中断请求,在下次接收数据之前,必须由软件将 RI 清 0。

数据由 74LS165 并行输入,其接口电路如图 5-10 所示,RXD 接 74LS165 的数据输出端 Q,TXD 接 74LS165 的时钟脉冲输入端 CLK,P1.0 接移位/置数端。由该电路可知,通过外接 74LS165,串行口能够实现数据的并行输入。

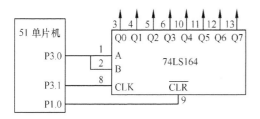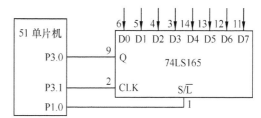

图 5-9　方式 0 用于扩展 I/O 口输出　　　　图 5-10　方式 0 用于扩展 I/O 口输入

2. 方式 1

在方式 1 下,串行口为波特率可调的 10 位通用异步接口 UART,发送或接收的一帧信息,包括 1 位起始位 0,8 位数据位和 1 位停止位 1。其帧格式如图 5-11 所示。

图 5-11　方式 1 下 10 位数据帧格式

(1) 数据发送。发送时,数据从 TXD 输出,当数据写入发送缓冲器 SBUF 后,启动发送器发送。当发送完一帧数据后,置中断标志 TI 为 1。方式 1 所传送的波特率取决于定时器 T1 的溢出率和 PCON 中的 SMOD 位。

(2) 数据接收。接收时,REN 置 1,允许接收,串行口采样 RXD,当采样由 1 到 0 的跳变时,确认是起始位"0",就开始接收一帧数据。当 RI＝0,且停止位为 1 或 SM2＝0 时,停止位进入 RB8 位,同时置位中断标志 RI;否则信息将丢失。所以,方式 1 接收时,应先用软件清除 RI 或 SM2 标志。

3. 方式 2

在方式 2 下,串行口为 11 位通用异步接口 UART,传送波特率与 SMOD 有关。发送或接收的一帧数据包括 1 位起始位 0,8 位数据位,1 位可编程位(用于奇偶校验)和 1 位停止位 1,其帧格式如图 5-12 所示。

(1) 数据发送。发送时,先根据通信协议由软件设置 TB8,然后用指令将要发送的数据写入 SBUF,则启动发送器。写 SBUF 的指令,除了将 8 位数据送入 SBUF 外,同时还将 TB8 装入发送移位寄存器的第 9 位,并通知发送控制器进行一次发送。一帧信息即从 TXD 发送,在送完一帧信息后,TI 被自动置 1,在发送下一帧信息之前,TI 必须由中断服务程序或查询程序清 0。

图 5-12　方式 2 下 11 位数据帧格式

（2）数据接收。当 REN＝1 时，允许串行口接收数据。数据由 RXD 端输入，接收 11 位的信息。当接收器采样到 RXD 端的负跳变，并判断起始位有效后，开始接收一帧信息。当接收器接收到第 9 位数据后，若同时满足以下两个条件：RI＝0；SM2＝0 或接收到的第 9 位数据为 1，则接收数据有效，8 位数据送入 SBUF，第 9 位送入 RB8，并置 RI＝1。若不满足上述两个条件，则信息丢失。

4．方式 3

方式 3 为波特率可变的 11 位 UART 通信方式，除了波特率以外，方式 3 和方式 2 完全相同。

（三）串行口的波特率

在串行通信中，收发双方对传送的数据速率，即波特率要有一定的约定。通过前面的论述知道，MCS-51 单片机的串行口有 4 种工作方式。其中方式 0 和方式 2 的波特率是固定的，方式 1 和方式 3 的波特率是可变的，由定时器 T1 的溢出率决定，下面加以分析。

1．方式 0 和方式 2

在方式 0 中，波特率为时钟频率的 1/12，即 $f_{osc}/12$，固定不变。

在方式 2 中，波特率取决于 PCON 中的 SMOD 值，当 SMOD＝0 时，波特率为 $f_{osc}/64$；当 SMOD＝1 时，波特率为 $f_{osc}/32$。即波特率 $=\dfrac{2^{SMOD}}{64}\times f_{osc}$。

2．方式 1 和方式 3

在方式 1 和方式 3 下，波特率由定时器 T1 的溢出率和 SMOD 共同决定。即：

$$波特率 = \frac{2^{SMOD}}{32}\times T1\ 溢出率$$

其中，T1 的溢出率取决于单片机定时器 T1 的计数速率和定时器的预置值。计数速率与 TMOD 寄存器中的 $C/\overline{T}$ 位有关，当 $C/\overline{T}＝0$ 时，计数速率为 $f_{osc}/12$，当 $C/\overline{T}＝1$ 时，计数速率为外部输入时钟频率。

实际上，当定时器 T1 做波特率发生器使用时，通常是工作在方式 2，即自动重装载的 8 位定时器，此时 TL1 作计数用，自动重装载的值在 TH1 内。设计数的预置值（初始值）为 X，那么每过 $(256-X)$ 个机器周期，定时器溢出一次。为了避免溢出而产生不必要的中断，此时应禁止 T1 中断。溢出周期为：$12\times(256-X)/f_{osc}$，溢出率为溢出周期的倒数，所以波特率的计算公式为：

$$波特率 = \frac{2^{SMOD}}{32}\times\frac{f_{osc}}{12\times(256-X)}$$

表 5-2 列出了各种常用的波特率及获得方法。

分析下面程序指令的波特率的设置。

```
TMOD = 0X20;                    //定时器1工作在方式2下
TL1 = 0Xf4;                     //初值设置,波特率为2400b/s
TH1 = 0Xf4;
TR1 = 1;
```

对照表 5-2,可知该程序指令中的波特率应为 2400b/s, $f_{osc} = 11.0592$MHz。

表 5-2　常用的波特率及获得方法

波特率/(b/s)	f_{osc}/MHz	SMOD	定时器 1		
			C/T	方式	初始值
方式 0：1M	12	×	×	×	×
方式 2：375K	12	1	×	×	×
方式 1,方式 3：62.5K	12	1	0	2	FFH
19.2K	11.0592	1	0	2	FDH
9.6K	11.0592	0	0	2	FDH
4.8K	11.0592	0	0	2	FAH
2.4K	11.0592	0	0	2	F4H
1.2K	11.0592	0	0	2	E8H
137.5K	11.986	0	0	2	1DH
110	6	0	0	2	72H
110	12	0	0	1	FEEBH

四、软件设计

本任务需要对两台单片机分别设计程序：程序 1 完成数据发送任务(单片机 U1)；程序 2 完成数据接收任务(单片机 U2)。根据要求,对单片机 U1 编程时,需令 SM0=0,SM1=1；对单片机 U2 编程时,除了需令 SM0=0,SM1=1,还需设置 REN=1,使其允许接收。

本任务中晶体振荡器频率为 11.0592MHz,选择波特率为 9600b/s,由表 5-2 查得：SMOD=0,TH1=FDH。

1. 单片机 U1 的发送程序

使用 Keil 软件建立"send"工程项目,建立源程序文件"send.c",输入如下源程序。

```
/ * * * * * * * * * * * * * * * * * * * * * * * * * * * * * * * * * * * * * * * * * * * * * *
名称：单片机数据发送程序
模块名：AT89C51
功能描述：单片机 U1 通过串行口 TXD 端将一段流水灯控制码以方式 1 的方式发送至单片机 U2 的 RXD 端。
 * * * * * * * * * * * * * * * * * * * * * * * * * * * * * * * * * * * * * * * * * * * * * * /
#include< reg51.h>
//流水灯控制码
unsigned char Tab[ ] = {0xFE,0xFD,0xFB,0xF7,0xEF,0xDF,0xBF,0x7F};
/ * * * * * * * * * * * * * * * * * * * * * * * * * * * * * * * * * * * * * * * * * * * * * *
函数名称：Send
函数功能：发送一个字节数据
入口参数：参数 dat 为发送的一个字符数据
 * * * * * * * * * * * * * * * * * * * * * * * * * * * * * * * * * * * * * * * * * * * * * * /
```

```
void Send(unsigned char dat)
{
    SBUF = dat;                  //将待发送数据写入发送缓冲器
    while(TI == 0)               //若发送中断标志 TI = 0,正在发送,TI = 1,发送结束
    ;                            //空操作
    TI = 0;                      //用软件将 TI 清零
}
/**************************************************************
函数名称: delay
函数功能: 延时约 150ms
**************************************************************/
void delay(void)
{
    unsigned char m,n;
    for(m = 0;m < 200;m ++)
        for(n = 0;n < 250;n ++)   ;
}
//   主程序
void main(void)
{
    unsigned char I;
    TMOD = 0x20;                 //TMOD = 00100000B,定时器 T1 工作在方式 2
    SCON = 0x40;                 //SCON = 01000000B,串口工作在方式 1
    PCON = 0x00;                 //PCON = 00000000B,波特率 9600b/s
    TH1 = 0xfd;                  //给定时器 T1 高 8 位赋初值
    TL1 = 0xfd;                  //给定时器 T1 低 8 位赋初值
    TR1 = 1;                     //启动定时器 T1
    while(1)
    {
        for(i = 0;i < 8;i ++)    //共 8 位流水灯控制码
        {
            Send(Tab[i]);        //发送数据 i
            delay();             //每发送一次数据,延时 150ms 再发送
        }
    }
}
```

2. 单片机 U2 的接收程序

使用 Keil 软件建立"receive"工程项目,建立源程序文件"receive. c",输入如下源程序。

```
/**************************************************************
名称: 单片机数据接收程序
模块 名:AT89C51
功能描述:单片机 U2 接收单片机 U1 传送的流水灯控制码,并通过 P1 口的 8 位 LED 进行数据显示
**************************************************************/

#include< reg51. h>
/**************************************************************
函数名称: Receive
函数功能:接收串行口数据
返回值:返回接收的一个字符数据
**************************************************************/
```

```
unsigned char Receive(void)
{
    unsigned char dat;
    while(RI == 0)                      //若接收中断标志 RI = 0,正在接收,TI = 1,接收结束
    ;                                   //空操作
    RI = 0;                             //用软件将 RI 清零,为接收下一帧数据做准备
    dat = SBUF;                         //将接收缓冲器的数据存于 dat
    return dat;
}
// 主程序
void main(void)
{
    TMOD = 0x20;                        //TMOD = 00100000B,定时器 T1 工作在方式 2
    SCON = 0x50;                        //SCON = 01010000B,串口工作在方式 1,允许接收(REN = 1)
    PCON = 0x00;                        //PCON = 00000000B,波特率 9600b/s
    TH1 = 0xfd;                         //给定时器 T1 高 8 位赋初值
    TL1 = 0xfd;                         //给定时器 T1 低 8 位赋初值
    TR1 = 1;                            //启动定时器 T1
    REN = 1;                            //允许接收
    while(1)
    {
        P1 = Receive();
    }
}
```

五、Proteus 软件仿真

上述数据发送和数据接收源程序经过 Keil 软件编译生成相应的 ∗.hex 文件,分别对应为"send.hex"和"receive.hex",在 Proteus ISIS 中打开绘制的电路原理图,对单片机 U1 载入"send.hex",单片机 U2 载入"receive.hex"。启动仿真,即可观察到本任务仿真效果,如图 5-13 所示。

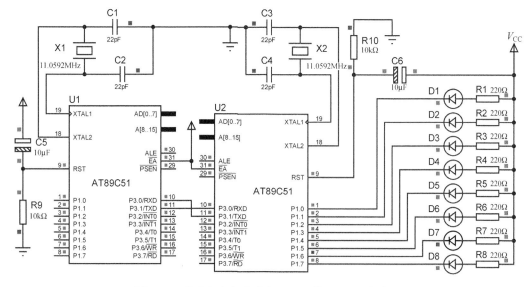

图 5-13　单片机之间的串行双机通信 Proteus 仿真图

本原理仿真图中,最小系统所需的晶振电路、复位电路和$\overline{EA}$引脚与电源的连接都已省略,不影响仿真效果。

六、任务小结

(1) 在双机通信程序设计中,通信双方的波特率和工作方式设置必须一致。对于接收机还需要设置允许接收位 REN＝1。

(2) 发送和接收数据缓冲器的名字都是 SBUF,二者具有相同的名字和地址,但是在物理上是两个相互独立的寄存器:一个用于存放接收到的数据;另一个用于存放欲发送的数据,可以同时发送和接收数据。

(3) 在串行通信中,不使用串行中断而通过查询方式实现数据传送时,查询完毕后,必须用软件方式对 TI 和 RI 清零。

任务 5.2　单片机与 PC 之间的数据通信

一、任务描述

使用 PC 通过串行口实现与 AT89C51 单片机之间的通信,单片机接收 PC 发来的数据,为了显示接收到的数据,在单片机的 P1 口连接 8 位 LED,PC 数据发送采用"串口调试助手"工具软件实现(可免费从网上下载使用)。通过本任务,学习单片机和 PC 之间的串行通信硬件连接方法,掌握 TTL 电平和 RS-232 电平之间的转换技术,熟悉电平转换集成芯片的使用,进一步学习串行通信协议和数据收发程序设计方法。

二、硬件原理图

单片机与 PC 之间串行通信硬件电路图如图 5-14 所示。两者采用三线制通信方式,PC 作为主机,单片机作为从机控制 LED 灯的显示。使用 MAX232 芯片实现 TTL 电平和 RS-232 电平之间的转换。

三、相关理论知识

知识点三:RS-232C 串行通信总线标准及其接口

在单片机应用系统中,数据通信主要采用异步串行通信。在设计通信接口时,必须根据需要选择标准接口,并考虑传输介质、电平转换等问题。采用标准接口后,能够方便地把单片机和外设、测量仪器等有机地连接起来,从而构成一个测控系统。

1. RS-232C 信息格式标准

RS-232C 是使用最早、应用最多的一种异步串行通信总线标准。它是美国电子工业协会(EIA)1962 年公布、1969 年最后修订而成的。其中 RS 表示 Recommended Standard,232 是该标准的标识号,C 表示最后一次修订。

RS-232C 主要用来定义计算机系统的一些数据终端设备(DTE)和数据电路通信设备(DCE)之间的电气性能。例如 CRT、打印机与 CPU 的通信大都采用 RS-232C 接口,MCS-51 单片机与 PC 的通信也是采用该种类型的接口。由于 MCS-51 系列单片机本身有一个全双工的串行接口,因此该系列单片机用 RS-232C 串行接口总线非常方便。

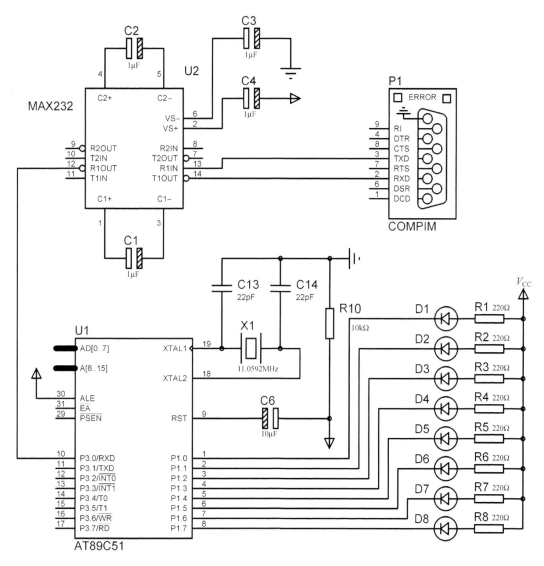

图 5-14　单片机与 PC 之间的数据通信硬件电路图

RS-232C 串行接口总线适用于设备之间的通信距离不大于 15m,传输速率最大为 20Kb/s。

RS-232C 采用串行格式,字符格式如图 5-3 所示。该标准规定:数据帧的开始为起始位,数据本身可以是 5、6、7、8 位,1 位奇偶校验位,最后为停止位。如果数据帧之间无信息,用逻辑高电平"1",表示空闲位。

2. RS-232C 电平转换

RS-232C 规定了自己的电气标准,与 TTL 电平不同,TTL 电平采用的是正逻辑,而 RS-232C 采用负逻辑,即:

逻辑"0":+3～+15V

逻辑"1":-3～-15V

因此,RS-232C 不能和 TTL 电平直接相连,使用时必须进行电平转换,否则将使 TTL 电路烧坏,实际应用时必须注意。常用的电平转换集成电路是传输线驱动器 MC1488 和传输线接收器 MC1489。

MC1488 内部有 3 个与非门和一个反相器,供电电压为 ±12V,输入为 TTL 电平,输出为 RS-232C 电平。MC1489 内部有 4 个反相器,供电电压为 ±5V,输入为 RS-232C 电平,输出为 TTL 电平。

另一种常用的电平转换芯片是 MAX232,图 5-15 所示为 MAX232 的引脚图。

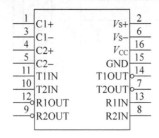 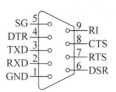

图 5-15　MAX232 的引脚图　　　　　图 5-16　DB-9 连接器的引脚图

3. RS-232C 电平转换

RS-232C 标准总线为 25 根,采用标准的 DB-25 和 DB-9 的 D 形插头座。目前计算机上只保留有两个 DB-9 插头,即 COM1 和 COM2 两个串行接口。DB-9 连接器各引脚排列如图 5-16 所示,各引脚定义如表 5-3 所示。

表 5-3　DB-9 连接器各引脚定义

引脚	名　称	功　能	引脚	名　称	功　能
1	DCD	载波检测	6	DSR	数据准备完成
2	RXD	发送数据	7	RTS	发送请求
3	TXD	接收数据	8	CTS	发送清除
4	DTR	数据终端准备完成	9	RI	振铃指示
5	SG(GND)	信号地线			

在简单的全双工系统中,仅用发送数据、接收数据和信号地 3 根线即可,对于 MCS-51 单片机,利用其 RXD 线、TXD 线和一根地线,就可以构成符合 RS-232C 接口标准的全双工通信口。

四、软件设计

1. PC 控制程序

PC 主机的通信程序可以采用 Turbo C、VC、VB、Delphi 等高级语言编写,也可以直接借助于现有的"串口调试助手"应用软件完成。用户由 PC 向单片机发送数据,只要把波特率参数设置好就行了,无须自己编程,如图 5-17 所示。

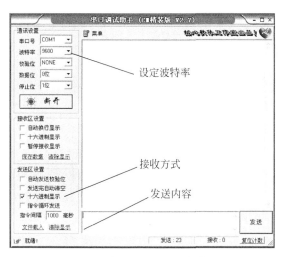

图 5-17　"串口调试助手"参数设置

2. 单片机终端串口通信程序

使用 Keil 软件建立"receive"工程项目,建立源程序文件"receive.c",输入如下源程序。

```
/********************************************************
名称:单片机与 PC 之间的数据通信程序
模块名:AT89C51
功能描述:使用 PC 通过串行口实现与 AT89C51 单片机之间的通信,单片机接收 PC 发来的数据,通过
         单片机的 P1 口的 8 位 LED 显示接收到的数据
*********************************************************/
#include<reg51.h>
/********************************************************
函数名称:Receive
函数功能:接收串行口数据
返回值:返回接收的一个字符数据
*********************************************************/
unsigned char Receive(void)
{
  unsigned char dat;
  while(RI==0)                   //只要接收中断标志位 RI 没有被置"1"
         ;                       //等待,直至接收完毕(RI=1)
      RI=0;                      //为了接收下一帧数据,需将 RI 清 0
      dat=SBUF;                  //将接收缓冲器中的数据存于 dat
        return dat;
}
//主程序
void main(void)
{
  TMOD=0x20;                     //定时器 T1 工作在方式 2
  SCON=0x50;                     //SCON=01010000B,串口工作方式 1,允许接收(REN=1)
  PCON=0x00;                     //PCON=00000000B,波特率 9600b/s
  TH1=0xfd;                      //根据规定给定时器 T1 赋初值
  TL1=0xfd;                      //根据规定给定时器 T1 赋初值
  TR1=1;                         //启动定时器 T1
```

```
    REN = 1;                          //允许接收
  while(1)
  {
      P1 = Receive();                 //将接收到的数据送 P1 口显示
  }
}
```

五、Proteus 软件仿真

Proteus 的 COMPIM 组件是一种串行接口组件,当由 CPU 或 UART 软件生成的数字信号出现在 PC 的物理 COM 端口时,它能缓冲所接收的数据,并将它们以数字信号的形式发送给 Proteus 仿真电路。如果不希望使用物理串口而使用虚拟串口,实现"串口调试助手"软件与 Proteus 单片机串口直接交互,这就需要安装虚拟串口驱动软件。

调试方法有以下 3 种方式。

(1) Proteus 仿真系统安装在 PC1,串口调试软件安装在 PC2,然后使用交叉串口线连接 PC1 和 PC2,将两者的串行端口属性参数设置一致。

(2) Proteus 仿真系统和串口调试软件同时安装在一台 PC 上,PC 有两个物理串口,两者分别占用一个端口,然后使用交叉串口线连接两个端口,并将两个串行端口的属性参数设置一致。

(3) 采用虚拟串口,使用虚拟串口驱动软件 Virtual Serial Port Driver(VSPD)。虚拟两个串行端口,如 COM4、COM5,并虚拟配对连接。将 COM4 分配给 COMPIM,COM5 分配给"串口调试助手",运行同一台 PC 中的"串口调试助手"软件和 Proteus 的单片机仿真系统,即可实现两者之间的通信,与物理连接方式一样。其设置如图 5-18 和图 5-19 所示。

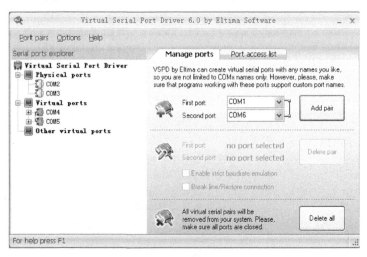

图 5-18　虚拟串口驱动软件设置

在此,使用第三种方式调试,程序经 Keil 软件编译通过后,将编译好的程序"receive.hex"加载到 AT89C51 单片机中,然后再将单片机仿真系统的 COMPIM 与"串口调试助手"的端口参数设置一致,进行运行测试。通过"串口调试助手"给单片机发送数据,例如发送数据"0f"(十六进制)即可观察到,单片机 P1 口的高 4 位 LED 点亮,低 4 位熄灭;发送数据"f0"(十六进制)即可观察到,单片机 P1 口的高 4 位 LED 熄灭,低 4 位点亮。

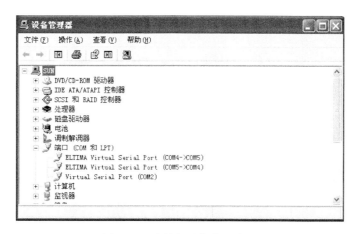

图 5-19　计算机设备管理窗口

六、任务小结

（1）单片机和 PC 串行通信时，在硬件设计上，需要熟悉端口电平转换芯片的使用，在软件设计上，要掌握串行通信协议编程，端口的参数设置要一致。

（2）单片机异步通信的程序设计通常采用两种方法：查询法和中断法。本设计任务采用的是查询法，读者可参考本书单片机中断部分知识，采用中断方法进行串行通信设计。

小　　结

本模块主要介绍了串行通信的通信协议、单片机串行口结构与编程以及 RS-232C 串行通信总线标准和接口设计。重点介绍了 MCS-51 系列单片机串行口结构，该串口是一个全双工的异步串行通信 I/O 口，有 4 种工作方式：方式 0、方式 1、方式 2、方式 3。其波特率和帧格式可以编程设定。数据帧格式有 10 位、11 位。方式 0 和方式 2 的传送波特率是固定的，方式 1 和方式 3 的波特率是可变的，由定时器 T1 的溢出率决定。

学完本模块后，要求：

（1）了解串行通信的基本知识，如通信方式、数据帧格式、波特率等。

（2）掌握单片机串行口的结构、特殊功能寄存器 SBUF、SCON 和 PCON 的各位含义以及工作方式和波特率的设置。

（3）熟悉 RS-232C 串行通信总线接口设计，掌握单片机与 PC 之间的通信技术。

思考与练习

1. 选择题

（1）MCS-51 系列单片机的串行口是（　　）。

　　A. 单工　　　　　　B. 全双工　　　　　　C. 半双工　　　　　　D. 并行口

（2）表示串行数据传输速度的指标为（　　）。

　　A. USART　　　　　B. UART　　　　　　C. 字符帧　　　　　　D. 波特率

(3) 单片机输出信号为(　　)电平。

 A. RS-232C B. TTL   C. RS-499   D. RS-232

(4) 串行口工作在方式 0 时,串行数据从(　　)输入或输出。

 A. RI   B. TXD   C. RXD   D. REN

(5) 串行口控制寄存器为(　　)。

 A. SNOD   B. SCON   C. SBUF   D. PCON

(6) 当采用中断方式进行串行数据发送时,发送完一帧数据后,TI 标志要(　　)。

 A. 自动清零 B. 硬件清零 C. 软件清零 D. 软、硬件均可

(7) 当采用定时器 T1 作为串行口的波特率发生器使用时,通常定时器工作在方式(　　)。

 A. 0   B. 1   C. 2   D. 3

(8) 当设置串行口工作为方式 2 时,采用(　　)指令。

 A. SCON=0x80 B. PCON=0x80 C. SCON=0x10 D. PCON=0x10

(9) 串行口工作在方式 0,其波特率(　　)。

 A. 取决于定时器 T1 的溢出率

 B. 取决于 PCON 中的 SMOD 位

 C. 取决于时钟频率

 D. 取决于 PCON 中的 SMOD 位和定时器 T1 的溢出率

(10) 串行口工作在方式 1,其波特率(　　)。

 A. 取决于定时器 T1 的溢出率

 B. 取决于 PCON 中的 SMOD 位

 C. 取决于时钟频率

 D. 取决于 PCON 中的 SMOD 位和定时器 T1 的溢出率

2. 思考题

(1) 什么是串行异步通信? 有哪几种帧格式?

(2) 定时器 T1 做串行口波特率发生器时,为什么采用方式 2?

(3) MCS-51 单片机串行口控制寄存器 SCON 中 SM2、TR8 和 RB8 有什么作用? 主要在哪种方式下使用?

(4) 结合图 5-13 所示电路,要求单片机 U1 分别用方式 1 和方式 3 将以下数据:0x7F, 0xBF,0xDF,0xEF,0xF7,0xFB,0xFD,0xFE 发送到单片机 U2,U2 再利用接收到的数据控制其外接的 8 位 LED 流水灯,并用 Proteus 进行仿真。

(5) 编程实现用串并转换芯片 74LS164 扩展 I/O 口,控制 8 个发光二极管以 150ms 的间隔轮流点亮,并用 Proteus 仿真验证。

(6) 利用串行口设计 4 位静态 LED 显示,要求 4 位 LED 每隔 1s 交替显示"1234"和"5678"。编写程序并用 Proteus 仿真验证。

MCS-51显示/键盘接口技术

任务6.1　8×8 LED 点阵屏控制

一、任务描述

利用单片机控制一块 8×8 LED 点阵屏,循环显示数字 0～9。实现方法是通过选择 8051 单片机(或扩展芯片)合适的 I/O 接口,与 8×8 LED 点阵屏的行和列引出端相连接,利用动态扫描的方式进行软件设计。通过本任务,学习 8051 单片机与点阵显示器外部引脚间的接线方法,熟悉 LED 点阵屏动态显示的基本原理和应用,掌握单片机基本 I/O 口的使用及编程方法。

二、硬件原理图

直接使用 8051 单片机的 P0 口和 P3 口分别连接 8×8 LED 点阵屏的行线和列线,其硬件原理图如图 6-1 所示。实际应用时,各口线上应加驱动元件(如 74LS245),本图用于 Proteus 仿真并不影响结果。图中 RP 是 P0 口的上拉电阻,使用电阻排实现,阻值选 1kΩ。单片机振荡频率选 12MHz。

三、相关理论知识

知识点一：LED 显示器结构及工作原理

LED 显示器是利用发光二极管点阵模块或像素单元组成的平面式显示屏幕。它集微电子技术、计算机技术、信息处理技术于一体,以其色彩鲜艳、动态范围广、亮度高、寿命长、工作稳定可靠等优点,成为最具优势的新一代显示媒体。目前,LED 显示器已广泛应用于大型广场、商业广告、体育场馆、信息传播、新闻发布、证券交易等,可以满足不同环境的需要。单片机系统常用的 LED 显示器主要有三类：LED 状态显示器(指单独的发光二极管,可以显示两种状态)、LED 数码显示屏(显示器件为 7 段数码管,适于制作时钟、各种数字仪表等,是显示数字的电子显示屏)、LED 点阵图文显示屏(显示器件是由许多均匀排列的发光二极管组成的点阵显示模块,适于显示文字、图像信息)。

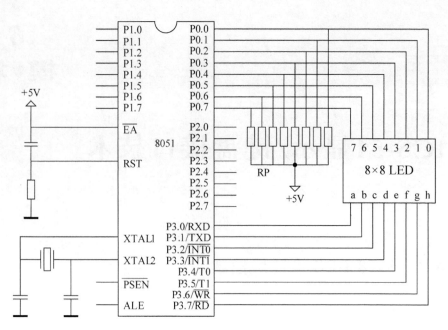

图 6-1   8×8 LED 点阵屏显示原理图

（一）LED 数码显示器结构与工作原理

1. LED 数码管结构

LED 数码显示器也叫 LED 数码管，它由 8 段（或 7 段，8 段比 7 段多了一个小数点）发光二极管组成，控制不同组合的发光二极管导通，就可以显示出各种字符。图 6-2（a）所示为最常用 LED 数码管的外形图，图中 a～g 是数码管各段的代号，dp 表示小数点，COM 为公共端。LED 数码管根据连接方式不同可以分为共阳极和共阴极两种，如图 6-2（b）和（c）所示。若为共阴极接法，则输入高电平使发光二极管点亮；若为共阳极接法，则输入低电平使发光二极管点亮。使用 LED 显示器时，要注意区分两种不同的接法，除采用专用芯片驱动之外，一般情况下各段还应外接限流电阻。

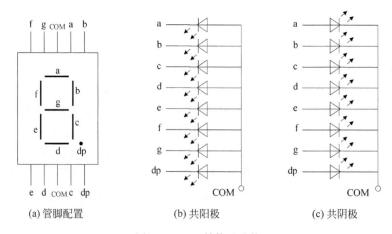

(a) 管脚配置   (b) 共阳极   (c) 共阴极

图 6-2   LED 结构及连接

2. LED数码管工作原理

当选用共阴极的LED数码管时,应使它的阴极接地,若某个发光二极管的阳极加入高电平,对应的二极管点亮;当选用共阳极的LED数码管时,应使它的阳极接高电平(如V_{CC}),若某个发光二极管的阴极加入低电平,则对应的二极管点亮。为了显示数字或符号,要为LED数码管提供段码(字形码)。含小数点的LED数码管共计8段,正好为1个字节。段码由各字段与字节中各位的对应关系决定。假设数码管各段与字节中各位的对应关系如表6-1所示,则常用字符的段码如表6-2所示。注意共阴极和共阳极两种接法的段码是不同的。

表6-1　数码管各段与字节中各位的关系

D7	D6	D5	D4	D3	D2	D1	D0
dp	g	f	e	d	c	b	a

表6-2　常用字符的段码表

字符	共阴段码	共阳段码	字符	共阴段码	共阳段码
0	3FH	C0H	D	5EH	A1H
1	06H	F9H	E	79H	86H
2	5BH	A4H	F	71H	8EH
3	4FH	B0H	H	76H	89H
4	66H	99H	L	38H	C7H
5	6DH	92H	P	73H	8CH
6	7DH	82H	R	31H	CEH
7	07H	F8H	U	3EH	C1H
8	7FH	80H	Y	6EH	91H
9	6FH	90H	•	80H	7FH
A	77H	88H	—	40H	BFH
B	7CH	83H	熄灭	00H	FFH
C	39H	C6H	⋮	⋮	⋮

表6-2只列出了部分段码,读者可以根据实际需要选用。

(二) LED数码显示器显示方式

LED显示器与单片机的接口一般有静态显示与动态显示两种方式,下面分别加以介绍。

1. 静态显示方式

所谓静态显示,就是当显示某一字符时,相应的发光二极管恒定导通或截止。LED数码管工作于静态显示方式时,公共端接地(共阴极)或接正电源(共阳极)。每个显示位的段码线与一个8位并行口线对应相连,只要保持对应的段码线上段码电平不变,则该位就能保持相应的显示字符。当显示位数较少时,8位并行口可以直接采用单片机的并行I/O接口。如果并行I/O接口资源受限,可以采用并行接口元件(如8255A)进行扩展,也可以采用具有三态功能的锁存器(如74LS373)等。图6-3所示的是采用并行I/O接口的连接实例。考虑到采用并行 I/O 接口,所占用的 I/O 资源较多,静态显示器接口也可采用串行口来实现。串行口设置为方式 0,与外接移位寄存器 74LS164 构成显示器接口电路,如图 6-4 所示。图 6-4 中数码管选用共阳极的 LED,故 LED 数码管的公共极接+5V,要显示的字符相应段为低电平选中,字符的段码通过串行口送到相应的移位寄存器 74LS164 中。

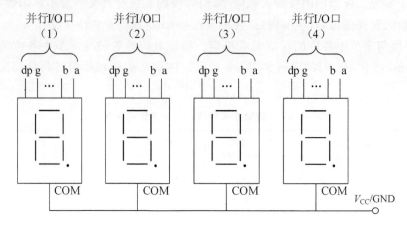

图 6-3　LED 静态显示器接口电路Ⅰ

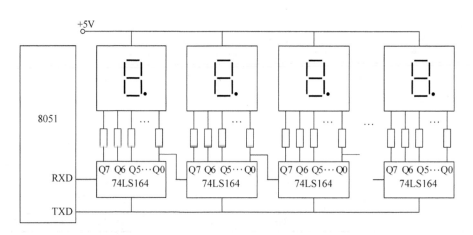

图 6-4　LED 静态显示器接口电路Ⅱ(共阳极)

采用静态显示方式,较小的电流即可获得较高的亮度,且占用 CPU 时间少,编程简单,显示便于监测和控制,但其占用的口线多,而且要求该口具有锁存功能,硬件电路复杂,成本高,只适用于显示器位数较少的场合。

2. 动态显示方式

动态显示是一位一位地轮流点亮各位数码管,这种逐位点亮显示器的方式称为位扫描。通常,各位数码管的段码线相应并联在一起,由一个 8 位的 I/O 口控制,各位的位选线(公共阴极或阳极)由另外的 I/O 口线控制。动态方式显示时,各数码管分时轮流选通,即在某一时刻只选通一位数码管,并送出相应的段码,在另一时刻选通另一位数码管,并送出相应的段码。依此规律循环,即可使各位数码管显示将要显示的字符。虽然这些字符是在不同的时刻分别显示的,但由于人眼存在视觉暂留效应,只要每位显示间隔足够短(1ms 左右),就可以给人以同时显示的感觉。采用动态显示方式比较节省 I/O 口资源,硬件电路也较静态显示方式简单,但其亮度不如静态显示方式,而且在显示位数较多时,CPU 要依次扫描,占用 CPU 较多的时间。

动态显示电路由数码管显示块、字形码锁存驱动器、位锁存驱动器三部分组成。用 MCS-51 系列单片机构建数码管动态显示系统时,可直接采用单片机的两个并行 I/O 接口,也可采用扩展的并行 I/O 接口。图 6-5 所示为采用 8051 并行 I/O 口连接的 6 位 LED 动态显示器接口电路。

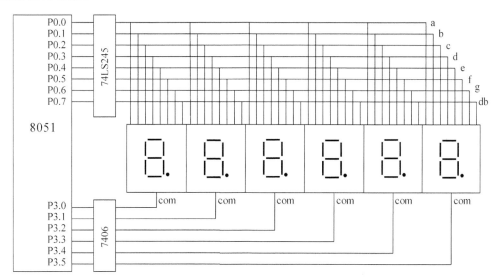

图 6-5 6 位 LED 动态显示器接口电路

图 6-5 中,由 6 个 LED 数码管组成了 6 位显示块,数码管采用共阴极 LED。8051 的 P0 口输出段码,通过 8 双向总线缓冲器 74LS245 驱动 LED,6 个数码管的段选线分别并接与 74LS245 的输出端对应连接;8051 的 P3 口作 LED 的位选输出口,通过 6 路集电极开路反相器 7406 向 LED 显示块提供位选驱动信号。当要显示信息时,由 P0 口输出字形段码的高电平,P3.0~P3.5 每次仅选通一路输出高电平,反向后为低电平有效选中相应的 LED,则要显示的字符在该 LED 上显示出来。

假设图 6-5 的数码管显示 012345,可运行下列程序。

```c
#include < reg51.h >
#include < stdio.h >
void Delay (int count)              //延时函数
{
    int i, j;
    for(i = 0; i < count; i ++ )
    for(j = 0; j < 120; j ++ );
}
void main()
{
        P3 = 0;
        while(1)
```

```
        {
            P3 = 01;                     //反向后扫描第 1 个数码管
            P0 = 0x3F;                   //显示 0,P0 口输出其段选码
            Delay(5);
            P3 = 02;                     //反向后扫描第 2 个数码管
            P0 = 0x06;                   //显示 1
            Delay(5);
            P3 = 04;
            P0 = 0x5B;                   //显示 2
            Delay(5);
            P3 = 08;
            P0 = 0x4F;                   //显示 3
            Delay(5);
            …
        }
    }
```

这种动态 LED 显示接口由于所有数码管共用同一个段码输出口,分时轮流导通,从而大大简化了硬件电路,降低了成本。不过在这种方式的数码管接口电路中,数码管不宜太多,否则每个数码管所分配到的实际导通时间会太短,而发光二极管从导通到发光有一定的延时,导通时间太短则亮度不足。另外,显示位数太多,也将占用大量的 CPU 时间。实质上动态显示是以牺牲 CPU 时间来换取器件减少的。

(三)LED 点阵显示器结构与工作原理

LED 数码管不能显示汉字和图形信息。为了显示更为复杂的信息,人们把很多高亮度发光二极管按矩阵方式排列在一起,形成点阵式 LED 显示结构。最常见的 LED 点阵有 4×4、4×8、5×7、5×8、8×8、16×16、24×24、40×40 等。LED 点阵显示器单块使用时,既可代替数码管显示数字,也可显示各种中西文字及符号。如 5×7 点阵显示器用于显示西文字母;5×8 点阵显示器用于显示中西文,8×8 点阵既可用于汉字显示,也可用于图形显示。用多块点阵显示器组合则可构成大屏幕显示器。

图 6-6 所示的是 8×8 LED 点阵显示器外观及引脚图,其电路连接方式如图 6-7 所示。从图中可以看出,8×8 点阵共需要 64 个发光二极管组成,且每个发光二极管是放置在行线和列线的交叉点上,当对应的某一列置低电平,某一行置高电平,则相应的二极管就亮。

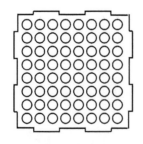

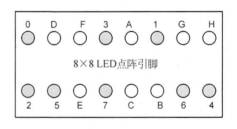

(a) 8×8 LED点阵显示器外观图　　　　　　(b) 8×8 LED点阵显示器引脚图

图 6-6　8×8 LED 点阵显示器的外观及引脚图

LED 点阵显示器也可以分为静态显示和动态扫描显示两种显示方式。静态显示时,每一个像素需要一套驱动电路,如果显示屏为 $n\times m$ 个发光二极管结构,则需要 $n\times m$ 套驱动

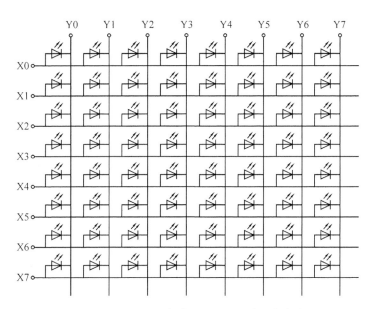

图 6-7　8×8 LED 点阵显示器的电路连接方式

电路；动态显示时，只需要对列线和行线进行驱动，对于 $n×m$ 的显示屏，仅需要 $n+m$ 套驱动电路。以共阴极接法为例，动态显示的过程是：送第一列对应的点阵编码（行码）到行线，同时置第一列线为低电平"0"，其他列线为高电平"1"，延时 2ms 左右，再送第二列对应的点阵编码到行线，同时置第二列线为"0"，其他列线为"1"。如此下去，直到送完最后一列对应的点阵编码，再从头开始传送。

　　8×8 LED 点阵显示器动态显示与八位数码管的动态显示非常相似，点阵屏的每一列相当于一只数码管，点阵屏的行码相当于数码管的段码，点阵屏的列码相当于数码管的位码，两者的逻辑结构是完全一样的。其动态显示接口电路可参考图 6-1。

　　由于 LED 管芯大多为高亮度型，因此某行或某列的单个 LED 驱动电流可选用窄脉冲，但其平均电流应限制在 20mA 内。多数点阵显示器的单个 LED 的正向压降约在 2V 左右，但大亮点的点阵显示器单体 LED 的正向压降约为 6V。

（四）LED 大屏幕显示技术

　　大屏幕显示系统一般是由多个 LED 点阵小模块以搭积木的方式组合而成的，每一个小模块都有自己独立的控制系统，组合在一起后只要引入一个总控制器控制各模块的命令和数据即可，这种方法既简单又具有易扩展、易维修的特点。LED 大屏幕显示器宜用动态显示方式，它可以直接与 8051 并行口相连接，信号采用并行传送方式，I/O 接口可以复用。但在实际应用中，由于显示要求的内容丰富，所需显示器件复杂，同时显示屏与计算机及控制器有一定距离，因此应尽量减少两者之间控制信号线的数量。信号一般采用串行传送方式，也可以采用并行传送与串行传送分别驱动行和列的方式。

　　图 6-8 所示的是 8051 与 LED 大屏幕显示器接口的一种应用实例。图中，LED 显示器为 8×64 点阵，由 8 个 8×8 的点阵的 LED 显示块拼装而成。8 个块的行线相应地并接在一起，形成 8 路复用，行控制信号由 P1 口经行驱动后形成行扫描信号 Y0～Y7。8 个块的列控制信号分别经由相应的 74LS164 输出，8 个 74LS164 串接在一起，形成 8×8＝64 位串入

并出的移位寄存器,其输出对应 64 列。显示数据 DATA 由 8051 的 RXD 端输出,时钟 CLK 由 8051 的 TXD 端输出。RXD 发送串行数据,而 TXD 输出移位时钟,此时串行口工作于方式 0,即同步串行移位寄存器状态。显示屏的工作以行扫描方式进行,扫描显示过程是每一次显示一行 64 个 LED 点,显示时间称为行周期。8 行扫描显示完成后开始新一轮扫描,这段时间称为场周期。

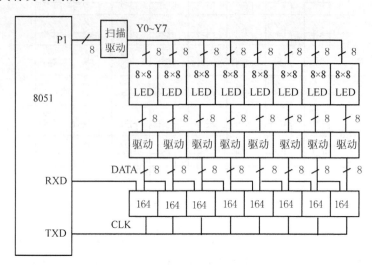

图 6-8 8051 与 LED 大屏幕显示器的接口

LED 大屏幕显示器不仅能显示文字,还可以显示图形、图像,而且能产生各种动画效果,是广告宣传、新闻传播的有力工具。LED 大屏幕不仅有单色显示,还有彩色显示,其应用越来越广,已渗透到人们的日常生活之中。

四、软件设计

在进行程序设计时,对 8 列轮流扫描多遍以稳定显示第一个字符"0"。然后再进行下一个字符的显示,此时只需要更改显示的字型码即可,具体实现可通过修改查表地址来完成。

1. 数字点阵编码

数字的点阵编码就是根据某数字在点阵屏上的显示形状,将每一列对应的 8 个 LED 状态用两位十六进制代码表示。例如数字"6"的显示形状如图 6-9 所示,采用共阴极模块,其每一列(自左向右)对应的两位十六进制点阵编码分别为:

00H,00H,3EH,49H,49H,49H,26H,00H

同样方法可以得到其他 9 个数字的点阵编码。

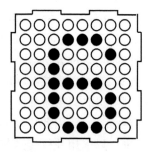

图 6-9 数字"6"显示图

2. 程序设计

实现 8×8 LED 点阵屏循环显示数字 0~9 的程序如下:

```
/***********************************************************
名称: 8×8 LED 点阵屏显示数字
模 块 名: AT89C51,8×8 LED 点阵屏
```

功能描述:8×8 LED点阵屏显示数字0~9,刷新过程由定时器中断完成
** /

```c
# include < reg51.H >
# define uchar unsigned char
# define uint unsigned int
uchar code tab[ ] = {0xfe,0xfd,0xfb,0xf7,0xef,0xdf,0xbf,0x7f};
uchar code Table_of_Digits[10][8] =
{ {0x00,0x00,0x3e,0x41,0x41,0x41,0x3e,0x00},      //0
  {0x00,0x00,0x00,0x00,0x21,0x7f,0x01,0x00},      //1
  {0x00,0x00,0x27,0x45,0x45,0x45,0x39,0x00},      //2
  {0x00,0x00,0x22,0x49,0x49,0x49,0x36,0x00},      //3
  {0x00,0x00,0x0c,0x14,0x24,0x7f,0x04,0x00},      //4
  {0x00,0x00,0x72,0x51,0x51,0x51,0x4e,0x00},      //5
  {0x00,0x00,0x3e,0x49,0x49,0x49,0x26,0x00},      //6
  {0x00,0x00,0x40,0x40,0x40,0x4f,0x70,0x00},      //7
  {0x00,0x00,0x36,0x49,0x49,0x49,0x36,0x00},      //8
  {0x00,0x00,0x32,0x49,0x49,0x49,0x3e,0x00}};     //9
uint Num_Index;
uchar cnta;
uchar cntb;
//主程序
void main(void)
{
    TMOD = 0x00;                        //T0 工作方式 0
    TH0 = (8192 - 2000) / 32;           //延时 2ms
    TL0 = (8192 - 2000) % 32;
    TR0 = 1;
    IE = 0x82;
    while(1)      {;   }
}
```

/ ***

函数名称: t0
函数功能: 定时器 0 中断函数,定时 2ms
** /

```c
void t0(void) interrupt 1
{
    TH0 = (8192 - 2000) / 32;           //重装延时初值
    TL0 = (8192 - 2000) % 32;
    P3 = tab[cnta];                     //列码
    P0 = Table_of_Digits[cntb][cnta];   //行码
    cnta ++ ;
    if(cnta == 8)                       //每屏由八字节构成
      {
        cnta = 0;
      }
    Num_Index ++ ;
    if(Num_Index == 333)                //每数字显示一段时间
      {
        Num_Index = 0;
        cntb ++ ;
        if(cntb == 10)                  //显示下一列数字
```

```
        {
            cntb = 0;
        }
    }
}
```

五、Proteus 软件仿真

8×8 LED 点阵屏循环显示数字 0～9 的 Proteus 仿真图如图 6-10 所示。

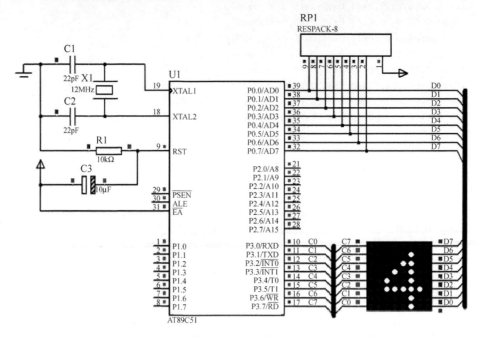

图 6-10　8×8 LED 点阵屏循环显示数字 0～9 的 Proteus 仿真图

六、任务小结

（1）本任务的设计与 LED 数码管动态显示很相似，可以对照图 6-5 的连接方式进行分析，同样数码管动态显示的程序也可以参照本任务的方法进行编写。二者最大的区别是 LED 点阵屏显示的内容更丰富些，读者可以通过修改点阵编码来显示所需的内容。

（2）本设计点阵屏是采用共阴极接法，数组 Table_of_Digits 共有 80 字节，每 8 字节为一个数字的点阵代码，其中每字节的 8 位对应于一列中的 8 个点。值得注意的是：各字节的高位对应于列中上面的点还是下面的点，与 P0 口和点阵屏 8 条行线的连接顺序有关。

（3）设计程序时，要根据要求划分模块，优化结构；再根据各模块的特点确定主程序、子程序、中断服务程序以及相互间的调用关系；再根据各模块的性质和功能将各模块细化，设计出程序流程图；最后根据各模块的流程图编制具体程序。调试时最好采用 Proteus 和 Keil C 联合调试的方法，这样可以节省很多时间。

（4）本程序的延时采用定时中断的方式实现，也可以采用循环函数实现，读者可以自己修改后进行实验。另外，延时时间受 50Hz 闪烁频率的限制不能太长，应保证扫描一帧数据所有时间之和在 20ms 以内。

任务 6.2　LCD1602 显示字符串

一、任务描述

利用单片机控制 LCD1602 字符型液晶显示器显示字符串,如显示"welcome student"。实现方法是通过选择 8051 单片机(或扩展芯片)合适的 I/O 接口,与 LCD1602 的相应引脚相连接,通过软件编程对 LCD1602 进行控制,实现字符串的显示。通过本任务,学习 8051 单片机与字符型液晶显示器的连接方法,理解字符型液晶显示器的工作原理,掌握 LCD 液晶显示器 1602 的基本编程方法,进一步掌握单片机 I/O 口的使用方法与系统调试的过程及方法。

二、硬件原理图

LCD1602 的双向数据引出端直接和 8051 的 P0 口相连接,进行数据的传递。其寄存器选择端 RS、读写信号线 R/W、使能端 E 分别接 8051 的 P2.0、P2.1 和 P2.2。LCD1602 的液晶显示偏压信号 VL 通过电位器 RW 对+5V 电源进行分压而获得。具体硬件电路原理图如图 6-11 所示。

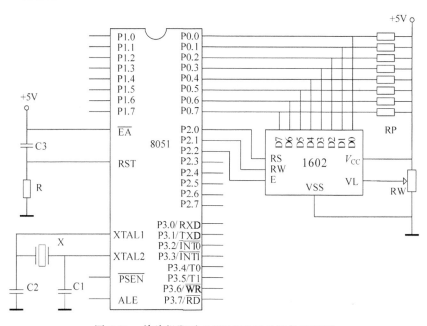

图 6-11　单片机驱动 LCD1602 显示硬件原理图

三、相关理论知识

知识点二: LCD 显示及接口

液晶显示器简称 LCD(Liquid Crystal Diodes),是一种利用液晶在电场作用下,其光学性质发生变化以显示图形的显示器。它具有质量高、体积小、重量轻、功耗小等优点。

（一）LCD 的结构和工作原理

LCD 显示器由于类型、用途不同，其性能、结构不可能完全相同，但其基本形态和结构却是一致的。所有液晶显示器件都可以认为是由两片透明导电的电极基板，夹持一个液晶层，封接成一个偏平盒构成的，如图 6-12 所示。

图 6-12　液晶显示器结构图

电极基板是一种表面极其平整的薄玻璃片。液晶材料是液晶显示器件的主体，它是介于晶体和液体之间的物质，具有晶体特有的折射性和液体的流动性特点。偏振片又称偏光片，由塑料膜制成，涂有一层光学压敏胶，可以贴在液晶盒的表面。

LCD 是通过在上、下玻璃电极之间封入液晶材料，利用晶体分子排列和光学上的偏振原理产生显示效果的。液晶本身不发光，它的显示原理是：在没有外加电场时，液晶分子按一定方向整齐排列，这时射入的光线大部分由反射电极反射回来，显示器呈白色。在电极上加电压后，液晶因电离而产生正离子，这些正离子在电场的作用下运动并碰撞液晶分子，打乱了液晶分子的排列规则，射入的光线大部分被散射，使液晶呈现混浊状态，显示器呈暗灰色。对于更加复杂的彩色显示器而言，还要具备专门处理彩色显示的色彩过滤层。

LCD 显示器种类繁多，按排列形状可分为笔段型、点阵字符型（简称字符型）和点阵图形型。MCS-51 系统中常用的是笔段型和字符型，点阵图形型主要用于图形显示，如笔记本电脑、电视机和游戏机等设备中。

（二）笔段型 LCD

笔段型（也叫字段型）LCD，是以长条状显示像素组成的字符显示。这种段型显示结构通常有六段、七段、八段、九段、十四段和十六段等，在形状上总是围绕数字"8"的结构而变化。其中以七段显示最常用，该类型 LCD 主要用于数字显示，也可用于显示西文字母或某些字符，这与 LED 数码显示器相似。不同的是 LCD 是采用方波驱动的。当加在笔段（a～g）中某个电极上的方波和公共电极（COM）上的方波信号相同时，相对电压为零，则该笔段不显示；当加在某个笔段电极上的方波与公共电极上的方波信号极性相反时，则有二倍于方波幅值的电压加在液晶上，该笔段被选中而显示。

笔段型 LCD 一般是通过驱动电路与单片机进行接口的，图 6-13 所示的是利用 CC14543 芯片驱动的应用实例。CC14543 芯片是一种常用的 LCD 锁存/译码/驱动集成电路，它的使用十分简单，只要在 LD 端（锁存）加高电平，BI 端（熄灭）加低电平，Ph 端输入方波，A、B、C、D 输入 BCD 码，则在译码笔形输出端就会输出与 Ph 同向或反向的方波（由 BCD 码的笔段译码决定）驱动对应的液晶笔段亮或暗，从而显示出字符。图 6-13 中给出的电路扩展了两个液晶显示片，8051 的 P3.4 提供驱动方波，P1 口提供两组 BCD 码，P2.0、P2.1 提供控制信号。

（三）字符型 LCD

字符型 LCD 是专门用来显示数字、字母和符号的液晶显示器，它是由若干个 5×7 或

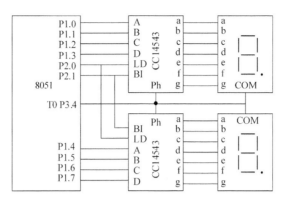

图 6-13　采用硬件译码的 LCD 接口

5×10 点阵块组成的字符块集,每个点阵块显示一个字符。这类显示器一般都是将液晶器件、控制驱动器、线路板、背光源等装配在一起的显示模块,简称 LCM(LCD Module),与单片机连接十分方便。不同的液晶显示器,其控制器的结构和指令系统不同,但其控制过程基本相同。下面以常用的字符型液晶显示器 LCD1602 为例介绍其使用方法。

1. LCD1602 液晶显示器结构

LCD1602 是 16 字×2 行的字符型液晶显示器,内部采用一片型号为 HD44780 的集成电路作为控制器,它具有驱动和控制两个主要功能。LCD1602 采用标准的 16 脚接口,其外形图及引脚如图 6-14 所示。

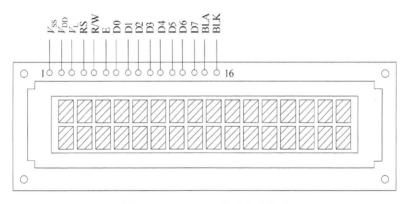

图 6-14　LCD1602 外形及引脚图

LCD1602 各引脚功能介绍如下。

第 1 脚:V_{SS} 为电源地。

第 2 脚:V_{DD} 接 5V 正电源。

第 3 脚:V_L 液晶显示偏压信号,用于驱动 LCD 上的像素点改变颜色所用的电压,此电压可能接近 GND 也可能接近 V_{CC},视芯片不同而有所不同。

第 4 脚:RS 为寄存器选择,高电平时选择数据寄存器,低电平时选择指令寄存器。

第 5 脚:R/W 为读写信号线,高电平时进行读操作,低电平时进行写操作。当 RS 和 R/W 共同为低电平时可以写入指令或者显示地址,当 RS 为低电平且 R/W 为高电平时可以读取信号，当 RS 为高电平且 R/W 为低电平时可以写入数据。

第 6 脚：E 端为使能端，当 E 端由高电平跳变成低电平时，液晶模块执行命令。

第 7～14 脚：D0～D7 为 8 位双向数据线。

第 15 脚：空脚(1602a 是背光源正极 BLA)。

第 16 脚：空脚(1602a 是背光源负极 BLK)。

LCD1602 液晶显示器内部有一个字符发生存储器 CGROM(Character Generator ROM)，它已经存储了 192 个不同的点阵字符图形。另外还有几个允许用户自定义的字符产生存储器，称为 CGRAM(Character Generator RAM)。表 6-3 说明了 CGROM 和 CGRAM 与常用字符的对应关系。表中，每一个字符都有一个对应的代码，比如大写的英文字母“A”的代码是 01000001B(41H)。将这些字符代码输入显示缓冲区(数据存储器)DDRAM 中，就可以实现显示。字符代码 0x00～0x0F 为用户自定义的字符图形 RAM。0x20～0x7F 为标准的 ASCII 码，0xA0～0xFF 为日文字符和希腊文字符，其余字符码(0x10～0x1F 及 0x80～0x9F)没有定义。

表 6-3 CGROM 和 CGRAM 与常用字符的对应关系

低 4 位	高 4 位									
	0000	0001	0010	0011	0100	0101	0110	0111	1010	1110	1111
××××0000	CGRAM(1)			0	@	P	\	p		α	P
××××0001	(2)		!	1	A	Q	a	q	。	ä	q
××××0010	(3)		“	2	B	R	b	r	┌	β	θ
××××0011	(4)		#	3	C	S	c	s	┘	ε	∞
××××0100	(5)		$	4	D	T	d	t	\	μ	Ω
××××0101	(6)		%	5	E	U	e	u	ם	σ	Ü
××××0110	(7)		$	6	F	V	f	v	ף	ρ	Σ
××××0111	(8)		’	7	G	W	g	w	ד	g	π
××××1000	(1)		(	8	H	X	h	x	亻	√	
××××1001	(2)		)	9	I	Y	i	y	宀	−1	y
××××1010	(3)		*	:	J	Z	j	z	工	j	千
××××1011	(4)		+	;	K	[	k	{	才	x	万
××××1100	(5)		,	<	L	¥	l	|			
××××1101	(6)		—	=	M	]	m	}	ב		÷
××××1110	(7)		.	>	N	^	n	→		ń	
××××1111	(8)		/	?	O	_	o	←		Ö	

除了 CGROM 和 CGRAM 外，HD44780 内部还有一个显示数据存储器 DDRAM(Display Data RAM)，用于存放待显示内容，LCD 控制器的指令系统规定，在送待显示字符代码的指令之前，先要送 DDRAM 的地址(待显示的字符的显示位置)。16 字×2 行的 LCD 显示器的 DDRAM 地址与显示位置的对应关系如图 6-15 所示。

00	01	02	03	04	05	06	07	08	09	0A	0B	0C	0D	0E	0F
40	41	42	43	44	45	46	47	48	49	4A	4B	4C	4D	4E	4F

图 6-15 LCD1602 的内部缓冲区地址与显示位置的对应关系

显示字符时要先输入显示字符地址,告诉模块在哪里显示字符,具体方法见下面对表 6-4 中各指令说明的(8)"DDRAM 地址设置"指令。

2. LCD1602 指令系统

LCD1602 的指令实质上就是其控制芯片 HD44780 的指令,它内部控制器有以下 4 种工作状态。

(1) 当 RS＝0、R/W＝1、E＝1 时,从控制器中读出当前的工作状态。

(2) 当 RS＝0、R/W＝0、E 为下降沿时,向控制器写入控制命令。

(3) 当 RS＝1、R/W＝1、E＝1 时,从控制器读取数据。

(4) 当 RS＝1、R/W＝0、E 为下降沿时,向控制器写入数据。

使能位 E 对执行 LCD 指令起着关键作用,E 有两个有效状态——高电平和下降沿。当 E 为高电平时,如果 R/W 为 0,则单片机向 LCD 写入指令或者数据;如果 R/W 为 1,则单片机可以从 LCD 中读出状态字(BF 忙状态)和地址。而 E 的下降沿指示 LCD 执行其读入的指令或者显示其读入的数据。

1602 液晶模块内部的控制器 HD44780 共有 11 条控制指令,如表 6-4 所示。它的读写操作、屏幕和光标的操作都是通过指令编程来实现的。

表 6-4　1602 指令表

序号	指　令	RS	R/W	D7	D6	D5	D4	D3	D2	D1	D0
1	清显示	0	0	0	0	0	0	0	0	0	1
2	光标返回	0	0	0	0	0	0	0	0	1	×
3	置输入模式	0	0	0	0	0	0	0	1	I/D	S
4	显示开/关控制	0	0	0	0	0	0	1	D	C	B
5	光标或字符移位	0	0	0	0	0	1	S/C	R/L	×	×
6	置功能	0	0	0	0	1	DL	N	F	×	×
7	置字符发生存储器地址	0	0	0	1	字符发生存储器 CGRAM 地址					
8	置显示数据存储器地址	0	0	1	显示数据存储器(缓冲区)DDRAM 地址						
9	读忙标志或地址	0	1	计数器地址(AC)							
10	写数到 CGRAM 或 DDRAM	1	0	要写的数							
11	从 CGRAM 或 DDRAM 读数	1	1	读出的数据							

下面对表 6-4 中各指令进行详细说明。

(1) 清显示。指令码 0x01。即将 DDRAM 的内容全部填入"空白"的 ASCII 20H;光标撤回到液晶显示屏的左上方,把地址计数器(AC)的值设置为 00H。

(2) 光标复位,指令码 0x02 或 0x03。保持 DDRAM 的内容不变,将光标撤回到显示器的左上方,把地址计数器(AC)的值设置为 00H。

(3) 模式设置。设定每次写入 1 位数据后光标的移位方向,并且设定每次写入的一个字符是否移动。参数设定的情况如表 6-5 所示。

表 6-5　模式参数设置情况

I/D	S	设定的情况
0	0	光标左移一格且地址计数器(AC)值减1
0	1	显示器字符全部右移一格,但光标不动
1	0	光标右移一格且地址计数器(AC)值加1
1	1	显示器字符全部左移一格,但光标不动

(4) 显示开关控制。

D：控制整体显示的开与关,高电平表示开显示,低电平表示关显示。

C：控制光标的开与关,高电平表示有光标,低电平表示无光标。

B：控制光标是否闪烁,高电平闪烁,低电平不闪烁。

(5) 光标或显示移位。使光标移位或使整个显示屏幕移位。参数设定的情况如表 6-6 所示。

表 6-6　光标或显示移位参数设置情况

S/C	R/L	设定情况
0	0	光标左移1格,且 AC 值减1
0	1	光标右移1格,且 AC 值加1
1	0	显示器上字符全部左移一格,但光标不动
1	1	显示器上字符全部右移一格,但光标不动

(6) 功能设置命令。设定数据总线位数、显示的行数及字型。

DL：高电平时为 4 位总线,低电平时为 8 位总线。

N：低电平时为单行显示,高电平时双行显示。

F：低电平时显示 5×7 的点阵字符,高电平时显示 5×10 的点阵字符。

(7) 字符发生器 CGRAM 地址设置。设定下一个要存入数据的 CGRAM 的地址。指令码 0x40 ＋"地址",0x40 是设定 CGRAM 地址命令,"地址"是指要设置 CGRAM 的地址。

(8) DDRAM 地址设置。设定下一个要存入数据的 DDRAM 的地址。指令码 0x80 ＋"地址",0x80 是设定 DDRAM 地址的命令,"地址"是指要写入的 DDRAM 地址。比如要在第 2 行第 1 列显示字符"A",第 2 行第 1 个字符的地址是 40H。因为写入显示地址时要求最高位 D7 恒定为高电平1(见表 6-4),所以实际写入的地址应该是：

$$01000000B(40H)＋10000000B(80H)=11000000B(C0H)$$

也就是说地址指针的设置必须在 DDRAM 地址基础上加 80H。然后再往 DDRAM 中写入"A"的字符代码 0x41,这样,LCD 的第 2 行第 1 列就会出现字符"A"了。

需要注意的是：DDRAM 的内容对应于要显示的字符代码(或叫字符地址),而 DDRAM 的地址就对应于显示字符的位置。总而言之,希望在 LCD 的某一特定位置显示某一特定字符,一般要遵循"先指定地址,后写入内容"的原则,但如果希望在 LCD 上显示一字符串,并不需要每次写字符码之前都指定一次地址,这是因为液晶控制模块中有一个计数器叫地址计数器 AC(Address Counter)。地址计数器的作用是负责记录写入 DDRAM 数据的地址,或从 DDRAM 读出数据的地址。

（9）读忙信号和光标地址。

① 读取忙碌信号 BF 的内容。BF：为忙标志位，高电平表示忙，此时模块不能接收命令或者数据，如果为低电平表示不忙。

② 读取地址计数器（AC）的内容。

（10）写数据。

① 将字符码写入 DDRAM，以使液晶显示屏显示相对应的字符。

② 将使用者设计的图形存入 CGRAM。

（11）读数据。读取 DDRAM 或 CGRAM 中的内容。

以上结合 LCD1602 液晶显示器介绍了 HD44780 的指令系统，目前市面上的字符型液晶显示器绝大多数是基于 HD44780 液晶芯片的，所以控制原理完全相同。对于其他型号的液晶显示器在使用时请查阅相关的技术手册。

3. LCD1602 与 MCS-51 的接口

图 6-16 所示的是 LCD1602 液晶显示器与 8051 的一种接口方法。其中，VL 用于调整液晶显示器的对比度，接地时，对比度最高；接正电源时，对比度最低。BLA 和 BLK 用于 LCD1602a，LCD1602 无此引出端。

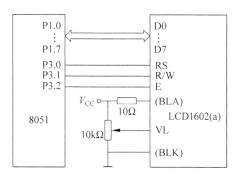

图 6-16　LCD1602 接口电路

四、软件设计

对 LCD1602 的编程分两步完成。首先进行初始化，即设置液晶控制模块的工作方式，如显示模式控制、光标位置控制、起始字符地址等，然后再将待显示的数据传送过去。本设计任务的程序如下：

```
/********************************************************
名称：LCD1602 显示字符串
模块名：AT89C51,LCD1602
功能描述：利用 1602 显示字符串"welcome student"
********************************************************/
# include < reg51.h>
# include < stdio.h>
# define uchar unsigned char
# define uint unsigned int
# define LCD P0
sbit RS = P2^0;                        //寄存器接口
sbit RW = P2^1;                        //读写接口
sbit E = P2^2;
/********************************************************
函数名称：delay
函数功能：延时函数
入口参数：参数 m 控制循环次数,从而控制延时时间长短
********************************************************/
void delay(uint tm)
```

```
    {
        uint i,j;
        for(i = 0;i < tm;i + + )
        {
            for(j = 0;j > 100;j + + ) ;
        }
    }
/ ********************************************************************
函数名称：ReadData
函数功能：读数据
返回值：返回数据值
 ******************************************************************** /
uchar void ReadData()
{
}
/ ********************************************************************
函数名称：WriteData
函数功能：写数据
 ******************************************************************** /
void WriteData(uchar Data)
{
    RS = 1;
    E = 0;
    RW = 0;
    LCD = Data;
    delay(5);
    E = 1;
    delay(1);
    E = 0;
    RW = 1;
}
/ ********************************************************************
函数名称：ReadCommand
函数功能：读指令
 ******************************************************************** /
void ReadCommand(uchar com)
{
    RS = 1;
    RW = 0;
    E = 0;
    com = LCD;
    RW = 0;
    E = 0;
}
/ ********************************************************************
函数名称：WriteCommand
函数功能：写指令
 ******************************************************************** /
void WriteCommand(uchar com)
{
    RS = 0;
```

```
        E = 0;
        RW = 0;
        LCD = com;
        delay(5);
        E = 1;
        delay(1);
        E = 0;
        RW = 1;
}
/ * * * * * * * * * * * * * * * * * * * * * * * * * * * * * * * * * * * * * * * * * * * * * * * * * *
函数名称: init
函数功能: LCD 初始化
* * * * * * * * * * * * * * * * * * * * * * * * * * * * * * * * * * * * * * * * * * * * * * * * * * * /
void init()
{
        delay(15);
        WriteCommand(0x38);
        delay(5);
        WriteCommand(0x38);
        delay(5);
        WriteCommand(0x38);             //设定为8位接口,两行显示模式
        WriteCommand(0x08);             //关闭显示
        WriteCommand(0x06);             //设定 AC 为 + 1 模式,显示不移动
        WriteCommand(0x0C);             //设定显示开,无光标模式
        WriteCommand(0x01);             //清屏
        delay(50);
}
/ * * * * * * * * * * * * * * * * * * * * * * * * * * * * * * * * * * * * * * * * * * * * * * * * * *
函数名称: Display
函数功能: 向 LCD 发送显示数据
入口参数: * a, 以 '\0'结尾字符显示数据
* * * * * * * * * * * * * * * * * * * * * * * * * * * * * * * * * * * * * * * * * * * * * * * * * * * /
void Display(uchar * a)
{
        while( * a != '\0')
        {
                WriteData( * a);
                a + + ;
        }
}
//主程序
void main()
{
        init();
        Display(" welcome student ");
        while(1) ;
}
```

五、Proteus 软件仿真

LCD1602 显示字符串仿真图如图 6-17 所示。

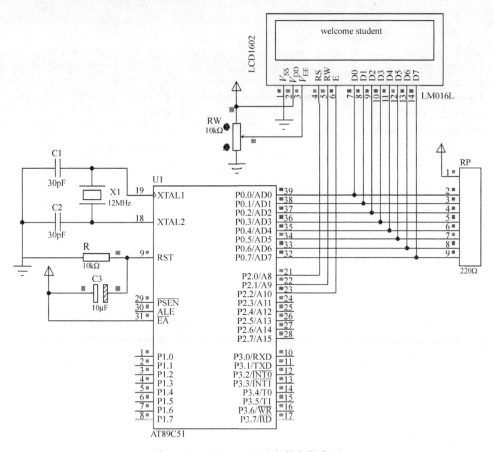

图 6-17   LCD1602 显示字符串仿真图

六、任务小结

（1）本任务的设计是利用字符型液晶显示器 LCD1602 与单片机连接，实现字符串的显示，在字符型液晶显示器的应用当中算是最简单的了。LCD1602 与 8051 单片机连接很方便，可以说 8051 的 4 个并行 I/O 接口都可以与 LCD1602 的数据线和控制线相连，本例数据线连接用的是 P0 口，而控制线连接用的是 P2 口。

（2）LCD1602 进行软件设计，首先必须详细了解 HD44780 的指令系统，掌握其初始化及地址和数据的传送方式，再结合以前所学内容，本任务的程序设计就没太大困难。本例的设计思路是，通电后等待 40ms；设定为 8 位接口，两行显示模式，5×7 点阵显示；设定 AC 为 +1 模式，显示不移动；设定显示开，无光标模式；清除显示。设定完成，可以向 DDRAM 写入要显示的数据进行显示。

任务 6.3　数码管显示 4×4 阵列式键盘按键

一、任务描述

设计一个 8051 单片机连接 4×4 阵列式键盘的应用系统,要求用 LED 数码管显示键盘的按键编号以指示当前所按的是哪个键。通过本任务,熟悉 MCS-51 单片机与阵列式键盘的接线方法,掌握阵列式键盘的识别方法和阵列式键盘的编程方法,进一步掌握单片机全系统调试的过程及方法。

二、硬件原理图

数码管显示 4×4 阵列式键盘按键硬件电路如图 6-18 所示。4×4 阵列式键盘的 8 条引出线直接连接到 8051 的 P3 口上,其中行线接 P3.0~P3.3,列线接 P3.4~P3.7。显示用数码管接至 8051 的 P0 口,P0 直接输出数码管的显示代码(对于本设计来说实际上只用到P0 口的 7 条线)。图中 RP 是电阻排,用做 P0 口的上拉电阻。

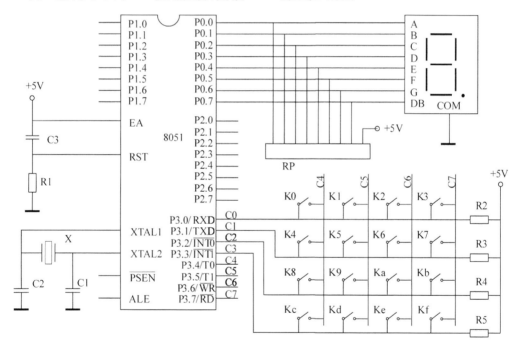

图 6-18　数码管显示 4×4 阵列式键盘按键硬件原理图

三、相关理论知识

知识点三：键盘及其接口

键盘由一组按键组成,一个按键实际上是一个开关元件。在单片机系统中实现向单片机输入数据、传送命令等功能,是人工干预单片机的主要手段。键盘分为非编码键盘和编码键盘,由软件完成对按键闭合状态识别的称为非编码键盘,由专用硬件实现对按键闭合状态识别的称为编码键盘。本教材主要讨论非编码键盘及其接口电路。非编码键盘的按键排列有独立式和矩阵式两种结构。

（一）独立式键盘

1. 独立式键盘结构

独立式按键是指直接用 I/O 口线构成的按键电路。每个按键单独占用一根 I/O 口线，各 I/O 口线之间的工作状态互不影响。独立式按键的典型应用如图 6-19 所示。若没有按键按下，则所有的数据输入线都处于高电平状态。当任何一个键按下时，与之相连的数据输入线将被拉成低电平，要判断是否有键按下，只需查询端口是否出现低电平的情况，以此判断哪个按键被按下。

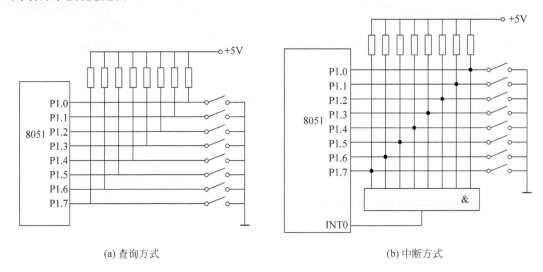

(a) 查询方式   (b) 中断方式

图 6-19　独立式键盘电路

在图 6-19 所示的电路中，按键输入都采用低电平有效，上拉电阻保证了按键断开时，各 I/O 口线有确定的高电平。当 I/O 内部有上拉电阻时，外电路的上拉电阻可以省去。独立式键盘接口电路配置灵活，软件结构简单，但每个按键必须占用一根 I/O 口线，在键数较多时，I/O 口线浪费较大，故只在按键数量不多时才采用这种键盘结构。

2. 独立式键盘的软件设计

独立式键盘的软件设计可采用中断方式和查询方式。中断方式下，按键往往通过与门连接到外部中断 INT0、INT1 或 T0、T1 的接口上，见图 6-19(b)。编写程序时，需要在主程序中将相应的中断允许打开，各个按键的功能应在相应的中断子程序中编写完成。查询方式是：逐位查询连接按键的每根 I/O 口线的输入状态，如某一根 I/O 口线的输入为低电平，则可确认该 I/O 口线所对应的按键已按下，然后再转向该键的功能处理程序。比如图 6-19(a)中的 8 个开关接在 P1 口，在识别按键时将 P1 口的值分别与 0x01、0x02、0x04、0x08、0x10、0x20、0x40、0x80 进行"与"操作，如果相"与"之后为 0，表明对应的键已按下。

查询方式的程序如下：

```
# include < reg51.h>
void main( void )
```

```
{
  P1 = 0xFF;                              //作为输入,首先输出高
  while ( 1 )
  {
    if    ( ( P1 & 0x01 ) == 0 ) …;      //为真则 P1.0 对应键按下,执行 1♯键功能
    else  if ( ( P1 & 0x02 ) == 0 ) …;   //为真则 P1.1 对应键按下,执行 2♯键功能
    else  if ( ( P1 & 0x04 ) == 0 ) …;   //为真则 P1.2 对应键按下,执行 3♯键功能
    else  if ( ( P1 & 0x08 ) == 0 ) …;   //为真则 P1.3 对应键按下,执行 4♯键功能
    else  if ( ( P1 & 0x10 ) == 0 ) …;   //为真则 P1.4 对应键按下,执行 5♯键功能
    …                                    //其他键识别
  }
}
```

另外也可对各键单独进行 sbit 定义,如第三个按键的识别方法为:

```
…
sbit   K3   =   P1^2;
void main( void )
{
  P1 = 0xFF;
  while ( 1 )
  {
    if(K3 == 0)                          //K3 识别
    {
      …                                  //K3 功能
    }
    …                                    //其他键识别
  }
}
```

在上述程序中,没有考虑按键的抖动问题,实际应用时要经过延时后再次确认键是否被按下(见矩阵式键盘按键的识别)。

(二) 矩阵式键盘

独立式按键只能用于键盘数量要求较少的场合,在单片机系统中,当按键数较多时,为了节省 I/O 口线,通常采用矩阵式又称行列式键盘。

1. 矩阵式键盘的结构及原理

矩阵式键盘也叫阵列式键盘,它由行线和列线组成,按键位于行、列线的交叉点上,设键盘中有 $m \times n$ 个按键,采用矩阵式结构需要 $m+n$ 条口线,显然,在按键数量较多时,矩阵式键盘较独立式按键键盘要节省很多 I/O 口。矩阵式键盘中,行、列线分别连接到按键开关的两端,行线(或列线)通过上拉电阻接 +5V(I/O 口内部若有上拉电阻,片外可不接)。图 6-20 所示的是一个 4×4 的矩阵式键盘,它需要 4+4=8 条口线。

2. 矩阵式键盘按键的识别

当无键按下时,所有的行线与列线断开,行线都处于高电平状态;当有键按下时,则该键所对应的行、列线将短接导通,此时,行线电平将由与此行线相连的列线电平决定。这是识别按键是否按下的关键。然而,矩阵键盘中的行、列线和多个键相连,各按键按下与否均影响该键所在行线和列线的电平,即各按键间将相互影响,因此,必须将行线、列线信号

配合起来作适当处理,才能确定闭合键的位置。识别按键的方法很多,其中最常见的方法是扫描法。

下面以图 6-20 中 K9 键的识别为例来说明利用扫描法识别按键的过程。

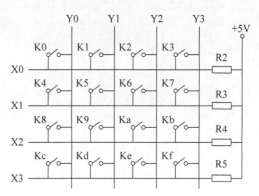

图 6-20　4×4 矩阵式键盘结构

(1) 判断键盘上有无按键闭合。由单片机向所有列线输出低电平"0",然后读行线的状态,若全为高电平"1",则说明键盘上没有按键闭合;若行线不为全"1",则表明有键按下。例如 K9 键按下时,行线 X2 一定为低电平"0"。

(2) 消抖处理。当判断有键闭合后,需要进行消抖处理。按键是一种机械开关,其机械点在闭合或断开瞬间,会出现电压抖动现象。为了保证按键识别的准确性,可采用硬件和软件两种方法进行消抖处理。硬件方法可采用 RS 触发器等消抖电路。硬件方法需要增加元件,电路较复杂。软件上采取的措施是:在 CPU 检测到有按键按下时,先调用执行一段延时程序后,再检测此按键,若仍为按下状态电平,则 CPU 确认该键确实被按下,否则认为是按键的抖动。延时子程序的具体时间应根据所使用的按键情况进行调整,一般为 10ms 左右。

(3) 判别键号。将列线中的一条置"0"其余为"1",若该列无键闭合,则所有的行线状态均为"1";若有键闭合,则相应的行线会为"0",依次将列线置"0",读取行线状态,根据行列线号可获得键号。在图 6-20 中,若列线 Y1 输出为"0"时,读出行线 X2 为低电平"0",则列线 Y1 与行线 X2 相交的键(K9 键)处于闭合状态。

(4) 键的释放。再次延时判定闭合键释放,键释放后将键号保存,然后执行处理按键对应的功能操作。

3. 矩阵式键盘的工作方式

在单片机应用系统中,键盘扫描只是 CPU 的工作内容之一。CPU 对键盘的响应取决于键盘的工作方式,键盘的工作方式应根据实际应用系统中 CPU 的工作状况而定,其选取的原则是既要保证 CPU 能及时响应按键操作,又不要过多占用 CPU 的工作时间。通常键盘的工作方式有三种,即编程扫描、定时扫描和中断扫描。

(1) 编程扫描方式。编程扫描方式利用 CPU 完成其他工作的空余时间来调用键盘扫描子程序,响应键盘输入的要求。在执行键盘功能程序时,CPU 不再响应键盘输入要求,直到 CPU 重新开始扫描键盘为止。

(2) 定时扫描方式。定时扫描方式就是每隔一段时间对键盘扫描一次。它利用单片机内部的定时器产生一定时间(如 10ms)的定时,当定时时间到就产生定时器溢出中断,CPU 响应中断后对键盘进行扫描,并在有键按下时识别出该键,再执行该键的功能程序。由于中断返回后要经过 10ms 后才会再次中断,相当于延时 10ms,因此程序无须再延时。定时扫描方式的硬件电路与编程扫描方式相同。

(3) 中断扫描方式。采用上述两种键盘扫描方式时,无论是否按键,CPU 都要定时扫描键盘,而单片机应用系统工作时并不是经常需要键盘输入,因此,CPU 经常处于空扫描状态。为提高 CPU 的工作效率,可采用中断扫描方式。图 6-21 所示的是一种简易的按中断扫描方式工作的 4×4 矩阵键盘接口电路,其工作过程如下:当无键按下时,CPU 处理其他工作;当有键按下时,将有一条列线降为低电平,通过与门向单片机发出中断请求,CPU 转去执行键盘扫描子程序,并识别键号。

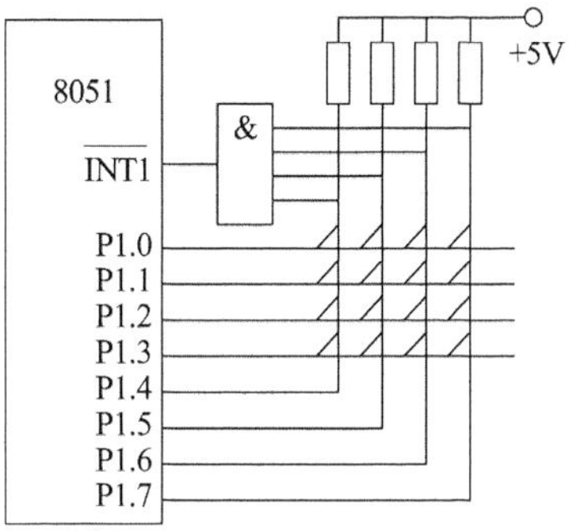

图 6-21 中断扫描方式的矩阵式键盘接口

四、软件设计

因为本设计任务功能比较简单,所以可以采用编程扫描的工作方式进行设计。

数码管显示 4×4 阵列式键盘按键源程序如下:

```
/ **********************************************************
名称:数码管显示 4×4 阵列式键盘按键
模块名:AT89C51
功能描述:当有按键按下时,LED 数码管显示键盘的按键编号以指示当前所按的是哪个键
********************************************************** /
#include < reg52.h>
#define uchar unsigned char
#define uint unsigned int

uchar const dofly[ ] =
{  0x3f,0x06,0x5b,0x4f,0x66,0x6d,0x7d,0x07,
   0x7f,0x6f, 0x77,0x7c,0x39,0x5e,0x79,0x71 };   //0~F 的显示代码
uchar keys_scan();
void delay(uint i);
//主程序
void main()
{
  uchar key;
  P0 = 0x00;                           //数码管灭,为显示键码做准备
  while(1)
  {
    key = keys_scan();                 //调用键盘扫描
    switch(key)
    {
      case 0xee:P0 = dofly[0];break;    //0 按下相应的键显示相应的码值
      case 0xde:P0 = dofly[1];break;    //1
      case 0xbe:P0 = dofly[2];break;    //2
      case 0x7e:P0 = dofly[3];break;    //3
      case 0xed:P0 = dofly[4];break;    //4
      case 0xdd:P0 = dofly[5];break;    //5
```

```
            case 0xbd:P0 = dofly[6];break;              //6
            case 0x7d:P0 = dofly[7];break;              //7
            case 0xeb:P0 = dofly[8];break;              //8
            case 0xdb:P0 = dofly[9];break;              //9
            case 0xbb:P0 = dofly[10];break;             //a
            case 0x7b:P0 = dofly[11];break;             //b
            case 0xe7:P0 = dofly[12];break;             //c
            case 0xd7:P0 = dofly[13];break;             //d
            case 0xb7:P0 = dofly[14];break;             //e
            case 0x77:P0 = dofly[15];break;             //f
        }
    }
}
/*******************************************************************
函数名称: keys_scan
函数功能: 键盘扫描函数
返回值: 返回键盘码,高 4 位为行码,低 4 位为列码
  *****************************************************************/
uchar keys_scan()
{
    uchar cord_h,cord_l;                    //行列值
    P3 = 0x0f;                              //列线输出全为 0
    cord_h = P3 & 0x0f;                     //读入行线值
    if(cord_h != 0x0f)                      //先检测有无按键按下
    {
        delay(100);                          //消抖动
        cord_h = P3 & 0x0f;
        if(cord_h != 0x0f)
        {
            P3 = cord_h|0xf0;
            cord_l = P3 & 0xf0;
            return(cord_h + cord_l);
        }
    }
return(0xff);
}
/*******************************************************************
函数名称: delay
函数功能: 延时函数
入口参数: 参数 i 控制循环次数,从而控制延时时间长短
  *****************************************************************/
void delay(uint i)
{
    while(i--);
}
```

五、Proteus 软件仿真

数码管显示 4×4 阵列式键盘按键的 Proteus 仿真图如图 6-22 所示。

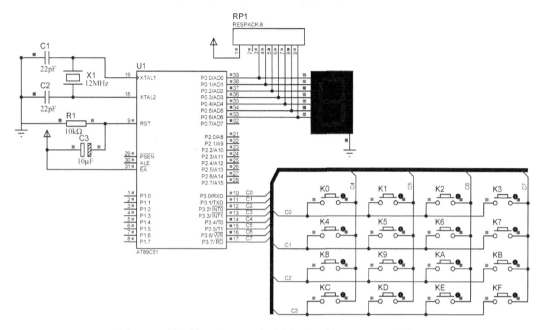

图 6-22　数码管显示 4×4 阵列式键盘按键的 Proteus 仿真图

六、任务小结

本设计是用数码管显示 4×4 阵列式键盘的按键代号。在硬件设计时不必在按键代号上考虑过多,只要选择合适的 I/O 口线将阵列式键盘的引出线分别连接就行了,至于按键代号,可在电路画好之后再编。按下一个键让数码管显示什么内容是由设计者决定的。需要注意的是每个按键的两端要分别接到行线和列线上,不能都接到行线或列线上。只要接好后,行线和列线的意义是不同的。软件设计的重点内容就是按键的识别方法,要严格按文中介绍的 4 个步骤进行。

任务 6.4　MAX7219 驱动 8 位数码管显示数字

一、任务描述

本设计任务是采用 MAX7219 驱动 8 位数码管显示数字,显示信息是:2010.12.27。MAX7219 是集成式共阴极显示驱动器,它用来连接 8051 单片机和 8 位七段共阴极数码管。MAX7219 仅占用 8051 的三条 I/O 线,特别是在它输出所有显示内容后单片机不需要刷新数码管,大大节省了对单片机的时间占用。通过本任务,熟悉 MAX7219/MAX7221 与单片机和 LED 数码管的接线方法,掌握共阴极数码管显示驱动器 MAX7219/MAX7221 的编程方法,进一步掌握单片机全系统调试的过程及方法。

二、硬件原理图

MAX7219 驱动数码管显示硬件原理图如图 6-23 所示。MAX7219 的串行数据输入端 DIN、载入数据控制端 LOAD 和时钟信号输入端 CLK 分别接 8051 的 P2.0,P2.1 和 P2.2, 显示代码输出端并接在 8 个数码管的段码输入端,8 个数据驱动端分别接 8 个数码管的公共端。图中 LED 是 8 个共阴极数码管,按动态显示方式工作。

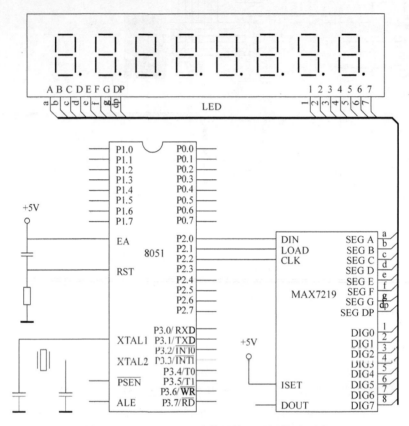

图 6-23　MAX7219 驱动数码管显示硬件原理图

三、相关理论知识

知识点四：串行接口 8 位 LED 显示驱动器 MAX7219/MAX7221

MAX7219/MAX7221 是一种集成化的串行输入的共阴极显示驱动器,它连接微处理器与 8 位 7 段 LED 数码管,也可以连接 8×8 LED 点阵式显示器。用 MAX7219/MAX7221 作为显示驱动电路,只需三根端口线与单片机相连,并且软件驱动编程简单,控制方式灵活,使显示部分的电路和编程大为简化。

（一）MAX7219/MAX7221 结构与引脚功能

MAX7219/MAX7221 内部包括一个 B 型 BCD 编码器、多路扫描回路、段字驱动器,而且还有一个 8×8 的静态 RAM 用来存储每一个数据;一个外部寄存器用来设置各个 LED 的段电流;允许用户对每一个数据选择编码或者不编码。整个模块包含一个 $150\mu A$ 的低功耗关闭模式,模拟和数字亮度控制,一个扫描位数限制寄存器允许用户显示 1~8 位数据,还有一个让所有 LED 发光的检测模式。

MAX7219/MAX7221 具有以下功能特点。

- 10MHz 连续串行口。
- 独立的 LED 段控制。
- 数字的译码与非译码选择。
- $150\mu A$ 的低功耗关闭模式。
- 亮度的数字和模拟控制。
- 高电压中断显示。
- 共阴极 LED 显示驱动。
- 限制回转电流的段驱动来减少 EMI（MAX7221）。
- SPI, QSPI, MICROWIRE 串行接口（MAX7221）。

MAX7219/MAX7221 采用 24 脚的 DIP 或 SO 封装形式（见图 6-24），其引脚描述见表 6-7。

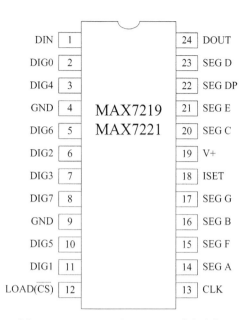

图 6-24　MAX7219/MAX7221 引脚功能

表 6-7　MAX7219/MAX7221 引脚功能表

引　　脚	名　　称	功　　能
1	DIN	串行数据输入端口。在时钟上升沿时数据被载入内部的 16 位寄存器
2,3,5～8,10,11	DIG0～DIG7	8 位 LED 位选线,低电平有效。关闭时,MAX7219 此管脚输出高电平,MAX7221 呈现高阻抗
4,9	GND	地线(4 脚和 9 脚必须同时接地)
12	LOAD(MAX7219)	载入数据。连续数据的后 16 位在 LOAD 端的上升沿时被锁定
	$\overline{CS}$(MAX7221)	片选端。该端为低电平时串行数据被载入移位寄存器。连续数据的后 16 位在 CS 端的上升沿时被锁定
13	CLK	时钟信号输入端。最大速率为 10MHz,在时钟的上升沿,数据移入内部移位寄存器。下降沿时,数据从 DOUT 端输出。对 MAX7221 来说,只有当 CS 端为低电平时时钟输入才有效
14～17,20～23	SEG A～SEG G,DP	7 段和小数点驱动,为显示器提供电流。当一个段驱动关闭时,MAX7219 的此端呈低电平,MAX7221 呈现高阻抗
18	ISET	通过一个电阻连接到 V_{DD} 来提高段电流
19	V+	正极电压输入,+5V
24	DOUT	串行数据输出端口,从 DIN 输入的数据在 16.5 个时钟周期后在此端有效。当使用多个 MAX7219/MAX7221 时用此端方便扩展

（二）MAX7219/MAX722 指令系统

1. 串行地址格式

对 MAX7219 来说,串行数据在 DIN 输入 16 位数据包,无论 LOAD 端处于何种状态,在时钟的上升沿数据移入到内部 16 位移位寄存器。对 MAX7221 来说,无论数据输入或输出,$\overline{CS}$ 必须为低电平。然后数据在 LOAD/$\overline{CS}$ 的上升沿被载入数据寄存器或控制寄存器。LOAD/$\overline{CS}$ 端在第 16 个时钟的上升沿同时或之后,下个时钟上升沿之前变为高电平,否则数据将会丢失。在 DIN 端的数据传输到移位寄存器在 16.5 个时钟周期之后出现在 DOUT 端。在时钟的下降沿数据将被输出。数据位标记为 D0～D15(如表 6-8 所示)。D8～D11 为寄存器地址位。D0～D7 为数据位。D12～D15 为无效位。在传输过程中,首先接收到的是 D15(MSB)位。

表 6-8　串行数据格式

D15	D14	D13	D12	D11	D10	D9	D8	D7	D6	D5	D4	D3	D2	D1	D0
×	×	×	×	地址				MSB			数据				LSB

2. 数据寄存器和控制寄存器

表 6-9 列出了 14 个可寻址的数据寄存器和控制寄存器。数据寄存器由一个在片上的 8×8 双向 SRAM 来实现。它们可以直接寻址,所以只要在 V+大于 2V 的情况下每个数据都可以独立地修改或保存。控制寄存器包括编码模式、显示亮度、扫描位数限制、关闭模式以及显示检测 5 个寄存器。

表 6-9　数据寄存器和控制寄存器

寄存器	地址					十六进制编码
	D15～D12	D11	D10	D9	D8	
无操作	×	0	0	0	0	×0
数字 0	×	0	0	0	1	×1
数字 1	×	0	0	1	0	×2
数字 2	×	0	0	1	1	×3
数字 3	×	0	1	0	0	×4
数字 4	×	0	1	0	1	×5
数字 5	×	0	1	1	0	×6
数字 6	×	0	1	1	1	×7
数字 7	×	1	0	0	0	×8
译码模式	×	1	0	0	1	×9
亮度	×	1	0	1	0	×A
扫描范围	×	1	0	1	1	×B
掉电	×	1	1	0	0	×C
显示测试	×	1	1	1	1	×F

3. 掉电模式

MAX7219 掉电后,扫描振荡器关闭,所有段电流源和地连接,所有数字驱动与 V+相连,所以显示熄灭。MAX7221 除了数字驱动呈现高阻抗以外,其他都与 MAX7219 一样。数据寄存器和控制寄存器里的数据是不变的。停机模式可以节省电源,为了满足掉电模式最低的工作电流,逻辑输入应该为 GND 或 V+(CMOS 的逻辑电位)。

MAX7219/MAX7221 可以在小于 $250\mu s$ 的时间内离开掉电模式。在掉电模式下,显示驱动是可以编程的,而且在显示检测的时候不用考虑它是否在掉电模式下工作。表 6-10 所示的是掉电模式寄存器格式。

表 6-10　掉电模式寄存器格式

模式	十六位地址	数　据							
		D7	D6	D5	D4	D3	D2	D1	D0
掉电	XC	×	×	×	×	×	×	×	0
正常	XC	×	×	×	×	×	×	×	1

4. 初始状态

在初始状态下,所有的控制寄存器将被重置,显示器熄灭,MAX7219/MAX7221 进入掉电模式。要对显示驱动预先编程以便日后显示而用,否则它将以最初的设置来扫描每一位数据,不对数据寄存器里的数据进行扫描,显示亮度寄存器设置为最小值。

5. 译码模式寄存器

用来设置对每个数据进行 B 型 BCD 译码或者不译码。寄存器中的每一位对应一个数据。逻辑高电平用来选择译码,低电平用来取消译码。当选择译码模式时,译码器只对数据的低 4 位($D3 \sim D0$)进行译码,$D4 \sim D6$ 为无效位。$D7$ 位用来设置小数点,不受译码器的控制。表 6-11 所示为 B 型 BCD 译码的格式。

表 6-11　B 型 BCD 译码格式

字符	寄存器数据						段　码							
	D7	D6~D4	D3	D2	D1	D0	DP	A	B	C	D	E	F	G
0		×	0	0	0	0	1	1	1	1	1	1	1	0
1		×	0	0	0	1	0	1	1	0	0	0	0	0
2		×	0	0	1	0	1	1	0	1	1	0	1	
3		×	0	0	1	1	1	1	1	1	0	0	1	
4		×	0	1	0	0	0	1	1	0	0	1	1	
5		×	0	1	0	1	1	0	1	1	0	1	1	
6		×	0	1	1	0	1	0	1	1	1	1	1	
7		×	0	1	1	1	1	1	1	0	0	0	0	
8		×	1	0	0	0	1	1	1	1	1	1	1	
9		×	1	0	0	1	1	1	1	1	0	1	1	
—		×	1	0	1	0	0	0	0	0	0	0	0	1
E		×	1	0	1	1	1	0	0	1	1	1	1	
H		×	1	1	0	0	0	1	1	0	1	1	1	
L		×	1	1	0	1	0	0	0	1	1	1	0	
P		×	1	1	1	0	1	1	0	0	1	1	1	
灭		×	1	1	1	1	0	0	0	0	0	0	0	

注:$D7 = 1$ 时显示小数点。

当选择不译码时,数据的 8 位与 MAX7219/MAX7221 的各段线上的信号一致。表 6-12 列出了每个数字对应的段位码。

表 6-12　数字与段位码的对应关系表

D7	D6	D5	D4	D3	D2	D1	D0
DP	A	B	C	D	E	F	G

6. 亮度控制

MAX7219/MAX7221 通过加在 V+ 和 ISET 之间的一个外部电阻来控制显示亮度。段驱动电流一般是流入 ISET 端电流的 100 倍。这个电阻可以是固定电阻,也可以是可变电阻,其最小值为 $9.53\text{k}\Omega$,设定段电流为 40mA。

显示亮度也可以通过亮度寄存器来控制。它是通过亮度寄存器的低 4 位控制的脉宽调制器来控制显示亮度的。调制器将段电流平均分为 16 个阶次,最大值为由 R_{SET} 设置的最大电流的 31/32,最小值为电流峰值的 1/32(MAX7221 为 15/16~1/16)。

7. 扫描控制寄存器

扫描控制寄存器用来设定扫描显示器的个数,从 1 个到 8 个,它们将以 800Hz 的扫描速率进行多路扫描显示。如果数据少,扫描速率为 $8f_{osc}/N$,N 是指需要扫描数字的个数。扫描数据的个数影响显示亮度,所以不能将扫描寄存器设置为空扫描。

如果扫描寄存器被设置扫描 3 个数据或者更少,个别的数据驱动将损耗过多的能量。所以,R_{SET} 的值必须根据显示数据的个数来确定,从而限制个别数据驱动对能量的浪费。

8. 显示检测寄存器

显示检测寄存器有正常和显示检测两种工作状态。显示检测状态在不改变所有其他控制和数据寄存器(包括关闭寄存器)的情况下将所有 LED 都点亮。在此状态下,8 个数据都会被扫描。

9. 不工作寄存器

当有多个 MAX7219/MAX7221 被串接使用时要用到不工作寄存器。把所有芯片的 LOAD/$\overline{\text{CS}}$ 端连接在一起,把相邻的芯片的 DOUT 和 DIN 连接在一起。DOUT 是一个 CMOS 逻辑电平的输出口,它可以很容易地驱动下一级的 DIN 口。例如,如果 4 个 MAX7219 被连接起来使用,然后向第 4 个芯片发送必要的 16 位数据,后面跟三组 NO-OP (无操作)代码(见表 6-9)。然后使 LOAD/$\overline{\text{CS}}$ 端变为高电平,数据则被载入所有芯片。前 3 个芯片接收到 NO-OP 代码,第 4 个接收到有效数据。

(三)MSC-51 与 MAX7219/MAX7221 的接口

由于 MAX7219/MAX7221 是一种串行输入显示驱动器,只需要将 DIN、LOAD/$\overline{\text{CS}}$ 和 CLK 三个引脚与 MCS-51 的 I/O 口连接,ISET 通过电阻接正电源可以提高段电流。如果显示位数超出 8 位,可以扩展 MAX7219/MAX7221 的连接:将后一个 MAX7219/MAX7221 的数据输入端 DIN 接到前一个 MAX7219/MAX7221 的数据输出端 DOUT,所有的 DIN 和 LOAD/$\overline{\text{CS}}$ 端并接在一起,图 6-25 所示的是扩展至 16 位显示的接口电路。

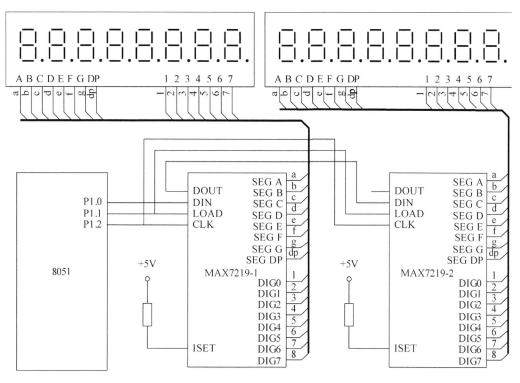

图 6-25　MSC-51 与 MAX7219 的接口电路

四、软件设计

MAX7219 驱动 8 位数码管显示数字源程序如下：

```
/****************************************************************
名称：MAX7219 驱动 8 位数码管显示数字
模块名：AT89C51,MAX7219
功能描述：采用集成式专用数码管驱动芯片,实现与 8051 的三线串行通信
 ****************************************************************/
#include < reg51.h >
#include < stdio.h >
#define uchar unsigned char
sbit DIN  = P2^0;                              //选择接口
sbit CLK  = P2^2;
sbit LOAD = P2^1;
uchar Add,Dat;
/****************************************************************
函数名称：write
函数功能：向 MAX7219 发送数据函数
入口参数：Addr,MAX7219 寄存器地址；Dat,写入寄存器的数据
 ****************************************************************/
void write(Addr,Dat)
{
    uchar Buff,i,j;
```

```
        CLK = 0;
        LOAD = 0;
        DIN = 0;
        i = 4;
        while(i < 16)
        {
          if(i < 8)  {  Buff = Addr;    }
          else     {  Buff = Dat;    }
          for(j = 8; j >= 1; j-- )
          {
              if((Buff & 0x80) == 0)  {  DIN = 0;  }
              else  {   DIN = 1;  }
              Buff = Buff << 1;
              CLK = 1;
              CLK = 0;
          }
          i = i + 8;
        }
        LOAD = 1;
    }
    //主程序
    void main()
    {
        write(0x09,0xff);                    //采用译码方式
        write(0x0a,0x07);                    //设置亮度 0x00～0x0F,0x0F 最亮
        write(0x0c,0x01);                    //工作模式为正常状态
        write(0x0b,0x07);                    //设置扫描范围 8 位
        while(1)
        {
            write(0x01,0x02);
            write(0x02,0x00);
            write(0x03,0x01);
            write(0x04,0x80);
            write(0x05,0x01);
            write(0x06,0x82);
            write(0x07,0x02);
            write(0x08,0x07);
        }
    }
```

五、Proteus 软件仿真

MAX7219 驱动 8 位数码管显示数字仿真图如图 6-26 所示。

六、任务小结

(1) 本任务是利用共阴极数码管显示驱动器 MAX7219 与单片机连接,驱动 8 位数码管显示数字。MAX7219 与 8051 单片机和数码管的硬件连接比较方便,8051 的 I/O 接口都可以与 MAX7219 的数据和控制线相连,本设计实例采用的是 P2 口。需要注意的是数码管只能采用共阴极的。

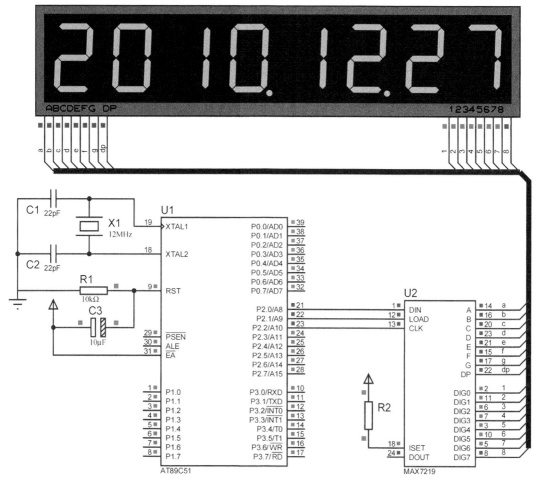

图 6-26　MAX7219 驱动 8 位数码管显示数字仿真图

（2）要进行软件设计，首先必须详细了解 MAX7219 的指令系统，掌握其初始化及地址和数据的传送方式。应当注意的是：选择译码模式时，只有数据的低 4 位（D3～D0）有效，D4～D6 是无效位，而 D7 位是小数点。

（3）在实际应用时，为了提高抗干扰能力，应在 V_{cc} 到 GND 之间添加一个 $10\mu F$ 的电解电容和一个 $0.1\mu F$ 左右的陶瓷电容，并在 DIN、LOAD、CLK 到 GND 之间接入 30pF 左右的小电容。

小　　结

本模块通过三个任务实训，重点介绍了单片机与 LED 数码管、点阵式 LED 显示器、LCD 字符液晶显示器等常见的电子显示器件，以及键盘输入器件之间的接口及编程应用。另外，详细介绍了常用的集成式数码管显示驱动器件 MAX7219 工作原理及与单片机之间的接口电路设计。学完本模块后，要求：

（1）掌握 8051 与 LED 数码管、点阵式 LED 显示器、LCD 液晶显示器之间的接口设计，熟悉其编程步骤及技巧。

（2）理解 LED 数码管的静态和动态显示的区别。

（3）理解点阵式 LED 动态显示和 LCD 液晶显示的工作原理及应用。

（4）掌握独立式按键和矩阵式按键的接口设计方法及编程。

（5）熟悉数码管显示驱动器件 MAX7219 的工作原理及应用设计。

思考与练习

1. 填空题

（1）LED 数码管按其内部电路连接方式可分为＿＿＿＿和＿＿＿＿两种结构。

（2）共阴极 LED 数码管要显示数字"2"，其 B、C 段对应的二进制代码分别为＿＿＿＿。

（3）对于 4×6 的 LED 显示屏，在实际应用时需要＿＿＿＿个驱动电路。

（4）LCD1602 当 RS 为＿＿＿＿电平，R/W 为＿＿＿＿电平时可以写入数据。

（5）想要在 LCD1602 的第一行第三个字符位置显示英文字母"Y"，应设置 DDRAM 的地址指针为＿＿＿＿，字符代码是＿＿＿＿。

（6）MCS-51 单片机所用键盘，按连接方式可分为＿＿＿＿和＿＿＿＿。

（7）MAX7219/MAX7221 是一种集成化的＿＿＿＿行输入的共阴极显示驱动器，与单片机连接只需要＿＿＿＿根端口线。

2. 思考题

（1）在单片机应用系统中，LED 数码管显示电路共有哪些显示方式？各有什么特点？

（2）LCD 与 LED 的结构和性能特点有何异同？

（3）LCD1602 与 MCS-51 单片机连接时有哪些控制信号？是如何控制其工作状态的？

（4）HD44780 内部的 CGROM、CGRAM 和 DDRAM 各有什么作用？

（5）叙述阵列式键盘的工作原理，中断方式与查询方式的键盘硬件和软件有何不同？

（6）简述利用扫描法识别按键的过程。

（7）对于由机械式按键组成的键盘，应如何消除按键抖动？独立式按键和矩阵式按键分别具有什么特点？适用于什么场合？

（8）按照图 6-5 所示电路，利用"数组"重新编程使数码管显示 012345。

（9）按照图 6-1 所示电路，编程使 LED 点阵显示"心"的形状。

（10）以 8051 的 P2.0～P2.3 为列线端口，P2.4～P2.7 为行线端口，设计一个以中断扫描方式工作的 4×4 阵列式键盘电路，并说明其中断程序的编写方法。

## CHAPTER 7

MCS-51单片机输入/输出通道接口技术

任务7.1 简易数字电压表的制作

一、任务描述

利用 MCS-51 单片机和 A/D 转换器设计一个数字直流电压表。将被测电压(模拟电量)送给模/数转换器,转换为与模拟量成正比的数字量,然后输入单片机进行处理,要求测量范围为 0~+5V,测量结果用 3 位 LED 数码管显示。通过本任务,了解 A/D 芯片 ADC0809 的工作原理及编程,掌握单片机与 ADC0809 的接口技术,了解单片机如何进行数据采集,进一步掌握 LED 数码管动态显示的工作原理。

二、硬件原理图

直流电压表硬件原理图如图 7-1 所示。采用 ADC0809 进行模数转换,ADC0809 的数字输出端直接与 8051 的 P0 口相连,由于只测量一路直流电压,图中将地址选择线 A、B、C 接地,以选择第一个通道(IN0),这样可以节省地址锁存器件。LED 显示采用动态方式,其段码线连接 8051 的 P1 口,位选信号由 8051 的 P2.0~P2.2 提供,P2.3 作为 ADC0809 的地址控制端(ADC0809 的地址为 0xF7F8)。应该注意的是,在实际应用时 LED 的位选线应加驱动和限流元件。为了便于仿真,被测电压利用电位器 RV 对 V_{CC} 分压获得。

三、相关理论知识

知识点一:输入/输出通道概述

单片机应用系统由单片机系统和被控制对象两大部分组成,通过单片机系统的数据采集、处理和控制,使被控对象完成预定操作。单片机系统和被控对象之间信息的传递有输入和输出两种类型。信息传递的通道称为输入/输出通道。图 7-2 所示的是单片机应用系统输入/输出通道的一般结构图。

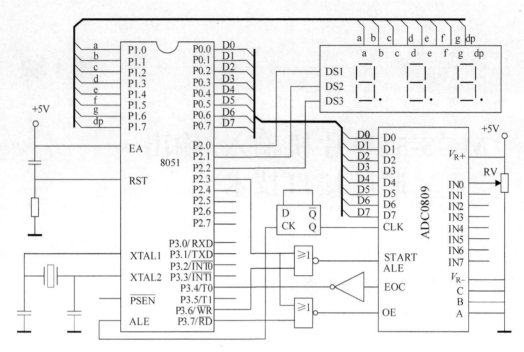

图 7-1　直流电压表硬件原理图

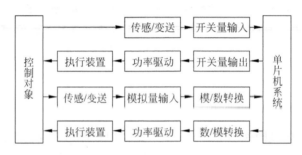

图 7-2　单片机应用系统输入/输出通道的一般结构图

输入通道也叫前向通道,是指被测对象与单片机联系的信号通道,包括传感器或敏感元件、通道结构、信号调节、A/D 转换、电源的配置、抗干扰等;输出通道也叫后向通道,指单片机与被控对象联系的信号通道,包括功率驱动、干扰的抑制、D/A 转换等。要传递的信息有两种不同形式:一是随时间变化的连续物理量(模拟量);二是具有开、关两种离散状态的物理量(数字量)。

(一) 数字量输入/输出通道

1. 数字量输入通道

日常工作中经常会遇到如电气设备的启停指令、行程开关闭合、断路器动作等开关量信号的输入。这类被控对象的开关状态一般情况下是不能直接接入单片机的。为了实现与被控对象的信息传递,必须解决两个问题。

(1) 电平匹配。现场开关量一般不是 TTL 电平,需要进行电平转换。电平转换的最简单方法是采用分压电路,也可采用电气隔离的方法。

（2）电气隔离。使用单片机控制的场合环境一般比较恶劣,原因是来自于现场的干扰严重。为避免现场电气对单片机的干扰,必须将单片机和被控对象之间进行电气隔离。隔离的一般方法是采用光电隔离。

图 7-3(a)是开关量输入的一般结构图。利用光电耦合器将外部电路和内部电路隔离,避免互相干扰。它的输出端接到单片机的端口线上。来自外部的开关量输入接到光电耦合器的发光二极管,当外部开关动作时,输入为低电平,光电耦合器的发光二极管亮,其右侧的光敏三极管导通,输出为低电平。在单片机的 I/O 口线上适时采样就可得到外部开关量输入的相应状态。

2. 数字量输出通道

与开关量输入类似,开关量输出也要采用光电隔离以避免干扰。同时由于单片机端口的驱动能力不足,必须在端口线上加驱动电路。图 7-3(b)是开关量输出的一般结构图。来自单片机 I/O 口的数字量接在光电耦合器的发光二极管侧。当 I/O 口线为低电平时,右侧的三极管导通,从而输出低电平,经外围驱动电路使被控对象进行相应的动作。

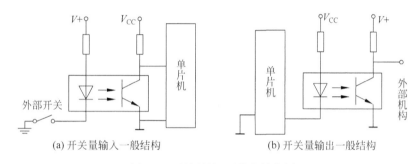

(a) 开关量输入一般结构　　(b) 开关量输出一般结构

图 7-3　开关量输入/输出结构图

(二) 模拟量输入/输出通道

在单片机的应用系统中,被测量对象有些是电量(如电压、电流等),而有些是非电量(如温度、压力、速度等),须经传感器转换成连续变化的模拟电信号(电压、电流)。这些模拟电信号还需转换为数字量后才能输入单片机进行处理。单片机处理后的数字量,也常常需要转换为模拟信号。这些都需要通过模拟量(或模拟与数字混合)输入/输出通道进行处理。

1. 传感器

传感器是将非电量转换成连续变化的模拟电量信号的器件。非电量测量系统中的一种前端部件就是传感器,它将各种输入变量转换成可供测量的电信号以便计算机处理。按传感器的用途可以将传感器分为:压敏和力敏传感器,位置传感器,液面传感器,能耗传感器,速度传感器,热敏传感器,加速度传感器,射线辐射传感器,振动传感器,湿敏传感器,磁敏传感器,气敏传感器,真空度传感器和生物传感器等。按传感器输出信号标准可将它分为:模拟传感器,数字传感器,开关传感器等。直接采用数字传感器是计算机测量系统的最佳选择。

传感器已经成为现代信息技术系统的三大支柱之一,在工业、农业、航空航天、军事国防等领域得到了日益广泛的应用。其发展方向主要有以下几个方面:利用新的物理现象、化学反应、生物效应进行设计;引入数据融合技术;使用新型材料,向微功耗,集成化及无源化发展；采用新的加工技术；向微型化发展；向高可靠性，宽温度范围发展等；器件自身的数字化。

2. 模拟量的采样

采样就是从被测信号上取得样点的过程，是将一个时间或空间上的连续信号转换成一个数值序列（即离散函数）。计算机处理模拟信号之前必须先将模拟量转换为数字量，而这种转换需要一个过程，应先对待处理的模拟量进行采样并保存下来。如果信号是带限的，并且采样频率高于信号带宽的一倍，那么原来的连续信号可以从采样样本中完全重建出来。这就是采样定理，又称奈奎斯特定理。带限信号变换的快慢受到它的最高频率分量的限制，也就是说它的离散时刻采样表现信号细节的能力是有限的。采样定理是指，如果信号带宽小于采样频率（奈奎斯特频率的二分之一），那么这些离散的采样点能够完全表示原信号。高于或处于奈奎斯特频率的频率分量会导致混叠现象。大多数应用都要求避免混叠，混叠问题的严重程度与这些混叠频率分量的相对强度有关。

3. 采样保持器

采样保持器是连接采样器和模/数转换器的中间环节。采样器是在固定时间点上取出被处理信号的值。采样保持器则把这个信号值（放大后）存储起来，保持一段时间，以供模/数转换器转换，直到下一个采样时间再取出一个模拟信号值来代替原来的值。在模/数转换器工作期间，采样保持器一直保持着转换开始时的输入值，因而能抑制由放大器干扰带来的转换噪声，降低模/数转换器的孔径时间，提高模/数转换器的精确度和消除转换时间的不准确性。一般生产过程控制计算机的模拟量输入可能是每秒几十点、几百点，对于大型系统甚至上千点，往往需要高速采样（如 5000～10000 点/秒）。为使这些模拟量信号逐个地送到模/数转换器中，而不至于降低被测信号的真实性，必须采用采样保持器。在低速系统中一般可以省略这种装置。

通常，采样保持器与采样器、放大器和模/数转换器一起构成模拟量的输入通道，用于工业过程计算机系统或数据采集系统。现场信号（如温度、压力、流量、物位、机械量和成分量等被测参数）经过信号处理（标度变换、信号隔离、信号滤波等）送入采样器，在控制器控制下对信号进行分时巡回和多路切换选择，然后经放大器和采样保持电路再送入模/数转换器，转换成计算机能接受的二进制数码。

实现模拟量转换成数字量的器件称为 A/D 转换器（模/数转换器 ADC）；而数字量转换成模拟量的器件称为 D/A 转换器（数/模转换器 DAC）。

知识点二：A/D 转换器接口

（一）A/D 转换器概述

A/D 转换器是一种能把输入模拟电压转换成与它成正比的数字量的器件。这样微处理器就能够从传感器、变送器或其他模拟信号获得信息。A/D 转换器芯片的种类较多，按转换原理可分为并联比较式 ADC、逐次逼近式 ADC、双积分式 ADC 和 Σ－Δ 调制型 ADC 等。

逐次逼近式 ADC 和双积分式 ADC 是目前最常用的 A/D 转换器。双积分式 A/D 转换器的主要优点是转换精度高，抗干扰性能好，价格便宜；其缺点是转换速度较慢，因此，这种转换器主要用于对速度要求不高的场合；逐次逼近式 A/D 转换器是一种速度较快，精度较高的转换器，其转换时间大约为几微秒到几百微秒。

A/D 转换器的主要技术指标有以下几种。

（1）分辨率。指 A/D 转换器能分辨的最小模拟输入量，通常用数字量的位数表示，如 8 位、10 位、12 位、16 位分辨率等。分辨率越高，转换时对输入量的微小变化的反应越灵敏。

（2）量程。即所能转换的输入电压范围，如 5V、10V 等。

（3）精度。有绝对精度和相对精度两种表示方法。常用数字量的位数作为度量绝对精度的单位，而用百分比来表示满量程时的相对误差。精度和分辨率是不同的概念，精度指的是转换后所得结果相对于实际值的准确度，而分辨率指的是能对转换结果产生影响的最小输入量。

（4）转换时间。即 A/D 转换器完成一次转换所需的时间。转换时间是软件编程时必须考虑的参数，若 CPU 采用无条件传送方式输入转换后的数据，则从启动 ADC 芯片转换开始到 ADC 芯片转换结束的时间称为延时等待时间，该时间由启动转换程序之后的延时程序实现，延时等待时间必须大于或等于 ADC 转换时间。

（5）输出逻辑电平。多数与 TTL 电平匹配。在考虑数字输出量与微型机数据总线的关系时，还要对其他一些有关问题加以考虑，如：是否要用三态逻辑输出，采用何种编码制式，是否需要对数据进行门锁等。

（6）量化误差。将模拟量转换成数字量过程中引起的误差。

下面介绍两种常用的 A/D 转换器结构及其与单片机的接口技术。

（二）8 位 A/D 转换器 ADC0809

1. ADC0809 的内部结构及引脚功能

ADC0809 是典型的 8 位 8 通道逐次逼近式 A/D 转换器，采用 CMOS 工艺制造。其内部结构和引脚如图 7-4 所示。ADC0809 内部由 8 路模拟开关、地址锁存与译码器、8 位 A/D 转换器和三态输出锁存器等组成。

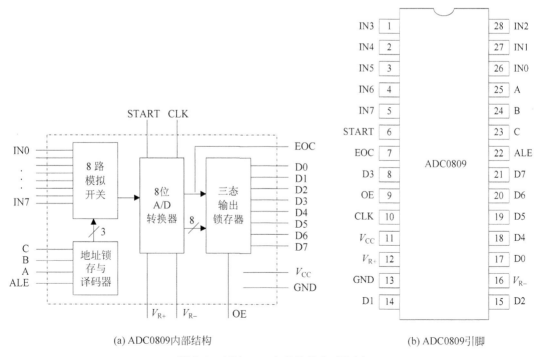

(a) ADC0809内部结构　　　　　　　　　　(b) ADC0809引脚

图 7-4　ADC0809 内部结构和引脚图

8 路模拟开关根据地址译码信号来选择 ADC0809 的输入通道,允许 8 路模拟量分时输入,共用一个 A/D 转换器进行转换。地址锁存与译码器完成对 A、B、C 三个地址位进行锁存和译码,其译码输出用于通道选择。8 位 A/D 转换器利用逐次逼近式,由控制与时序电路、比较器、逐次逼近寄存器 SAR、树状开关以及电阻阶梯网络等组成,实现逐次比较 A/D 转换,在 SAR 中得到 A/D 转换完成后的数字量。其转换结果通过三态输出锁存器输出,输出锁存器用于存放和输出转换得到的数字量,当 OE 引脚为高电平时,就可以从三态输出锁存器取走 A/D 转换结果。三态输出锁存器可以直接与系统数据总线相连。

ADC0809 是 28 引脚双列直插式封装的芯片,各引脚功能介绍如下。

(1) IN0~IN7(8 条):8 路模拟量输入。用于输入待转换的模拟电压。ADC0809 对输入模拟量的要求主要有信号单极性,电压范围为 0~5V。另外,输入模拟量在 A/D 转换过程中其值不应变化太快,因此对变化速度快的模拟量,在输入前应增加采样保持电路。

(2) D0~D7:数字量输出。为三态缓冲输出形式,可以和单片机的数据线直接相连。

(3) A、B、C:模拟输入通道地址选择线。A 为低位地址,C 为高位地址,用于对模拟通道进行选择。其地址与通道的对应关系见表 7-1。

表 7-1 ADC0809 通道选择

C	B	A	选择通道	C	B	A	选择通道
0	0	0	IN0	1	0	0	IN4
0	0	1	IN1	1	0	1	IN5
0	1	0	IN2	1	1	0	IN6
0	1	1	IN3	1	1	1	IN7

(4) ALE:地址锁存允许。由低至高电平的正跳变将通道地址送至地址锁存器,经译码后控制 8 路模拟开关工作。

(5) START:A/D 转换启动信号。其上升沿将内部逐次逼近寄存器清 0,下降沿启动 A/D 转换。在 A/D 转换期间,START 应保持低电平。

(6) EOC:转换结束信号。低电平表示正在进行转换;高电平表示 A/D 转换已结束。EOC 可作中断请求信号,也可作为查询状态标志使用。

(7) OE:允许输出控制信号。当 OE 为高电平时,A/D 转换器的输出锁存缓冲器开放,将其中的数据放到外部的数据线上。当 OE 为低电平时,输出数据线呈高阻态。

(8) CLK:时钟输入,为 ADC0809 提供逐次比较所需的时钟脉冲。要求频率范围在 10kHz~1.2MHz。通常使用频率为 500kHz 的时钟信号。

(9) V_{CC}:+5V 电源输入线。

(10) GND:地线。

(11) V_{R+}、V_{R-}:参考电压输入线,用来与输入的模拟信号进行比较,作为逐次逼近的基准。其典型值为 +5V。

2. MCS-51 单片机与 ADC0809 的接口

图 7-5 所示的是 ADC0809 与 8051 单片机的一种常用接口电路图。8 路模拟量的变化范围为 0~5V,ADC0809 的 EOC 转换结束信号接 8051 的外部中断 1 上,8051 通过地址线 P2.7 和读、写信号来控制转换器的模拟量输入通道地址锁存、启动和输出允许。模拟输入

通道地址 A、B、C 由 P0.0～P0.2 经锁存器提供。ADC0809 时钟输入由单片机 ALE 经2分频电路(D 触发器构成)获得,若单片机时钟频率符合要求,也可不加2分频电路。

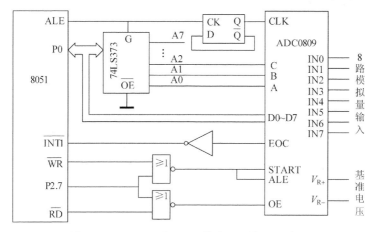

图 7-5 ADC0809 与 8051 单片机的接口电路图

电路连接主要涉及两个问题:一个是8路模拟信号的通道选择;另一个是 ADC 转换完成后转换数据的传送。

(1) 通道选择。图 7-5 中,A、B、C 分别接地址锁存器提供的低3位地址,只要把3位地址写入 ADC0809 中的地址锁存器,就实现了模拟通道选择。对本系统来说,为了把3位地址写入,还要提供口地址。口地址由 P2.7 确定,因此,该电路中 ADC0809 的通道地址应该如表 7-2 所示。

表 7-2 ADC0809 的通道地址

P27	P26	P25	P24	P23	P22	P21	P20	P07	P06	P05	P04	P03	P02	P01	P00	通道
0	×	×	×	×	×	×	×	×	×	×	×	×	0	0	0	IN0
0	×	×	×	×	×	×	×	×	×	×	×	×	0	0	1	IN1
0	×	×	×	×	×	×	×	×	×	×	×	×	0	1	0	IN2
0	×	×	×	×	×	×	×	×	×	×	×	×	0	1	1	IN3
0	×	×	×	×	×	×	×	×	×	×	×	×	1	0	0	IN4
0	×	×	×	×	×	×	×	×	×	×	×	×	1	0	1	IN5
0	×	×	×	×	×	×	×	×	×	×	×	×	1	1	0	IN6
0	×	×	×	×	×	×	×	×	×	×	×	×	1	1	1	IN7

口地址也可以由单片机其他不用的口线,或者由几根口线经过译码后来提供,这样,8路通道的地址也就有所不同。

本电路把 ADC0809 的 ALE 信号与 START 信号连接在了一起,这样使得在 ALE 信号的前沿写入地址信号,紧接着其后沿就启动 A/D 转换。

(2) 转换数据的传送。A/D 转换后得到的数据应传送给单片机进行处理。数据传送的关键问题是如何确认 A/D 转换完成,通常可采用下述三种方式。

① 定时传送方式。对于一种 A/D 转换器来说,转换时间作为一项技术指标是已知的和固定的。例如 ADC0809 转换时间为 $128\mu s$,相当于 6MHz 的 MCS-51 单片机的 64 个机器周期。可据此设计一个延时子程序,A/D 转换启动后即调用这个延时子程序,延迟时间

一到,ADC 也已经完成转换工作,就可以进行数据传送了。

② 查询方式。A/D 转换芯片都有表明转换完成的状态信号,如 ADC0809 的 EOC 端。单片机可以用查询方式,测试 EOC 的状态,若 EOC 为高,即可确定转换已经完成,可以进行数据传送。

③ 中断方式。如果把表示转换结束的状态信号(EOC)作为中断请求信号,那么便可以中断方式进行数据传送。

不论使用哪种方式,一旦确认转换完成,即可进行数据传送。首先送出口地址,并以 8051 的$\overline{RD}$作选通信号,当信号有效时,OE 信号即有效,把转换数据送上数据总线,供单片机接收。

(三) AD574A 接口及应用

AD574A 是单片高速 12 位逐次比较型 A/D 转换器,内置双极性电路构成的混合集成转换芯片,具有外接元件少,功耗低,精度高等特点,并且具有自动校零和自动极性转换功能,只需外接少量的阻容件即可构成一个完整的 A/D 转换器,其主要特性如下。

- 分辨率:12 位。
- 非线性误差:小于±1/2LSB 或±1LSB。
- 转换速率:25μs。
- 模拟电压输入范围:0~10V 和 0~20V,0~±5V 和 0~±10V 两挡 4 种。
- 电源电压:±15V 和 5V。
- 数据输出格式:12 位/8 位。
- 芯片工作模式:全速工作模式和单一工作模式。

1. AD574A 引脚功能

AD574A 为 28 引脚双列直插式封装芯片,其引脚图如图 7-6 所示。各引脚功能说明如下。

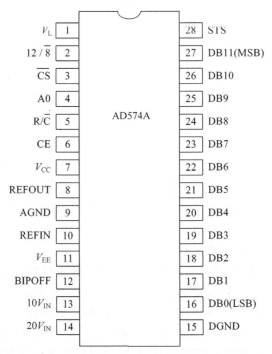

图 7-6　AD574A 引脚图

V_L：＋5V 电源输入端。

12/$\overline{8}$：数据模式选择端,通过此引脚可选择数据总线是 12 位或 8 位输出。

$\overline{CS}$：片选端。

A0：字节地址/短周期控制端。

R/$\overline{C}$：读/转换数据控制端。

CE：使能端。

V_{CC}：正电源输入端,输入＋15V 电源。

REFOUT：内部 10V 基准电压输出端。

AGND：模拟地端。

REFIN：基准电压输入端。

V_{EE}：负电源输入端,输入－15V 电源。

BIPOFF：输入电压补偿。

10V_{IN}：10V 量程模拟电压输入端。

20V_{IN}：20V 量程模拟电压输入端。

DGND：数字地端。

DB0～DB11：12 条数据总线。通过这 12 条数据总线向外输出 A/D 转换数据。

STS：工作状态指示信号端,当 STS＝1 时,表示转换器正处于转换状态,当 STS＝0 时,声明 A/D 转换结束,通过此信号可以判别 A/D 转换器的工作状态,作为单片机的中断或查询信号之用。

AD574A 共有 5 个控制信号(CE、$\overline{CS}$、R/$\overline{C}$、12/$\overline{8}$、A0),它们对其工作状态的控制过程是：在 CE＝1、$\overline{CS}$＝0 同时满足时,AD574A 才会正常工作,在 AD574A 处于工作状态时,当 R/$\overline{C}$＝0 时 ADC 转换,当 R/$\overline{C}$＝1 时进行数据读出。12/$\overline{8}$和 A0 端用来控制启动转换的方式和数据输出格式。A0＝0 时,启动的是按完整 12 位数据方式进行的。当 A0＝1 时,按 8 位 A/D 转换方式进行；当 R/$\overline{C}$＝1 时,即当 AD574A 处于数据状态时,A0 和 12/$\overline{8}$控制数据输出状态的格式。当 12/$\overline{8}$＝1 时,数据以 12 位并行输出,当 12/$\overline{8}$＝0 时,数据以 8 位分两次输出。而当 A0＝0 时,输出转换数据的高 8 位,A0＝1 时输出 A/D 转换数据的低 4 位,这 4 位占一个字节的高半字节,低半字节补零。其控制信号的组合功能如表 7-3 所示。

表 7-3　AD574A 控制端功能表

CE	$\overline{CS}$	R/$\overline{C}$	12/$\overline{8}$	A0	功　　能
0	×	×	×	×	不起作用
×	1	×	×	×	不起作用
1	0	0	×	0	启动 12 位转换
1	0	0	×	1	启动 8 位转换
1	0	1	接＋5V	×	12 位并行输出有效
1	0	1	接　地	0	高 8 位并行输出有效
1	0	1	接　地	1	低 4 位并行输出有效,尾随 4 个 0

2. MCS-51 单片机与 AD574A 的接口

图 7-7 所示的是 AD574A 与 8051 的接口电路图。

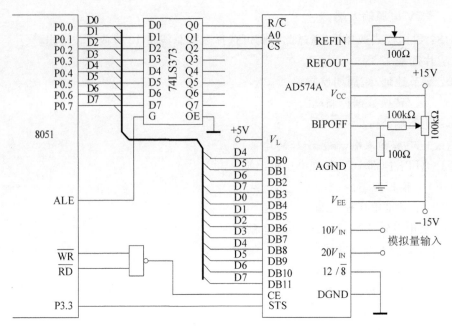

图 7-7　AD574A 与 8051 的接口电路图

其中还使用了三态锁存器 74LS373 和 74LS00 与非门电路,逻辑控制信号($\overline{CS}$、R/$\overline{C}$ 和 A0)由 8051 的数据口 P0 发出,并由三态锁存器 74LS373 锁存到输出端 Q0、Q1 和 Q2 上,用于控制 AD574A 的工作过程。AD 转换器的数据输出也通过 P0 口连至 8051,由于只使用了 8 位数据口,12 位数据分两次读进 8051,所以 R/$\overline{C}$ 接地。当 8051 的 P3.0 查询到 STS端转换结束信号后,先将转换后的 12 位数据的高 8 位读进 8051,然后再将低 4 位读进 8051。这里不管 AD574A 是否处在启动、转换和输出结果,使能端 CE 都必须为 1,因此将8051 的写控制线和读控制线通过与非门 74LS00 与 AD574A 的使能端 CE 相连。

3. AD574A 的编程

按照图 7-7 的接口电路,可编写 AD574A 与 8051 接口的数据采集程序如下:

```
/***********************************************************
名称: AD574A 与 8051 接口的数据采集程序
*********************************************************** /
# inlucde < reg51. h >
# include < absacc. h >
# define uint unsigned int
# define  Start_Tran  XBYTE [0xFFF8]        //使 A0 = 0,R/C = 0,CS = 0
# define  Data_Low   XBYTE [0xFFFB]        //使 A0 = 1,R/C = 1,CS = 0
# define  Data_High  XBYTE [0xFFF9]        //使 A0 = 0,R/C = 1,CS = 0
sbit RD = P3 ^ 7;                           //读写位
sbit WR = P3 ^ 6;
sbit STS = P3 ^ 3;                          //状态位
uint ADC ( )                                //A/D 转换
{
     RD = 0;                                //使 CE = 1
     WR = 0;
```

```
    Start_Tran = 0;                                    //启动转换
    while (STS == 1 );                                 //等待转换
    return ( ( uint )( Data_High << 4 ) + ( Data_Low &0x0f ) );    //返回12位采样值
}
//主程序
void main ( )
{
    uint Result;
    Result = ADC ( );                                  //启动转换得结果
}
```

四、软件设计

简易数字电压表源程序如下:

```
/ *********************************************************************
名称:简易数字电压表
模块名:AT89C51,ADC0809
功能描述:利用ADC0809的0通道对直流电压进行采集,转换后的结果显示在数码管上
********************************************************************* /
# include < at89x51. h >
# include < absacc. h >
# include < math. h >
# define unit unsigned int
# define uchar unsigned char
# define AD XBYTE[ 0XF7F8 ]                          //选通道0

sbit led1 = P2^0;                                    //定义驱动口
sbit led2 = P2^1;
sbit led3 = P2^2;

sbit ad_INT = P3^2;                                  //选中断0
uchar ad_data;
uchar data dis[ ] = {0x00,0x00,0x00,0x00,0x00};
//显示码
uchar code led_Data[ ] = {0x3F,0x06,0x5B,0x4F,0x66, 0x6D,0x7D,0x07,0x7F,0x6F};
void data_Pr();
void delay (k);
void display_Re();
//主程序
void main()                                          //主程序
{
    EA = 1;                                          //开中断
    EX0 = 1;
    ad_data = 0;                                     //采样值存储单元置0
    ad_INT = 0;
    while(1)
    {
        AD = 0;
        data_Pr();
```

```
            display_Re();
    }
}
/ *************************************************************
函数名称: Delay
函数功能: 延时函数
入口参数: 参数 count 控制循环次数,控制延时时间的长短
************************************************************* /
void Delay( int count)                              //延时
{
    int i,j;
    for(i = 0;i < count;i ++ )
    for(j = 0;j < 120;j ++ );
}
/ *************************************************************
函数名称: display_Re
函数功能: LED 显示子程序
************************************************************* /
void display_Re( )
{
    P1 = led_Data[ dis[ 2 ] ]|0x80;
    led1 = 0;
    delay(1);
    led1 = 1;
    P1 = led_Data[ dis[ 1 ] ];
    led2 = 0;
    delay(1);
    led2 = 1;
    P1 = led_Data[ dis[ 0 ] ];
    led3 = 0;
    delay(1);
    led3 = 1;
}
/ *************************************************************
函数名称: data_Pr
函数功能: 对采集的数据进行十进制调整处理
************************************************************* /
void data_Pr(void)
{
    dis[ 2 ] = ad_data/51;
    dis[ 4 ] = ad_data % 51;
    dis[ 4 ] = dis[ 4 ] * 10;
    dis[ 1 ] = dis[ 4 ]/51;
    dis[ 4 ] = dis[ 4 ] % 51;
    dis[ 4 ] = dis[ 4 ] * 10;
    dis[ 0 ] = dis[ 4 ]/51;
}
/ *************************************************************
函数名称: adc0809
函数功能: 外部中断 0,读取 AD 采集数据,存储到 ad_data 全局变量中
************************************************************* /
```

```
void adc0809(void) interrupt 0 using 1
{
    ad_data = AD;
}
```

五、Proteus 软件仿真

直流电压表仿真电路图如图 7-8 所示。

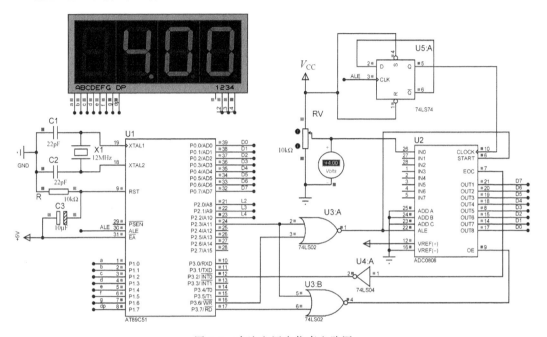

图 7-8　直流电压表仿真电路图

六、任务小结

本设计任务是利用 ADC0809 设计直流数字电压表,重点是掌握 ADC0809 的引脚功能、工作过程和与单片机的接口方法。本设计实例是按中断方式进行数据传送的。图中的 D 触发器将 8051 的 ALE 二分频后给 ADC0809 提供采样频率。在实际应用时除要给 LED 加驱动外,图中的中断反向器可以用或非门代替,这样可以节省一个集成电路。

任务7.2　简易波形发生器的制作

一、任务描述

利用数/模转换器和单片机技术设计一个波形发生器,使其能输出 3 种波形:方波、锯齿波及正弦波。波形的产生是通过单片机执行某一波形发生程序,向数/模转换器的数据输入端按一定的规律发送数据,经数/模转换器转换为模拟电量,在其输出端得到相应的电压波形。通过本任务,熟悉 MCS-51 单片机与 D/A 转换器 DAC0832 的接线方法,学习数/模转换芯片 DAC0832 的编程方法,进一步掌握单片机全系统调试的过程及方法。

二、硬件原理图

波形发生器的硬件原理图连接如图 7-9 所示,数/模转换器采用 DAC0832 集成电路,其数据输入端直接与单片机 8051 的 P0 口相连,输出经运算放大器得到电压波形。DAC0832 采用单极性单缓冲方式工作,锁存器 74LS373 的 Q0 为 DAC0832 提供片选和数据传送控制信号,两个寄存器的写控制端连接 8051 的写输出端。在 8051 的 P1 口接三个开关 K0、K1 和 K2,用来设置输出波形的类型,K0、K1 和 K2 分别对应正弦波、锯齿波和方波。

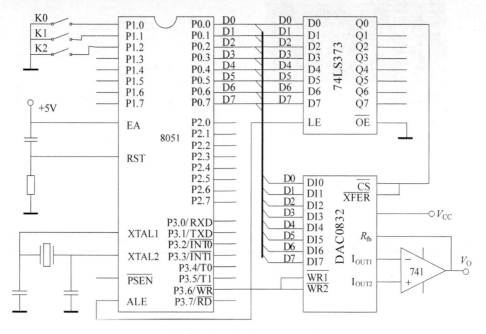

图 7-9 波形发生器硬件原理图

三、相关理论知识

知识点三:D/A 转换器接口

(一)D/A 转换器概述

1. 概述

D/A 转换器是模拟量输出通道的核心,它输入的是数字信号,经转换后输出的是模拟量。单片机的数字量输出,往往需要转换成模拟电量,才能去驱动被控对象或用于信号显示。因此,单片机应用系统通常设有模拟量输出通道,负责把单片机输出的数字信号转换成模拟电量驱动被控对象。

D/A 转换器电路形式比较多。在集成式 D/A 转换器中大多采用 T 形电阻解码网络,在解码网络中,有一个标准电源 V_{REF},二进制数的每一位对应一个电阻,有一个由该二进制值所控制的双向电子开关。当数字量某位为"1"时,对应的电子开关将基准电压 V_{REF} 接入电阻网络的相应支路,若为"0"时,则将该支路接地。各支路的电流信号经过电阻网络加权后,由运算放大器求和并转换成电压信号,作为 D/A 转换器的输出。T 形电阻网络的 D/A 转换器原理图如图 7-10 所示。

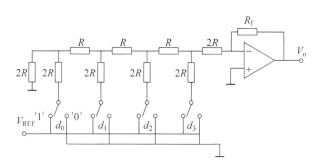

图 7-10　D/A 转换器中的 T 形电阻网络

很显然,对于 n 位的 D/A 转换器,转换输出电压为:

$$V_{\mathrm{o}} = (d_{n-1}2^{n-1} + d_{n-2}2^{n-2} + \cdots + d_1 2^1 + d_0 2^0)/2^n \times V_{\mathrm{REF}}$$

D/A 转换器按可转换的数字量位数分为 8 位、10 位、12 位、16 位等;按接口的数据传送格式,可分为并行和串行两种。DAC 按输出形式还可分为电流输出和电压输出两种类型。在实际应用中,对于电流输出的 D/A 转换器,如需要模拟电压输出,可在其输出端加一个由运算放大器构成的电流/电压转换电路。

在 D/A 转换器进行数/模转换期间,D/A 转换器输入端的数字量必须保持不变,因此应当在它的输入端之前设置锁存器,以保存需要转换的二进制数据。D/A 转换器按接口形式可分为两类:一类是不带锁存器的;另一类是带锁存器的。对于内部不带锁存器的DAC,可与 MCS-51 单片机的 P1、P2 和 P3 口直接相连接,因为这些 I/O 口的输出具有锁存功能;当与 P0 口相连接时,由于 P0 口的特殊性,需要在 DAC 前面加锁存器。而带锁存器的 DAC,同时内部还带有地址译码电路,有些还具有多重的数据缓冲电路,可与 MCS-51 的P0 口直接相连接。

2. D/A 转换器主要技术指标

(1)分辨率。指 D/A 转换器输入数字量的最小变化(加、减 1),引起输出模拟量变化的程度,通常定义为输出满刻度值与 2^n 之比(n 为 D/A 转换器的二进制位数)。显然,输入数字量的位数越多,输出模拟量的最小变化量就越小。通常分辨率也可用数字量的位数表示。

(2)输入编码形式。如二进制码、BCD 码等。

(3)建立时间。从输入数字量到转换为模拟量输出所需的时间,反映 D/A 转换器的快慢程度,一般电流型 D/A 转换器比电压型 D/A 转换器快。

(4)转换精度。在 D/A 转换器转换范围内,输入的数字量对应模拟量的实际输出值与理论值之间的最大误差,主要包括失调误差、增益误差和非线性误差等。

(5)输出电平。不同型号的输出电平相差很大。大部分是电压型输出,一般为 5~10V;也有高压输出型的,为 24~30V。还有一些是电流型的输出,低者为 20mA 左右,高者可达 3A。

D/A 转换器中,标准电源 V_{REF}(也叫参考基准电压)是唯一影响输出结果的模拟参量,对接口电路的工作性能、电路的结构有很大影响。使用内部带有低漂移精密参考电压源的D/A 转换器既能保证有较好的转换精度,而且可以简化电路结构。但目前常用到的 D/A

转换器大多不带有标准电源。为了方便地改变输出模拟电压范围、极性,须配置相应的参考电压源。D/A 转换器接口设计中经常配置的参考电压源主要有精密参考电压源和三点式集成稳压电源两种形式。

(二) DAC0832 的接口及应用

1. DAC0832 的内部结构及引脚功能

DAC0832 是电流输出型 D/A 转换器,可以很方便地与 MCS-51 单片机接口。可外接运算放大器转换为电压输出,转换控制方便,价格低廉,应用非常广泛。其主要特性为:

- 输出电流线性度可在满量程下调节。
- 转换时间为 $1\mu s$。
- 数据输入可采用双缓冲、单缓冲或直通方式。
- 增益温度补偿为 $0.02FS/℃$。
- 每次输入数字为 8 位二进制数。
- 功耗 20mW。
- 逻辑电平输入与 TTL 兼容。
- 供电电源为单一电源,可在 $5\sim15V$ 之间选取。

DAC0832 是一个 20 引脚双列直插式单片 8 位 D/A 转换器,其内部结构及引脚图如图 7-11 所示。主要由两个 8 位寄存器和一个 8 位 D/A 转换器以及控制逻辑电路组成。D/A 转换器采用 R-2R 的 T 形解码网络,实现 8 位数据的转换。两个 8 位寄存器(输入寄存器和 D/A 寄存器)用于存放待转换的数字量,构成双缓冲结构,通过相应的控制信号可以使 DAC0832 工作于三种不同的方式。寄存器输出控制逻辑电路由三个与门电路组成,该逻辑电路的功能是进行数据锁存控制,DAC0832 中无运算放大器,且是电流输出,使用时需要外接运算放大器才能得到模拟输出电压。

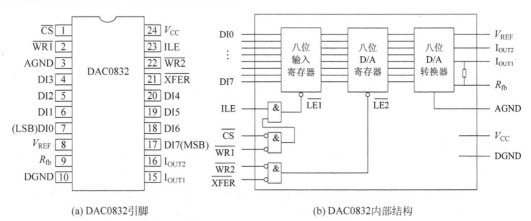

(a) DAC0832引脚　　　　　　　(b) DAC0832内部结构

图 7-11　DAC0832 内部结构及引脚图

DAC0832 芯片各引脚的功能说明如下。

DI0～DI7:8 位数据输入线,TTL 电平,用于接收单片机送来待转换的数字量,DI7 为最高位。

$\overline{CS}$:片选信号输入线,低电平有效。

ILE：数据锁存允许控制信号输入线，高电平有效。

$\overline{WR1}$：第一级输入寄存器的写选通输入线，低电平有效，当$\overline{CS}=0$，ILE＝1，$\overline{WR1}=0$时，输入寄存器(第一寄存器)为直通方式；当$\overline{CS}=0$，ILE＝1，$\overline{WR1}=1$时，DI0～DI7的数据被锁存至输入寄存器，输入寄存器为锁存方式。

$\overline{XFER}$：数据传送控制信号输入线，低电平有效。

$\overline{WR2}$：D/A寄存器写选通输入线，低电平有效。当$\overline{WR2}=0$，$\overline{XFER}=0$时，D/A寄存器(第二寄存器)为直通方式；当$\overline{WR2}=1$和$\overline{XFER}=0$时，D/A寄存器为锁存方式。

I_{OUT1}：输出电流1，当输入数据为全"1"时，I_{OUT1}最大。此输出信号一般作为运算放大器的一个差分输入信号。

I_{OUT2}：输出电流2，当输入数据为全"1"时，I_{OUT2}最小。它作为运算放大器的另一个差分输入信号，I_{OUT1}与I_{OUT2}的输出电流之和总为一常数。

R_{fb}：运算放大器的反馈电阻引线端。芯片中已设置了15kΩ的反馈电阻R_{fb}，若运算放大器增益不够，还须外加反馈电阻。

V_{CC}：数字部分的电源输入端。V_{CC}可在＋5～＋15V范围内选取。

V_{REF}：基准电压输入线，其电压可正可负，范围是－10～＋10V。

AGND：模拟电路地，为模拟信号和基准电源的参考地。

DGND：数字电路地，为工作电源地和数字逻辑地。

2. DAC0832的输出连接方式

DAC0832根据应用场合不同，电压输出常采用单极性和双极性两种连接方式。

(1) 单极性输出方式：接线方式见图7-9和图7-13。由于DAC0832是8位的D/A转换器，所以其输出电压V_O与输入的数字量(用D表示)的关系为：

$$V_O = -V_{REF}D/256$$

显然V_O与输入数字量D成正比，且极性与基准电压源V_{REF}相反。

(2) 双极性输出方式：接线方式如图7-12所示。

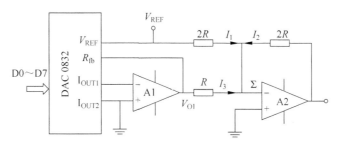

图7-12　DAC0832双极性电压输出方式

考虑到Σ点为虚地，且有：

$$I_1 + I_2 + I_3 = 0$$

可得输出电压V_O与输入的数字量D的关系为：

$$V_O = (D-128)V_{REF}/128$$

明显可以看到，D为0(00H)时输出为$-V_{REF}$；D为128(80H)时输出为0V；D为256(FFH)时输出为$+V_{REF}$。

另外也可以利用数据最高位控制 V_{REF} 极性转换的方法实现双极性输出。

3. MCS-51 与 DAC0832 的接口及应用

DAC0832 共有直通、单缓冲和双缓冲三种工作方式。直通方式一般用于无 CPU 系统中,在 MCS-51 与 DAC0832 的接口电路设计时,常用的是单缓冲和双缓冲方式。

(1) DAC0832 单缓冲方式

单缓冲方式是指 DAC0832 内部的两个寄存器有一个工作于直通方式,另一个工作于受单片机控制的锁存方式。此工作方式适用于一路模拟量输出或几路模拟量非同步输出的应用场合。

单缓冲方式的两种连接电路如图 7-13 和图 7-14 所示。

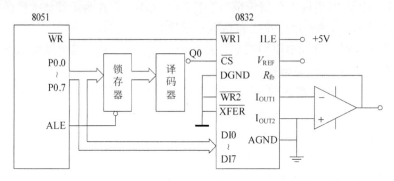

图 7-13　DAC0832 单缓冲方式接口一

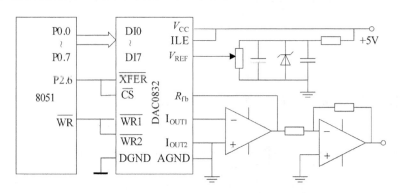

图 7-14　DAC0832 单缓冲方式接口二

图 7-13 中 $\overline{WR2}$ 和 $\overline{XFER}$ 接地,所以 DAC0832 的 8 位 D/A 寄存器(见图 7-11)工作于直通方式;8 位输入寄存器受 $\overline{CS}$ 和 $\overline{WR1}$ 控制, $\overline{CS}$ 由译码输出端 Q0 送来(也可以由 P2 口的某位控制)。

图 7-14 为输入寄存器和 D/A 寄存器同时受控的连接方法, $\overline{WR1}$ 和 $\overline{WR2}$ 一起接 8051 的 $\overline{WR}$, $\overline{CS}$ 和 $\overline{XFER}$ 共同接 8051 的 P2.6,因此两个寄存器具有相同的地址(BFFFH)。

(2) DAC0832 双缓冲方式

这种工作方式适用于多路模拟量同时输出的应用场合,此情况下每一路模拟量输出需要一片 DAC0832 才能构成同步输出系统。图 7-15 为双路模拟量输出的接口电路。

图 7-15 中,两片 DAC0832 的输出寄存器分别由两个不同的片选信号区分开,即首先将两路数据由不同的片选分别打入对应的 DAC0832 的输入寄存器;而两片 DAC0832 的

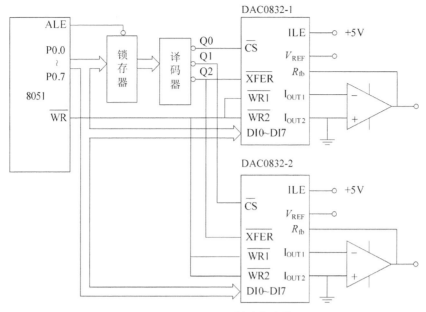

图 7-15　DAC0832 双缓冲方式接口

D/A 寄存器传送的控制信号 $\overline{XFER}$ 同时由一个片选信号控制,所以当选通 D/A 寄存器时,各自输入寄存器中的数据可以同时进入各自的 D/A 寄存器中以达到同时进行转换,同步输出的目的。图 7-15 中,DAC0832-1 内部的输入寄存器占一个端口地址 FFF8,DAC0832-2 的输入寄存器占一个端口地址 FFF9,而两片 DAC0832 的 D/A 寄存器共用一个端口地址 FFFA,因此,两片 DAC0832 共占用 3 个外部 RAM 地址。

如果将图 7-15 的两路输出分别接图形显示器的两输入端,执行下面程序,可以绘制各种图形(根据需要应先给 X、Y 赋值)。

```
# include   < reg51. h>
# include   < absacc. h>
# define    uchar unsigned char
# define    DAC_CS1   XBYTE[0xFFF8]
# define    DAC_CS2   XBYTE[0xFFF9]
# define    DAC_XFE   XBYTE[0xFFFA]
//主程序
void main()
{
uchar X,  Y;
…
DAC_CS1 = X;
DAC_CS2 = Y;
DAC_XFER = Y;
}
```

四、软件设计

简易波形发生器的制作源程序如下:

```
/ *********************************************************************
名称: 简易波形发生器的制作
模块名: AT89C51,DAC0832
功能描述: 利用 DAC0832 将单片机输出的数字量转换成模拟量,最后通过放大器将电流转换成电压,
          输出正弦波,锯齿波,方波。K0、K1 和 K2,分别对应正弦波、锯齿波和方波
  ********************************************************************* /
# include   < reg51. h >
# include   < absacc. h >
# define    uchar unsigned char
# define    DAC0832 XBYTE[ 0xFFFE]    //DAC0832 的地址

sbit K0 = P1^0;        //按键接口
sbit K1 = P1^1;
sbit K2 = P1^2;
uchar code Sin_TAB[ ] = {0x7F,0x89,0x94,0x96,0xAA,0xB4,0xBE,0xC8,0xD1,0xD9,
                         0xE0,0xE7,0xED,0xF2,0xF7,0xFA,0xFC,0xFE,0xFF,
                         0xFE,0xFC,0xFA,0xF7,0xF2,0xED,0xE7,0xE0,0xD9,
                         0xD1,0xC8,0xBE,0xB4,0xAA,0x9F,0x94,0x89,0x7F,
                         0x75,0x6A,0x5F,0x54,0x4A,0x40,0x36,0x2D,0x25,
                         0x1E,0x17,0x11,0x0C,0x07,0x04,0x02,0x01,0x00,
                         0x01,0x02,0x04,0x07,0x0C,0x11,0x17,0x1E,0x25,
                         0x2D,0x36,0x40,0x4A,0x54,0x5F,0x6A,0x75,0x7F};
/ *********************************************************************
函数名称: Delay
函数功能: 延时函数
入口参数: 参数 ms 控制循环次数,控制延时时间长短
  ********************************************************************* /
void Delay(uchar ms)
{
    uchar t;
    while(ms -- ) for(t = 0; t < 120; t ++ );
}
/ *********************************************************************
函数名称: sin
函数功能: 正弦波产生函数
  ********************************************************************* /
void sin()
{
    uchar i;
    while (1)
    {
        for (i = 0; i < 73; i ++ ) DAC0832 = Sin_TAB[i];
    }
}
/ *********************************************************************
函数名称: Saw_Tooth
函数功能: 锯齿波产生函数
  ********************************************************************* /
void Saw_Tooth()
```

```
{
    uchar i;
    while (1)
    {
        for (i = 0; i < 256; i ++ ) DAC0832 = i;
    }
}
/ ****************************************************************
函数名称: Square
函数功能: 方波产生函数
 **************************************************************** /
void Square()
{
    uchar i;
    while (1)
    {
        for (i = 0; i < 250; i ++ ) DAC0832 = 250;
        for (i = 0; i < 250; i ++ ) DAC0832 = 0;
    }
}
//主程序
void main()
{
    P1 = 0xFF;
    if (K0 == 0)   sin();
    else if (K1 == 0)   Saw_Tooth();
    else if (K2 == 0)   Square();
    else sin();
    Delay(1);
}
```

五、Proteus 软件仿真

波形发生器仿真电路图及结果如图 7-16 所示。

六、任务小结

本任务设计使用了 DAC0832 单极性单缓冲方式。编程时选择数/模转换器 DAC0832 的端口地址,单片机按一定的规律向端口地址发送数据,在电路输出端即可得到相应的电压波形,即方波、锯齿波和正弦波三种常见波形。这三种波形数据产生的方式并不相同,方波是将上限电平和下限电平延时后交替输出而得到的;锯齿波是将输出量逐步递增的方式得到的;正弦波是通过读取事先量化的正弦表而得到的,本例是每间隔 5°量化一个值。所谓量化,就是以一定的量化单位把数值上连续的模拟量转变为数值上离散的阶跃量的过程,量化相当于只取近似整数商的除法运算。正弦波的产生实际上是一种 DDS 技术(Direct Digital Synthesizer 直接数字式频率合成器)的具体应用。利用 DDS 技术可以得到任意波形的电压信号。

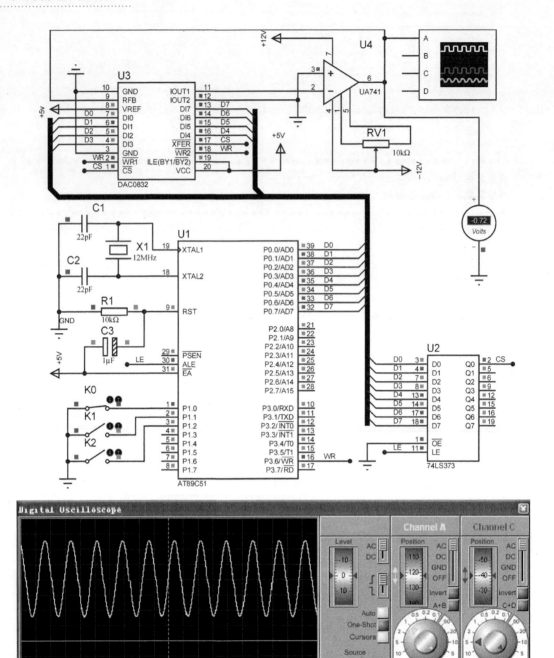

图 7-16　波形发生器仿真电路图

小　　结

本模块通过简易数字电压表和波形发生器的制作,介绍了单片机应用系统的输入/输出通道结构,重点介绍了常用的 A/D 转换芯片 ADC0809 和 D/A 转换芯片 DAC0832 的工作原理及其与 8051 单片机之间的接口电路设计及应用编程。学完本模块后,要求:

(1) 理解单片机应用系统输入/输出通道中的相关环节功能。

(2) 熟悉 ADC0809 的工作原理及编程,掌握单片机与 ADC0809 的接口技术及应用。

(3) 熟悉 DAC0832 的工作原理及编程,掌握单片机与 DAC0832 的接口技术及应用。

(4) 了解 AD574A 的工作原理及编程。

思考与练习

1. 填空题

(1) 开关量输出也要采用_____以避免干扰,同时由于 C51 端口的驱动能力不足,必须在端口线上加_____电路。

(2) 通常,采样保持器与_____、_____和_____一起构成模拟量输入通道,用于工业过程计算机系统或数据采集系统。

(3) 采样定理说明如果信号是带限的,并且采样频率等于信号带宽的_____倍以上,那么原来的连续信号可以从_____中完全重建出来。

(4) A/D 转换器按转换原理可分为_____ ADC、_____ ADC、_____ ADC 和 Σ-Δ 调制型 ADC 等多种。

(5) ADC0809 是典型的_____位_____通道_____式 A/D 转换器,采用 CMOS 工艺制造。

(6) 如果选择 ADC0809 的第四个通道(IN3)作为模拟量输入,其地址选择线的状态分别为 A=_____、B=_____、C=_____。

(7) ADC0809A/D 的转换启动信号 START 的上升沿将内部逐次逼近寄存器_____,下降沿_____。在 A/D 转换期间,START 应保持_____电平。

(8) AD574A 是单片高速_____位逐次比较型 ADC,内置_____电路构成的混合集成转换芯片,并且具有自动校零和自动极性转换功能。

(9) DAC0832 的工作方式通常有_____、_____和_____工作方式。

(10) 描述 D/A 转换器性能的主要指标有_____。

2. 思考题

(1) 为了实现单片机与被控制对象的开关量传递,必须解决哪些问题?

(2) ADC0809 转换数据的传送通常可采用哪些方式进行?每种方式是如何实现的?

(3) ADC0809 与 8051 单片机接口时有哪些控制信号?作用分别是什么?

(4) AD574A 共有 5 个控制信号(CE、$\overline{CS}$、R/$\overline{C}$、12/$\overline{8}$、A0),请描述它们对工作状态的控制过程。

(5) 如何获得电流输出型 DAC 的模拟输出电压?

(6) DAC0832 中唯一影响输出结果的模拟参量是什么?对输出有何影响?

(7) DAC0832 与 MCS-51 单片机连接时有哪些控制信号?其作用是什么?在什么情况下要使用 D/A 转换器的双缓冲方式?

(8) 设计一个 8051 驱动 12V 直流继电器的接口电路,并说明其工作过程。

(9) 按图 7-5 所示的电路编写中断法读取数据的程序(设选取模拟通道 IN3)。

(10) 按 DAC0832 直通工作方式设计一个输出固定直流电压的电路并编程。

## CHAPTER 8

MCS-51单片机系统扩展技术

任务8.1 单片机存储器的系统扩展

一、任务描述

在单片机应用系统设计中,当单片机内部固有的存储器容量不能满足系统要求时,需要对存储器进行外部系统扩展。

使用数据存储器芯片 HM6264 和程序存储器芯片 27C512 对 AT89C51 单片机进行存储器扩展,编写数据转移程序,将程序存储器中的表格数据值存入外部数据存储器中,然后再读回,当数据移动结束后 LED 点亮。通过本任务的学习,掌握单片机存储器系统扩展的原理和方法,了解常用存储器芯片的使用,熟悉单片机系统三总线访问结构。

二、硬件电路原理图

单片机存储器扩展电路如图 8-1 所示,使用 EPROM 27C512 芯片进行片外 ROM 的扩展。27C512 具有 64KB 空间,使用了全部 16 根地址线,因为只有一片 ROM 芯片,故片选线$\overline{CE}$直接接地。由于单片机的/EA引脚接V_{cc},所以首先使用了片内 ROM。

使用 HM6264 芯片进行片外 RAM 的扩展,HM6264 具有 8KB 空间,使用了 13 根地址线,同样只有一片 RAM 芯片,故片选线 CS 接 V_{cc},$\overline{CE}$接地。

电路设计关键在于:P0 口分时复用,故采用 74LS373 进行地址锁存,单片机 ALE 引脚与 74LS373 的 LE 相连;单片机的读、写引脚$\overline{RD}$和$\overline{WD}$与 HM6264 的$\overline{OE}$和$\overline{WE}$相连,实现对外部 RAM 的读写;单片机的$\overline{PSEN}$与 27C512 的$\overline{OE}$相连,实现从外部 ROM 执行程序。

注意:因为两者使用的控制线不同,所以对外部 RAM 和外部 ROM 的访问是独立的。

三、相关理论知识

知识点一:MCS-51 系列单片机片外总线结构

单片机系统扩展时,为了便于与各种芯片相连接,引入微机系统所具有的三总线

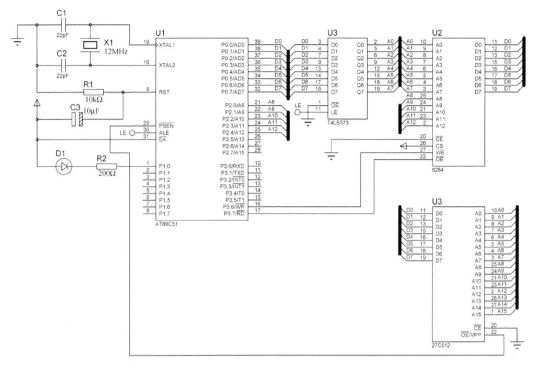

图 8-1　单片机存储器扩展电路

结构形式。所谓总线,就是系统中连接各扩展器件的一组公共信号线,即地址总线、数据总线和控制总线。MCS-51 系列单片机片外引脚可以构成如图 8-2 所示的三总线结构,所有的外围芯片都通过这三条总线进行扩展。

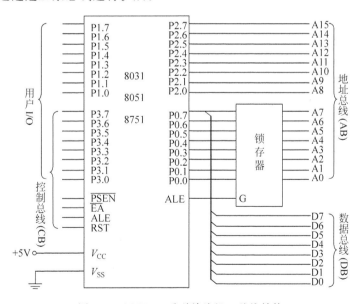

图 8-2　MCS-51 系列单片机三总线结构

1. 地址总线(AB)

地址总线用于传送单片机送出的地址信号,实现对外部设备(存储器和I/O端口)的选择,是单向的,由单片机向外发送信息。MCS-51单片机地址总线由P0口和P2口组成,宽度为2个字节,16位,故可寻址范围为2^{16}个地址单元,即64KB。其中低位地址总线的低8位A7~A0由P0口经地址锁存器提供,P2口直接提供地址总线的高8位A15~A8。

由于P0口是数据/地址分时复用的,对外访问时P0口首先输出低8位地址,当地址稳定并经锁存器锁定后,P0切换为数据总线,输出数据。而P2口一直提供高8位地址不变,故不需要外加地址锁存器。

2. 数据总线(DB)

数据总线用于单片机与外部设备之间数据传送,是双向的。MCS-51单片机数据总线由P0口提供,宽度为1个字节,8位。该口是应用系统中使用最频繁的通道,它不仅传送数据信息,而且还配合控制总线,传送低8位地址信息。

数据总线可能同时连接有多个外部设备,在某一时刻只有外部设备的端口地址与单片机发出的地址信息相符的设备才能与P0口通信。

3. 控制总线(CB)

控制总线是配合地址总线和数据总线实现单片机对外部设备进行读/写操作的一组控制线。其中包括:

(1) ALE用于锁存P0输出的低8位地址,在其下降沿控制锁存器对低8位地址进行锁存。

(2) $\overline{RD}$和$\overline{WR}$用于片外数据存储器和I/O端口的读/写选通信号。执行MOVX指令时,这两个信号分别自动有效。

(3) $\overline{PSEN}$信号用于外部程序存储器的读选通信号。当执行片外程序存储器读指令时,该信号自动产生,如MOVC指令($\overline{EA}=0$)。

(4) $\overline{EA}$信号用于片内、外程序存储器的选择信号。当$\overline{EA}=0$时,无论片内有无程序存储器,直接访问片外程序存储器;当$\overline{EA}=1$时,首先访问片内程序存储器,当片内程序存储器容量不足时,转而访问外部存储器。

注意:地址总线的数目决定了可直接访问的存储单元的数目。如有n位地址可以产生2^n个连续地址编码,可访问2^n个存储单元,即通常所说的寻址范围。

4. 地址线译码方式

一般来说,存储器芯片的地址线数目总是少于单片机地址总线的数目,当存储器芯片的地址线与单片机的地址总线(A0~A15)由低到高依次连接后,剩余的高位地址线一般作为译码线使用,其译码结果与存储器芯片的片选线CS相接。

主要译码方式有:线选方式、全译码方式和局部译码方式。不同的地址译码方式,产生的片选信号不同,从而使存储器分配的地址不同。

(1) 线选方式。所谓线译码就是利用单片机高位地址线某一根与一块存储器芯片的片选信号CS相连,如图8-3所示。

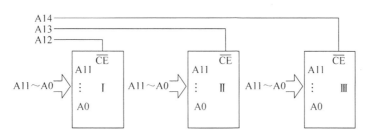

图 8-3　用线选方式实现片选

图 8-3 中Ⅰ、Ⅱ、Ⅲ都是 4KB×8 位存储器芯片,具有 12 根地址线。现用 3 根高位地址线 A14、A13、A12 实现片选,均为低电平有效。其地址空间分配如表 8-1 所示。

表 8-1　线选法地址分配表

	二　进　制　表　示							十　六　进　制
	A15	A14	A13	A12	A11	…	A0	
芯片Ⅰ	1	1	1	0	0	…	0	E000H～EFFFH
					1	…	1	
芯片Ⅱ	1	1	0	1	0	…	0	D000H～DFFFH
					1	…	1	
芯片Ⅲ	1	0	1	1	0	…	0	B000H～BFFFH
					1	…	1	

可以看出,其地址空间重叠,而且还不连续,然而在外扩芯片少的情况下,硬件设计简单、灵活。

(2) 全译码方式。所谓全译码就是存储器芯片的地址线与单片机系统的地址线顺次相接后,剩余的高位地址线全部参加译码。这种译码方法存储器芯片的地址空间是唯一确定的,各芯片间的地址是连续的,但译码电路相对复杂。一般要采用地址译码器芯片,如:74LS138、74LS139、74LS154 等。如图 8-4 所示,采用 3/8 译码器实现地址译码,产生片选信号。其地址空间分配如表 8-2 所示。

表 8-2　全译码方式地址分配表

	二　进　制　表　示							十　六　进　制
	A15	A14	A13	A12	A11	…	A0	
芯片Ⅰ	1	0	0	0	0	…	0	8000H～8FFFH
					1	…	1	
芯片Ⅱ	1	0	0	1	0	…	0	9000H～9FFFH
					1	…	1	
芯片Ⅲ	1	0	1	0	0	…	0	A000H～AFFFH
					1	…	1	

(3) 局部译码方式。所谓局部译码就是存储器芯片的地址线与单片机系统的地址线顺次相接后,剩余的高位地址线只有部分参与译码。如在图 8-4 的基础上,将 74LS138 的第

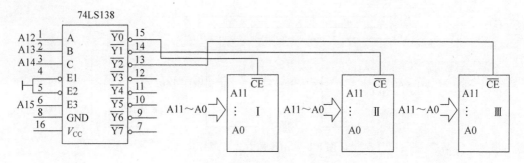

图 8-4 用全译码方式实现片选

6 引脚直接接 V_{CC}，地址总线 A15 不参加译码，就成为局部译码方式。就芯片Ⅰ而言，当 A15=0 时，芯片占用的地址是 0000H~0FFFH；当 A15=1 时，芯片占用的地址是 8000H~8FFFH。

可以看出，在局部译码方式下存储器芯片的地址空间也有重叠。

知识点二：程序存储器的扩展

1. 半导体存储器

半导体存储器是微型计算机的重要记忆元件，用于存储程序、常数和动态数据。通常按功能分为只读存储器 ROM(Read Only Memory)和随机存取存储器 RAM(Random Access Memory)。

(1) 只读存储器(ROM)：ROM 所存储的信息在正常情况下只能读出，不能随意改变，其信息不会丢失，一般作为程序存储器使用。按工艺分为掩膜 ROM、一次可编程 PROM、紫外线可擦除 EPROM 和电擦除 E^2PROM 及 FLASH ROM。

(2) 随机存储器(RAM)：RAM 是一种在正常情况下可以随机写入或读出存储信息的器件，掉电后信息会丢失，一般作为数据存储器使用。

(3) 半导体存储器两个主要技术指标：存储容量和存取速度。

存储容量是指一块芯片中所能存储的信息位数(bit)，即字数和字长的乘积。一般以字节的数量表示，如 16K×8 位的芯片，表示为 16KB。

存取速度是指 CPU 从存储器读出或写入一个数据所需要的时间，一般为几十到几百纳秒，其速度要与 CPU 速度相匹配。

2. 常用程序存储器芯片

程序存储器作为程序载体，用于保存软件运行代码。对于 MCS-51 系列单片机来说，片内程序存储器类型及容量如表 8-3 所示。

表 8-3 单片机片内程序存储器类型及容量

单片机型号	存储器类型	存储器容量
8031/8032	无	无
8051/8052	ROM	4KB/8KB
8751/8752	EPROM	4KB/8KB
8951/8952	Flash ROM	4KB/8KB

8031无片内程序存储器,使用时必须外扩程序存储器,已很少使用。目前大多使用 Flash ROM 型单片机。当系统软件代码大于单片机片内容量时,需要更换具有大容量片内程序存储器的单片机,或者选用以下常用程序存储器芯片外扩。

(1) 紫外线擦除可编程 EPROM 型芯片:主要有 2716、2732、2764、27128、27256、27512 等。27 是系列号,16/32/64/128/256/512 表示容量大小,如 16 是 2K×8 位。它们基本工作原理相同,差别在于具有的地址线数目不同。芯片上方有一个玻璃窗口,在紫外线的照射下,存储器中的各位信息被擦除,擦除后的芯片可通过编程器将应用程序固化到芯片中。图 8-5 是 27C256 引脚图。各引脚功能说明如下。

- D0～D7:8 条数据线。
- A0～A15:16 条地址线。
- $\overline{CE}$:片选信号输入线,低电平有效。
- $\overline{OE}$:输出允许输入线,低电平有效。
- V_{PP}:编程电压(典型值为 12.5V)。

(2) E^2PROM 型芯片:主要有串行和并行两种,并行 E^2PROM 主要有 Intel 2816、Intel 2817、Intel 2864、Intel 28256 等。图 8-6 所示是 2864 芯片引脚图。E^2PROM 是一种电擦除只读存储器,其特点是系统在线进行修改,即写入一个字节数据前,自动对要写入的单元进行擦除,不需要专门的擦除设备。

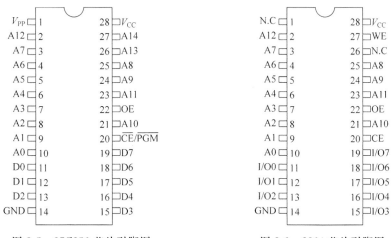

图 8-5　27C256 芯片引脚图　　　　图 8-6　2864 芯片引脚图

串行 E^2PROM 主要有 2 线和 3 线产品,2 线主要是 I^2C 总线,3 线主要是 SPI 总线。2 线串行 E^2PROM 芯片有 2401/2402/2404/2408/2416/2432/2464/24128/24256 等,详细信息参看任务 8.3 部分内容。3 线 E^2PROM 芯片有 93C46/93C56/93C66 等。

3. 程序存储器扩展电路

8031 单片机扩展一片 2764 作为外部程序存储器的接口电路如图 8-7 所示,$\overline{EA}$接地。2764 是 8KB×8 EPROM 器件,它有 13 根地址线,依次与单片机的地址线 A0～A12(P0、P2.0～P2.4)连接,低 8 位地址使用 74LS373 锁存。2764 的数据线 D0～D7 与 8051 的 P0 口直接连接,输出允许控制线$\overline{OE}$与单片机的$\overline{PSEN}$信号线相连,因为只使用了一片 2764,故片选线$\overline{CE}$直接接地。

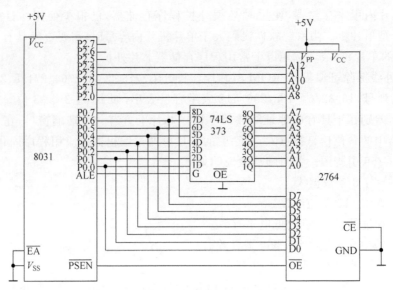

图 8-7 单片机程序存储器 2764 扩展电路

在图 8-7 电路中,单片机的高 3 位地址线 A13～A15(P2.5～P2.7)没有使用,所以对 2764 访问时与 A13～A15 的信号状态无关,即存在 $2^3 = 8$ 个重叠的 8KB 空间。

其 8 个重叠的地址范围如下:

0000000000000000～0001111111111111,即 0000H～1FFFH;

0010000000000000～0011111111111111,即 2000H～3FFFH;

0100000000000000～0101111111111111,即 4000H～5FFFH;

0110000000000000～0111111111111111,即 6000H～7FFFH;

1000000000000000～1001111111111111,即 8000H～9FFFH;

1010000000000000～1011111111111111,即 A000H～BFFFH;

1100000000000000～1101111111111111,即 C000H～DFFFH;

1110000000000000～1111111111111111,即 E000H～FFFFH。

当多片程序存储器进行扩展时,根据芯片数目的多少,依次选用线选方式、局部译码方式、全译码方式。图 8-8 所示的是采用线选方式实现 2 片 2764 扩展成 16KB 的程序存储器,有 2 条地址线没有使用,故每个芯片有 4 个重叠的地址空间。图 8-9 所示为采用全译码方式实现的 4 片 2764 扩展成 32KB 的程序存储器。每片 2764 具有唯一的地址空间。

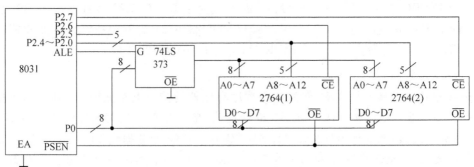

图 8-8 线选方式实现 2 片 2764 扩展成 16KB 的程序存储器

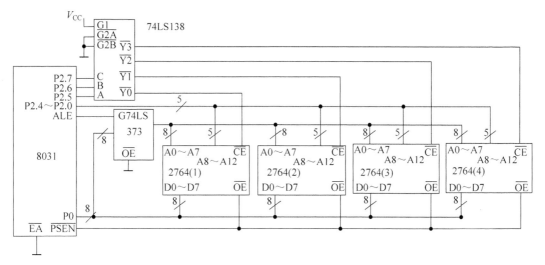

图 8-9 采用全译码方式实现的 4 片 2764 扩展成 32KB 的程序存储器

注意：在实际单片机硬件电路设计中，一般不需要扩展程序存储器，因为许多单片机内部具有的程序存储器容量基本满足我们程序设计的需要，而且同型号单片机片内程序存储器容量大与小的相比，其市场价格一般相差也不大。在嵌入式系统设计中，ARM、DSP 等需要进行大容量程序存储器扩展。

知识点三：数据存储器的扩展

1. 常用数据存储器芯片

随机存取存储器 RAM 是一种正常工作时既能读又能写的存储器，通常用来存放数据、中间结果和最终结果等，是现代计算机不可缺少的一种半导体存储器。

RAM 按器件制造工艺不同分为：双极型 RAM 和 MOSRAM。MOSRAM 按信息存储的方式不同又分为静态 RAM 和动态 RAM 两种。静态 RAM 的存储容量较小，动态 RAM 的存储容量较大。

在单片机系统中，最常用的数据存储器是静态 RAM，主要是 Intel 公司的 61 系列和 62 系列。最常用的芯片是 8 位数据线的 6264 和 62256 等。如图 8-10 所示是 6264/62256 芯片的引脚。它们的主要差别是 62256 比 6264 多两根地址线，即 26 脚 A13 和 1 脚 A14。

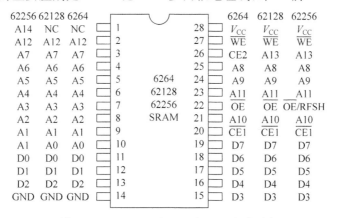

图 8-10 RAM6264/62128/62256 芯片引脚

6264/62256 各引脚功能说明如下。

A0～Ai：地址输入线，i＝12(6264)，14(62256)。

D0～D7：双向数据线。

$\overline{CE1}$：片选信号输入线，低电平有效。对 6264 当 CE2＝1，且 $\overline{CE1}$＝0 时才选中该片。

$\overline{OE}$：读选通信号输入线，低电平有效。

$\overline{WE}$：写允许信号输入线，低电平有效。

V_{CC}：主电源，电压为 5V。

GND：接地端。

2. 数据存储器扩展电路

数据存储器扩展和程序存储器扩展原理基本相同，只是控制线的连接有些不同，数据存储器 $\overline{OE}$ 端与单片机读允许信号 $\overline{RD}$ 相连，数据存储器 $\overline{WE}$ 端与单片机写允许信号 $\overline{WD}$ 相连，ALE 的连接与程序存储器相同。

图 8-11 所示的是 8051 单片机与两片 6264 数据存储器的扩展电路，采用线选方式地址译码。图中 6264(1) 的片选端 $\overline{CE1}$ 接 A13(P2.5)，6264(2) 的片选端 $\overline{CE1}$ 接 A14(P2.6)。片选线 CE2 直接接 V_{CC} 高电平。地址线 A15(P2.7) 没有使用，故地址空间存在重叠，且不连续。

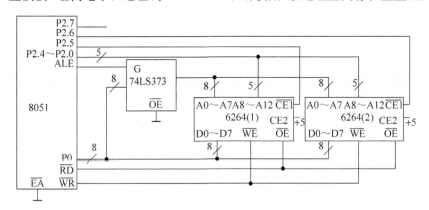

图 8-11　8051 单片机与两片 6264 数据存储器的扩展电路

如果 P2.7＝0，两片 6264 芯片的地址空间为：

第一片，01000000000000000～0101111111111111，即 4000H～5FFFH；

第二片，00100000000000000～0011111111111111，即 2000H～3FFFH。

如果 P2.7＝1，两片 6264 芯片的地址空间为：

第一片，11000000000000000～1101111111111111，即 C000H～DFFFH；

第二片，10100000000000000～1011111111111111，即 A000H～BFFFH。

注意：由于数据存储器的读和写由单片机的 $\overline{RD}$ 和 $\overline{WD}$ 控制，而程序存储器的读选通由 $\overline{PSEN}$ 控制，故两者虽共有同一地址空间，也不会发生总线冲突。

四、软件设计

根据硬件电路图 8-1，进行系统软件设计，对程序存储器和数据存储器进行测试。

对存储器的访问采用三总线方式，实现如下功能：将定义在程序存储器中的表格数据存入外部数据存储器 6264 的 0x100 处；然后将写入的数据读回后逆向复制到 0x200 处。
程序设计如下：

（1）在程序存储器中定义表格数据，需使用数组变量，而且在变量声明时使用 code 标
识符。例如：unsigned char code tab[ ] ＝{1,2,3,4,5,6,7,8,9,10,11,12,13,14,15}。

定义在 ROM 区的数据只能读取，不能修改。

（2）对外部数据存储器的访问采用绝对地址访问方式，例如：

```
unsigned  char  i;
i = XBYTE[0x100];
XBYTE[0x200] = i;
```

（3）源程序代码如下：

```
/****************************************************************
名称：程序存储器和数据存储器扩展测试
模块名：AT89C51,27C512,6264
功能描述：本例首先从 ROM 读取 15 个表格数据,将写入外部 RAM 的 0x100,然后将写入的数据读取后
逆向复制到 0x200 处
****************************************************************/
# include < reg51. h >
# include < absacc. h >
# define uchar unsigned char
# define uint unsigned int
uchar code tab[ ] = {1,2,3,4,5,6,7,8,9,10,11,12,13,14,15};
sbit LED = P1^0;
//主程序
void main()
{
 uint i;
 LED = 1;
 for ( i = 0; i < 15; i ++ )
 {
   XBYTE[0x0100 + i] = tab[i];
 }
 for ( i = 0; i < 15; i ++ )
 {
   XBYTE[ i + 0x0200] = XBYTE[0x0100 + 14 − i];
 }
 LED = 0;
 while(1);
}
```

五、Proteus 软件仿真

首先，在 Proteus ISIS 中搭建电路图，因为使用外部程序存储器，故将编译的程序代码
HEX 文件加载到 27512 中执行，注意 $\overline{EA}$ 接地。选中 27C512 并单击，打开"Edit
Component"对话框，在窗口中的"Image File"处，选择用 Keil 生成的 HEX 文件。

存储器扩展仿真电路图如图 8-12 所示。

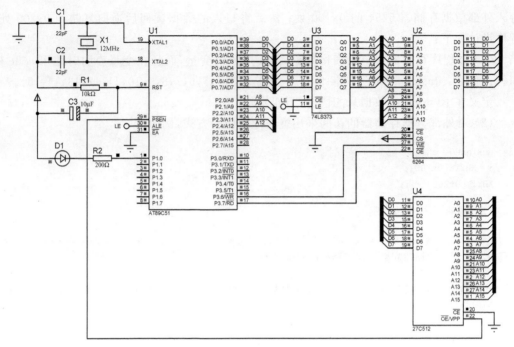

图 8-12　存储器扩展仿真电路

　　程序运行后,当数据移动结束后,LED 灯点亮,表示数据读写操作已经完成,此时单击 "Pause"按钮暂停程序运行,然后单击"Debug"调试菜单下的"Memory Contents",即可看到 如图 8-13 所示窗口中显示的内存数据。可以看到程序存储器表格数据被复制到了 0x100 处,而且被逆向复制到了 0x200 处。

图 8-13　外部数据存储器 6264 数据

六、任务小结

　　本设计任务是基于三总线访问结构对单片机程序存储器和数据存储器进行了扩展。

　　(1) 重点掌握地址线译码方式和系统控制线的使用,区分 RAM 和 ROM 控制信号线的 差异。

（2）并行存储器扩展硬件电路连接相对复杂，而且 RAM 在掉电后数据丢失，不能保存。因此在不考虑速度的情况下，串行 FLASH 存储器在单片机设计得以广泛应用，其既有 ROM 的掉电保存特性，又有 RAM 的数据在线读写特点。在任务 8.3 中将对其详细介绍。

（3）单片机扩展的 I/O 端口（如 A/D、D/A 等）与片外数据存储器是统一编址的，即占用了部分外部数据存储器的单元地址，使用相同的指令访问模式，即 MOVX 汇编指令。如果扩展较多的外部设备 I/O 端口，可使用大量的片外数据存储器地址。

任务 8.2　使用 8255A 实现并行 I/O 口扩展

一、任务描述

在 MCS-51 系列单片机扩展应用系统中，P0 口和 P2 口用来作为外部 ROM、RAM 和扩展 I/O 接口的地址线，而不能作为 I/O 口；P3 口某些位也被用来作为第二功能使用，这时提供给用户的 I/O 接口线很少。因此，对于复杂的应用系统都需要进行 I/O 口的扩展。

任务设计采用三总线式电路访问结构进行，使用 8255A 的 PA 口、PB 口和 PC 口控制 8 只集成式 7 段数码管的显示，4 个按键控制显示模式，K1 控制字符向左滚动显示，K2 控制字符向右滚动显示。通过本任务，了解 I/O 接口的特点及应用，熟悉可编程并行接口的扩展方法，掌握 8255A 的结构和基本应用，进一步熟练掌握外部设备的接口编程。

二、硬件原理图

8255A 并行 I/O 口扩展电路如图 8-14 所示，单片机 P0 作为分时复用数据和低 8 位地址口，低 8 位地址通过 74LS373 锁存，只使用低 3 位地址 P0.0、P0.1、P0.2，分别与 8255A

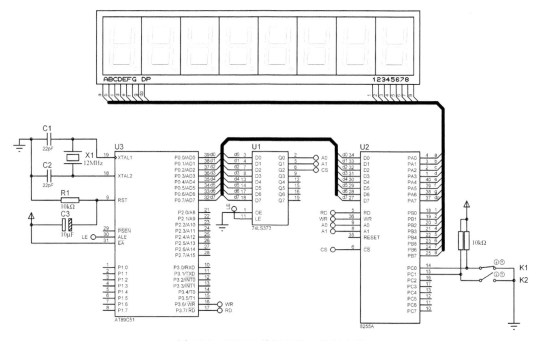

图 8-14　8255A 并行 I/O 口扩展电路

的 A0、A1、$\overline{CS}$ 相连。8255A 的 PA 口与数码管的段码线相连,8255A 的 PB 口与数码管的位选线相连,8255A 的 PC 口的 PC0 和 PC1 接按键 K1 和 K2,用于控制数据显示方式。其中 PA 口和 PB 口作为输出口,PC 口作为输入口。

三、相关理论知识

知识点四：并行接口扩展

1. 简单并行 I/O 口扩展

简单的并行 I/O 口扩展一般通过数据缓冲器和锁存器来实现。例如,74LS373、74LS244、74LS273、74LS245 等芯片。图 8-15 所示的是利用 74LS373 和 74LS244 扩展的简单并行 I/O 接口,其中 74LS373 扩展并行输出口,74LS244 扩展并行输入口。扩展的输入口接了 K0～K7 八个开关,扩展的输出口接了 L0～L7 八个发光二极管。

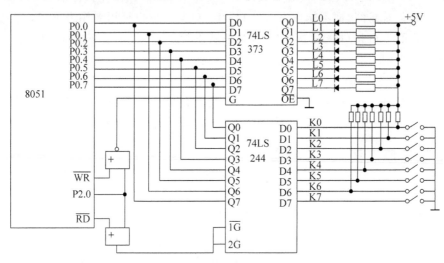

图 8-15　利用 74LS373 和 74LS244 扩展的简单并行 I/O 接口电路

74LS373 是 8 位锁存器,控制端 G 与单片机的 $\overline{WR}$、P2.0 组成的或非门输出端相连,输出允许端 $\overline{OE}$ 直接接地。当执行向片外数据存储器的写指令,指令中片外数据存储器的地址使 P2.0 为低电平,则控制端 G 有效,数据总线上的数据就送到 74LS373 的输出端。

74LS244 是 8 位三态缓冲器,控制端 $\overline{1G}$、$\overline{2G}$ 线与后与单片机的 $\overline{RD}$、P2.0 组成的或门输出端相连,当执行从片外数据存储器读的指令,指令中片外数据存储器的地址使 P2.0 为低电平,则控制端 $\overline{1G}$ 和 $\overline{2G}$ 有效,74LS244 的输入端的数据通过输出端送到数据总线,然后传送到 8051 单片机的内部。

其中,P2.0 决定了 74LS373 和 74LS244 端口的地址,它们的访问地址为:XXXXXXX0 XXXXXXXXB,可取 FEFFH。如果要通过 L0～L7 发光二极管显示 K0～K7 的开关状态,则相应的程序代码如下:

```
uchar unsigned char status;
status = XBYTE[0xfeff];
XBYTE[0xfeff] = status;
```

2.8255A 可编程并行输入/输出接口扩展

8255A 是一种可编程的并行 I/O 接口芯片,可以方便地和 MCS-51 系列单片机相连接,以扩展单片机的 I/O 接口。8255A 有 3 个 8 位并行端口 PA、PB、PC,具有 3 种基本工作方式,根据不同的初始化编程,可以分别定义为输入或输出方式,已完成 CPU 与外设的数据传送。

(1) 8255A 的内部结构。8255A 的内部结构图如图 8-16 所示。它包含 3 个并行数据输入/输出端口(A、B、C),两组工作方式控制电路(A 组控制、B 组控制),一个读/写控制逻辑电路和一个 8 位数据总线缓冲器。

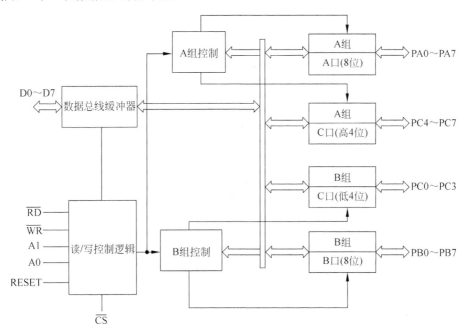

图 8-16　8255A 的内部结构图

① 3 个并行 I/O 接口。

A 口:具有一个 8 位数据输入缓冲/锁存器和一个 8 位数据输出缓冲/锁存器组成。

B 口:具有一个 8 位数据输入缓冲器(不锁存)和一个 8 位数据输出缓冲/锁存器组成。

C 口:具有一个 8 位数据输入缓冲器(不锁存)和一个 8 位数据输出缓冲/锁存器组成。这个端口可编程为两组 4 位口使用;当 A 口、B 口工作在选通方式时,C 口除了做输入/输出使用外,还可以分别为 A 口和 B 口提供控制和状态信息。

② A 组和 B 组控制电路。8255A 的 3 个端口在使用时分为 A、B 两组。A 组包括 A 口 8 位和 C 口的高 4 位,B 组包括 B 口 8 位和 C 口的低 4 位。两组的控制电路中有控制寄存器,根据写入的控制字决定两组的工作方式,也可以对 C 口的每一位置位或复位。

③ 数据总线缓冲器。这是三态双向 8 位缓冲器,用于和单片机的数据总线相连。数据的输入/输出、控制字和状态信息的传送,都是通过这个缓冲器进行的。

④ 读/写控制逻辑。读/写控制逻辑用于管理所有的数据、控制字或状态字的传送。它接受单片机的地址信号和控制信号来控制各个口的工作状态。

（2）8255A 的引脚功能。8255A 采用 40 线双列直插式封装，如图 8-17 所示。各引脚功能描述如下：

① D0～D7 双向三态的数据总线。

② RESET 复位信号，输入。当 RESET 端得到高电平后，8255A 复位。复位状态是控制寄存器被清零，所有端口（A、B、C）被置为输入方式。

③ 片选信号，输入。当为低电平时，该芯片被选中。

④ 读信号，输入。当该信号为低电平时，允许 CPU 从 8255A 读取数据或状态信息。

⑤ 写信号，输入。当该信号为低电平时，允许 CPU 将控制字或数据写入 8255A。

⑥ A1、A0 端口选择信号，输入。8255A 中有端口 A、B、C，还有一个控制口寄存器，共 4 个端口寄存器，根据 A1、A0 输入的地址信号来选择端口。

A1A0＝00，选择端口 A；

A1A0＝01，选择端口 B；

A1A0＝10，选择端口 C；

A1A0＝11，选择控制口寄存器。

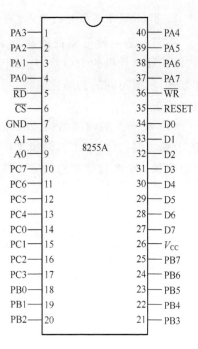

图 8-17　8255A 芯片引脚图

A1、A0 与 $\overline{RD}$、$\overline{WR}$、$\overline{CS}$ 信号一起，可确定 8255A 的操作状态，如表 8-4 所示。

表 8-4　8255A 的操作状态

$\overline{CS}$	A1	A0	$\overline{RD}$	$\overline{WR}$	操　作	
0	0	0	0	1	A 口→数据总线	
0	0	1	0	1	B 口→数据总线	输入
0	1	0	0	1	C 口→数据总线	
0	0	0	1	0	数据总线→A 口	
0	0	1	1	0	数据总线→B 口	输出
0	1	0	1	0	数据总线→C 口	
0	1	1	1	0	数据总线→控制口	

⑦ PA0～PA7，A 口数据线，双向。

⑧ PB0～PB7，B 口数据线，双向。

⑨ PC0～PC7，C 口信号线，双向。当 8255A 工作于方式 0 时，PC0～PC7 分为两组（每组 4 位）并行 I/O 数据线。当 8255A 工作于方式 1 或方式 2 时，PC0～PC7 为 A 口、B 口提供联络和中断信号，这时每根线的功能有新的定义。

（3）8255A 的控制字。8255A 有两个控制字：工作方式控制字和 C 口按位置位/复位控制字。通过程序可以把这两个控制字写入 8255A 的控制字寄存器，来设定 8255A 的工作模式和 C 口各位状态。这两个控制字以 D7 特征位状态来加以区分。

① 工作方式控制字。工作方式控制字用于设定 8255A 的 3 个端口的工作方式，它的

格式如图 8-18 所示。

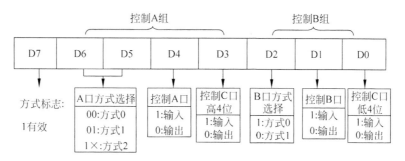

图 8-18　8255A 的工作方式控制字

D7 位为方式标志特征位,D7＝1 表示为工作方式控制字。

D6、D5 用于设定 A 组的工作方式。

D4、D3 用于设定 A 口和 C 口的高 4 位是输入还是输出。

D2 用于设定 B 组的工作方式。

D1、D0 用于设定 B 口和 C 口的低 4 位是输入还是输出。

② C 口的按位置位/复位控制字。C 口的按位置位/复位控制字用于对 C 口的各位置 1 或清 0,它的格式如图 8-19 所示。

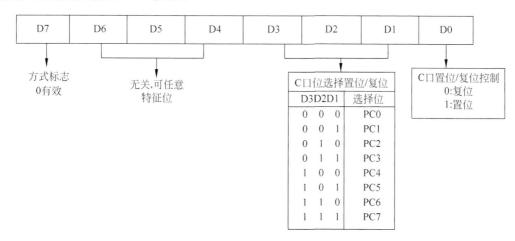

图 8-19　8255A 的 C 口的按位置位/复位控制字

D7 位为特征位。D7＝0 表示为 C 口按位置位/复位控制字。

D6、D5、D4 这三位不用。

D3、D2、D1 这三位用于选择 C 口当中的某一位。

D0 用于置位/复位设置,D0＝0 则复位,D0＝1 则置位。

(4) 8255A 的工作方式。8255A 有 3 种工作方式:方式 0——基本输入/输出方式,方式 1——选通输入/输出方式,方式 2——双向传送方式。

① 方式 0。方式 0 是一种基本的输入/输出方式。在这种方式下,三个端口都可以由程序设置为输入或输出,没有固定的应答信号。其特点如下:

• 具有两个 8 位端口(A、B)和两个 4 位端口(C 口的高 4 位和 C 口的低 4 位)。

- 任何一个端口都可以设定为输入或者输出。
- 每一个端口输出时是锁存的,输入是不锁存的。

方式 0 通常用于无条件传送,也可以人为指定某些位作为状态信号线,进行查询传送。例如,图 8-20 所示的是 8255A 工作于方式 0 的电路,其中 A 口输入,B 口输出。通过 A 口查询外部开关状态,通过 B 口输出状态信息,点亮相应的 LED 管。

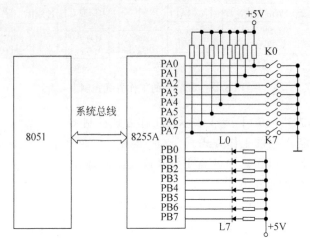

图 8-20　8255A 工作于方式 0 无条件传送

② 方式 1。方式 1 是一种选通输入/输出方式。在这种工作方式下,端口 A 和 B 作为数据输入/输出口,端口 C 用做输入/输出的应答信号。A 口和 B 口既可以用做输入,也可用做输出,输入和输出都具有锁存能力。

- 方式 1 输入。无论是 A 口输入还是 B 口输入,都用 C 口的 3 位做应答信号,1 位作中断允许控制位。具体情况如图 8-21 所示。

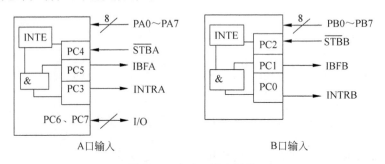

图 8-21　方式 1 输入结构

各应答信号含义如下:

$\overline{STB}$——外设送给 8255A 的“输入选通”信号,低电平有效。当该信号有效时,外设把数据送入 8255A 的 A 口或 B 口。

IBF——8255A 送给外设的“输入缓冲器满”信号,高电平有效。当 IBF＝1 时,表示输入设备的数据已打入输入缓冲器内且没有被 CPU 取走,通知外设不能再送新的数据。只有当 IBF＝0,输入缓冲器变空时,才允许外设再送新的数据。IBF 信号是由 $\overline{STB}$ 信号置位,由$\overline{\text{RD}}$的上升沿复位。

INTR——8255A 送给 CPU 的"中断请求"信号,高电平有效。当输入缓冲器满(IBF 为高电平)且$\overline{\text{STB}}$信号变为 1 时,INTR 信号有效,向 CPU 申请中断,请求 CPU 取走数据。由$\overline{\text{RD}}$的下降沿复位。

INTE——8255A 内部为控制中断而设置的"中断允许"信号。当 INTE＝1 时,允许 8255A 向 CPU 发送中断请求。当 INTE＝0 时,禁止 8255A 向 CPU 发送中断请求。INTE 由软件通过对 PC4(A 口)和 PC2(B 口)的置位/复位来允许或禁止。

8255A 工作于方式 1 输入的时序,如图 8-22 所示。

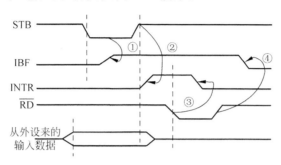

图 8-22　8255A 工作于方式 1 输入的时序

- 方式 1 输出。无论是 A 口输出还是 B 口输出,都用 C 口的三位作应答信号,一位作中断允许控制位。具体情况如图 8-23 所示。

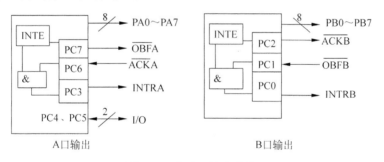

图 8-23　方式 1 输出结构

各应答信号含义如下:

$\overline{\text{OBF}}$——8255A 送给外设的"输出缓冲器满"信号,低电平有效。当 CPU 把数据写入 8255A 的输出缓冲器后,$\overline{\text{OBF}}$信号立即变成低电平,通知输出设备可以从 8255A 总线取走数据。$\overline{\text{OBF}}$信号由$\overline{\text{WR}}$信号的上升沿复位,由$\overline{\text{ACK}}$信号的下降沿置位。

$\overline{\text{ACK}}$——外设送给 8255A 的"应答"信号,低电平有效。当$\overline{\text{ACK}}$＝0 时,表示外设已接收到从 8255A 端口送来的数据。

INTR——8255A 送给 CPU 的"中断请求"信号,高电平有效。当 INTR＝1 时,向 CPU 发送中断请求,请求 CPU 再向 8255A 写入数据。

INTE——8255A 内部为控制中断而设置的"中断允许"信号,含义与输入相同,只是对应 C 口的位数与输入不同,它是通过对 PC4(A 口)和 PC2(B 口)的置位/复位来允许或禁止。

8255A 工作于方式 1 输出的时序,如图 8-24 所示。

③ 方式 2。方式 2 是一种双向选通输入/输出方式,只适用于 A 口。这种方式能实现外设与 8255A 的 A 口双向数据传送,并且输入和输出都是锁存的。它使用 C 口的 5 位作应答信号,两位作中断允许控制位。具体情况如图 8-25 所示。

方式 2 各应答信号的含义与方式 1 相同,只是 INTR 具有双重含义,既可以作为输入时向 CPU 的中断请求,也可以作为输出时向 CPU 的中断请求。

8255A 的工作方式 2 是 A 口方式 1 的输入和输出两种操作的组合,所以方式 2 的工作过程也就如同上述工作方式 1 的输入和输出过程。

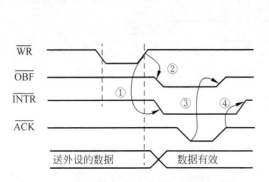

图 8-24　8255A 工作于方式 1 输出的时序

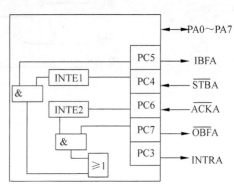

图 8-25　方式 2 结构

(5) 8255A 与 MCS-51 单片机的接口。MCS-51 可以和 8255A 芯片直接连接,如图 8-26 所示。与单片机的连接,除了需要一个 8 位锁存器锁存 P0 口送出的低 8 位地址外,不需要其他任何硬件。

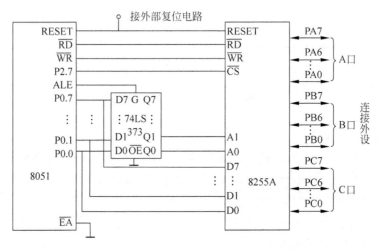

图 8-26　8255A 与 MCS-51 单片机的接口电路

8255A 的数据总线 D0～D7 和单片机的 P0 口相连,8255A 的地址分配采用简单的线选法,片选信号 $\overline{CS}$ 与 P2.7 相连,A1、A0 和单片机的地址 A1、A0 相连,所以 8255A 的 A 口、B 口和 C 口及控制寄存器的地址可以分别为 FF7CH、FF7DH、FF7EH 及 FF7FH(地址不唯一)。8255A 的读/写线分别与单片机的读/写线相连,RESET 直接与 8051 的 RESET 连接。

如果设定 8255A 的 A 口工作在方式 0 输入,B 口工作在方式 0 输出,则初始化程序如下:

```
# include  < reg51.h >
# include  < absacc.h >        //定义绝对地址访问
...
XBYTE[0xefff] = 0x90;
```

四、软件设计

根据硬件电路图 8-14,进行系统软件设计,8255A 的 PA 口和 PB 口工作在方式 0 输出,PC 口输入。采用共阳极数码管,当位线是高电平时,相应的段码被显示。

本任务的 8255A 并行接口扩展电路与数据存储器的扩展电路基本相同,采用三总线方式。8255A 作为外设占用了外部数据存储器的内存单元地址,所以在编程上可作为内存单元对待。

采用绝对地址的方式定义 PA、PB、PC 及命令口:

```
# define   PA      XBYTE[0x0000]
# define   PB      XBYTE[0x0001]
# define   PC      XBYTE[0x0002]
# define   COM     XBYTE[0x0003]
```

实现如下功能:PA 口控制数码管的段码,PB 口控制数码管的位码,显示预设的字符;使用 PC 口连接的 4 个按键控制数码管显示模式,K1 控制字符向左滚动显示,K2 控制字符向右滚动显示。

源程序设计代码如下:

```
/******************************************************************
名称:使用 8255A 实现并行 I/O 口扩展
模块名:AT89C51,8255A
功能描述:使用 8255A 的 PA 口、PB 口和 PC 口控制 8 只集成 7 段数码管的显示,4 个按键控制显示模
         式,K1 控制字符向左滚动显示,K2 控制字符向右滚动显示
*******************************************************************/
# include< reg51.h >
# include< absacc.h >
# define uchar unsigned char
# define uint unsigned int

# define PA  XBYTE[0x0000]
# define PB  XBYTE[0x0001]
# define PC  XBYTE[0x0002]
# define COM XBYTE[0x0003]

uchar code DSY_CODE[] =
{//待显示的字符码 ASCII 码
  0xff,0xff,0xff,0xff,0xff,0xff,0xff,0xA4,0xC0,0xF9,0xC0,0xC0,0xA4,0xA4,0XC0,
```

```
    0xff,0xff,0xff,0xff,0xff,0xff,0xff
};
//数码管位选通码
uchar code DSY_Index[] = {0x01,0x02,0x04,0x08,0x10,0x20,0x40,0x80};
/ ******************************************************************
函数名称: DelayMS
函数功能: 延时函数
入口参数: 参数 ms 控制循环次数,从而控制延时时间长短
   ****************************************************************** /
void DelayMS(uint ms)
{
   uchar i;
   while(ms -- )   for(i = 0; i < 120; i ++ );
}
//   主程序
void main()
{
   uchar i, j, k;
   COM = 0x81;
   i = 0;
   while(1)
   {
     ACC = PC;
     if(0 == ACC^0)
     {
        for(j = 0; j < 40; j ++ )
        for(k = 0; k < 8; k ++ )
        {
          PB = DSY_Index[k];
          PA = DSY_CODE[k + i];
          DelayMS(1);
        }
        i = (i + 1) % 15;
     }
     if(0 == ACC^1)
     {
        for(j = 0; j < 40; j ++ )
        for(k = 0; k < 8; k ++ )
        {
          PB = DSY_Index[7 - k];
          PA = DSY_CODE[k + i];
          DelayMS(1);
        }
        i = (i + 1) % 15;
     }
   }
}
```

五、Proteus 软件仿真

用 Keil C 中对源程序进行编辑和编译,生成相应的 HEX 目标代码。用 Proteus 软件

绘制相应的电路仿真图,如图 8-27 所示,选中 AT89C51 单片机,打开"Edit Component"对话框,在"Program File"中加载产生的 HEX 目标代码文件。单击运行图标,进行电路仿真测试。

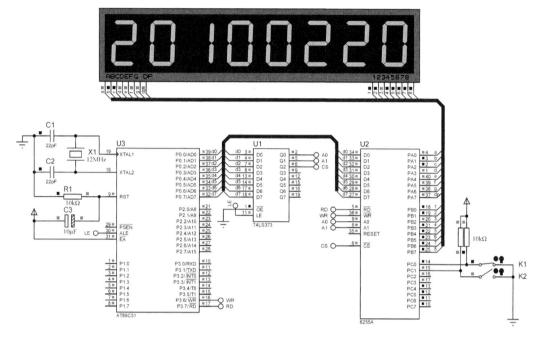

图 8-27　8255A 并行 I/O 口扩展仿真电路

在仿真过程中如果运行有误,借助 Keil C 和 Proteus 联合调试,在调试过程中打开工作寄存器窗口、特殊功能寄存器窗口和内部 RAM 窗口,采用单步或跟踪运行方法对程序运行时各窗口状态进行观察。

六、任务小结

本设计任务是基于三总线访问结构对并行 I/O 端口进行了扩展。重点要掌握 8255A 芯片接口编程方法,端口工作方式的设定和系统应用。

任务8.3　基于 I^2C 总线的串行 E^2PROM 扩展

一、任务描述

利用 AT89C51 单片机扩展串行 E^2PROM 芯片 AT24C04,编程向 AT24C04 中写入 14 个音符的索引,然后读取并演奏。通过本任务的学习,了解 I^2C 总线的接口时序特点,掌握 I^2C 总线的编程方法;熟悉新型串行总线接口芯片在单片机应用系统中的使用方法。

二、硬件原理图

单片机扩展串行 E^2PROM 硬件电路如图 8-28 所示。AT24C04 是基于 I^2C 总线的

4KB 的 E^2PROM 接口芯片,单片机的 P1.0 和 P1.1 作为 I^2C 总线与 AT24C04 的串行时钟线 SCL 和串行数据输入/输出线 SDA 相连,使用中 SCL 和 SDA 必须外接上拉电阻。单片机 P1 口内部集成有上拉电阻,故设计中未加上拉电阻。AT24C04 的 A0、A1、A2 是地址线引脚,对于 AT24C04 来说 A0 不用。AT24C04 的地址线 A0、A1、A2 直接接地,故片选地址为 000。

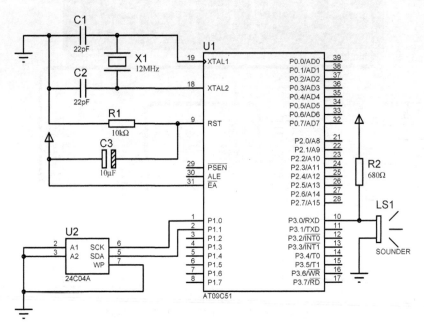

图 8-28　单片机扩展串行 E^2PROM 硬件电路

三、相关理论知识

知识点五：I^2C、SPI、单总线串行总线接口技术

前面介绍的程序存储器和数据存储器采用的都是并行扩展芯片,而目前单片机常用的接口芯片,如存储器、A/D、D/A、LED 显示驱动、实时时钟芯片等,大多采用了串行接口形式。串行接口总线主要包括有 SPI、I^2C、单总线等。

1. I^2C 串行总线

I^2C 总线是由 Philips 公司开发一种简单、双向二线制同步串行总线。它只需要两根线实现总线上的器件之间信息传送,一根是双向的数据线(SDA),另一根是时钟线(SCL)。所有连接到 I^2C 总线上设备的串行数据都接到总线的 SDA 线上,而各设备的时钟均接到总线的 SCL 线上。

I^2C 总线是一个多主机总线,即一个 I^2C 总线可以有一个或多个主机,总线运行由主机控制。主机负责启动数据的传送,发出时钟信号,传送结束时发出终止信号。通常,主机由各种单片机或其他微处理器充当,被主机寻址访问的从机可以是各种单片机或其他微处理器、存储器、LED 或 LCD 驱动器、A/D 或 D/A 转换器和时钟器件等。I^2C 总线的基本机构如图 8-29 所示。

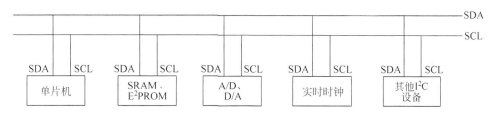

图 8-29　I²C 总线的基本机构

为了进行通信,每个连接到 I²C 总线上的器件都有一个唯一的地址,器件两两之间进行信息传送。在信息传输过程中,主机发送的信号分为器件地址码、器件单元地址和数据 3 部分,其中器件地址码用来选择从机,确定操作的类型(是发送数据还是接收数据);器件单元地址用于选择器件内部的单元;数据是在各器件间传递的信息。各器件虽然挂在同一条总线上,却彼此独立,互不干涉。

当 I²C 总线没有进行信息传送时,数据线(SDA)和时钟线(SCL)都为高电平。当主控制器向某个器件传送信息时,首先应向总线发送开始信号,然后才能传送信息,当信息传送结束时应发送结束信号。开始信号和结束信号规定如下。

开始信号:SCL 为高电平时,SDA 由高电平向低电平跳变,开始传送数据。

结束信号:SCL 为高电平时,SDA 由低电平向高电平跳变,结束传送数据。

开始信号和结束信号之间传送的是信息,信息的字节数没有限制,但每个字节必须为 8 位,高位在前,低位在后。数据线 SDA 上每一位信息状态的改变只能发生在时钟线 SCL 为低电平的期间。每个字节后面必须接收一个应答信号(ACK),ACK 是从机在接收到 8 位数据后向主机发出的特定的低电平脉冲,用以表示已收到数据。主机接收到应答信号(ACK)后,可根据实际情况作出是否继续传递信号的判断。若未收到 ACK,则判断为从机出现故障。具体情况如图 8-30 所示。

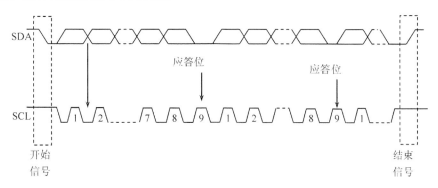

图 8-30　I²C 总线信息传送图

2. I²C 总线 E²PROM 接口芯片 AT24C04

AT24C 系列串行 E²PROM 是美国 Atmel 公司的低功耗 CMOS 存储器,具有工作电压宽(2.5～5.5V)、擦写次数多(大于 10000 次)、写入速度快(小于 10ms)等特点。在 IC 卡电度表、水表和煤气表中得到了广泛的应用。

（1）引脚分配。E^2PROM 芯片有 8 个引脚，如图 8-31 所示。

SCL：串行时钟输入脚，作为器件数据发送或接收的时钟。

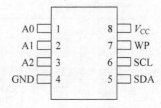

SDA：串行数据输入/输出线，用于传送地址和数据的发送或接收。它是一个漏极开路端，使用时需要接一个上拉电阻到 V_{CC} 端。

A0、A1、A2：器件地址输入端。这些输入端用于多个器件级联时设置器件地址。

图 8-31　AT24C 系列存储器芯片引脚图

WP：写保护。如果 WP 管脚连接到 V_{CC}，所有的内容都被写保护（只能读）。当 WP 管脚连接到 V_{SS} 或悬空，允许对器件进行正常的读/写操作。

V_{CC}：电源线。

V_{SS}：地线。

（2）器件地址。AT24C 系列有 AT24C01/02/04/08/16 等，其容量分别为 1/2/4/8/16KB。串行 E^2PROM 一般具有两种写入方式，一种是字节写入方式，另一种页写入方式，即允许在一个写周期内同时对 1 个字节到一页的若干字节的编程写入，一页的大小取决于芯片内页寄存器的大小。其中，AT24C04 具有 16 字节数据的页面写能力。

AT24C 系列 E^2PROM 的器件地址用 1 个字节表示，高 4 位是 1010。器件地址的低 4 位中最低位是读写控制位 R/W，"1"表示读操作，"0"表示写操作。其余 3 位地址码因芯片容量不同而具有不同定义，如图 8-32 所示。

	MSB							LSB
AT24C01/02(1KB/2KB)	1	0	1	0	A2	A1	A0	R/W
AT24C04(4KB)	1	0	1	0	A2	A1	P0	R/W
AT24C08(8KB)	1	0	1	0	A2	P1	P0	R/W
AT24C16(16KD)	1	0	1	0	P2	P1	P0	R/W

图 8-32　AT24C 系列 E^2PROM 的器件地址

对于 AT24C04 来说，只使用 A2 和 A1 引脚进行器件寻址，P0 是存储器内页面寻址位。如果器件寻址成功，E^2PROM 将在 SDA 总线上输出一个确认应答信号 ACK；否则，继续保持待机状态。

（3）AT24C04 的写操作。

① 字节写。图 8-33 是 AT24C04 字节写时序图。在字节写模式下，主器件首先发送起始命令和从器件地址信息（R/W=0），然后等待从器件应答信号，当主器件收到从器件的应答信号后，再发送 1 个 8 位字节的器件内单元地址写入从器件的地址指针，收到从器件的应

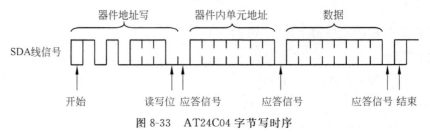

图 8-33　AT24C04 字节写时序

答信号后,再发送单元存储数据。从器件收到数据后回送应答信号,并在主器件产生停止信号后开始内部数据的擦写。

② 页写。图 8-34 所示的是 AT24C04 页写时序图。在页写模式下,AT24C04 一次可以写入 16 个字节数据。页写操作的启动和字节写一样,不同在于传送一个字节数据后并不产生停止信号,而是继续传送下一个字节。AT24C04 每收到一个字节数据产生一个应答信号,且内部地址自动加 1,如果在发送停止信号之前发送数据超过一页,地址计数器将自动翻转,先前写入的数据被自动覆盖。在接收到一页数据和主器件发送的停止信号后,AT24C04 启动内部写周期将数据写入数据区。

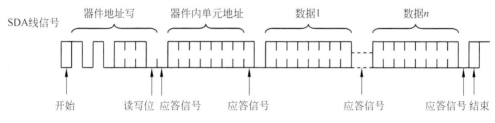

图 8-34　AT24C04 页写时序

(4) AT24C04 的读操作。对 AT24C04 的读操作的初始化方式和写操作时一样,仅把 R/W 位置 1,有 3 种不同读操作方式:当前地址读、随机地址读和顺序地址读。

① 当前地址读。图 8-35 所示的是 AT24C04 当前地址读时序图。根据 AT24C04 的当前地址计数器内容获取存储单元数据。如果读到一页的最后字节,则计数器将自动翻到地址 0 继续输出数据。AT24C04 在收到地址信号后,首先发送一个应答信号,然后发送一个 8 位字节数据。主机不需要发送应答信号,但要产生一个停止信号。

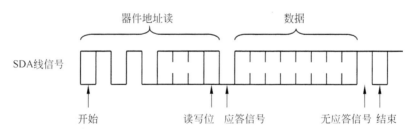

图 8-35　AT24C04 当前地址读时序

② 随机地址读。图 8-36 所示的是 AT24C04 随机地址读时序图。随机地址读允许主机对寄存器的任意字节进行读操作。主机首先进行一次空写操作,发送起始信号、从机地

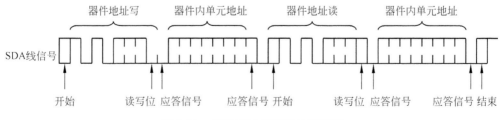

图 8-36　AT24C04 随机地址读时序

址(R/W=0)和它想读取的字节数据的地址。在 AT24C04 应答以后,主机重新发送起始信号和从机地址,此时 R/W=1。AT24C04 响应并发送应答信号后输出要求的一个 8 位字节数据。主机不需要发送应答信号,但要产生一个停止信号。

③ 顺序地址写。图 8-37 所示的是 AT24C04 顺序地址读时序图。在顺序读操作中,首先执行当前地址读或随机地址读操作。在 AT24C04 发送完一个 8 位字节数据后,主机产生一个应答信号来响应,告知 AT24C04 主机需要更多的数据,对应主机产生的每个应答信号,AT24C04 都将发送一个 8 位的字节数据。当主机发送非应答信号时结束读操作,然后主机发送一个停止信号。

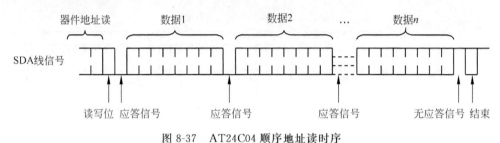

图 8-37　AT24C04 顺序地址读时序

3. SPI 总线

SPI(Serial Peripheral Interface)是一种串行同步通信协议,由一个主设备和一个或多个从设备组成,它可以使 MCU 与各种外围设备以串行方式进行通信以交换信息。该接口主要应用在 E^2PROM、Flash、实时时钟、AD/DA 转换器,以及数字信号处理器和数字信号解码器之间等。SPI 接口一般使用以下 4 条线。

① SDO(串行数据输出):主设备数据输出,从设备数据输入。

② SDI(串行数据输入):主设备数据输入,从设备数据输出。

③ SCK(串行移位时钟):时钟信号,由主设备产生。

④ CS(片选信号):从设备使能信号,由主设备控制。

CS 决定了唯一的与主设备通信的从设备,如没有 CS 信号,则只能存在一个从设备,此时,SPI 由 3 条线构成。主设备通过产生移位时钟来发起通信,通信时,数据在串行移位时钟的上升沿或下降沿由 SDO 输出,在紧接着的下降沿或上升沿由 SDI 读入,这样经过 8/16 次时钟的改变,完成 8/16 位数据的传输。

由于 SPI 系统总线一共只需 3~4 接口线即可实现与具有 SPI 总线接口功能的各种 I/O 器件进行通信,而扩展并行总线则需要 8 根数据线、8~16 位地址线、2~3 位控制线,因此,采用 SPI 总线接口可以简化电路设计,节省很多常规电路中的接口器件和 I/O 口线,提高设计的可靠性。

4. 单总线

单总线是美国 Maxim 全资子公司 Dallas 的一项专有技术。该技术与上述总线不同,它采用单根信号线,既可传输时钟,又能传输数据,而且数据传输是双向的,因而这种单总线技术具有线路简单,硬件开销少,成本低廉,便于总线扩展和维护等优点。

单总线适用于单个主机系统,能够控制一个或多个从机设备。主机可以是微控制器,从机可以是单总线器件,它们之间的数据交换只通过一条信号线。当只有一个从机设备时,系统可按单节点系统操作;当有多个从机设备时,系统则按多节点系统操作。其中,基于单总线协议的 DS18B20 数字温度传感器应用十分广泛。

四、软件设计

对于 AT24C04 进行读写操作的关键在于正确产生芯片的操作时序。而 AT89C51 不具有 I^2C 总线接口,所以对 I^2C 外设读写时,需要软件模拟 I^2C 的串行时钟信号和操作时序。对照 I^2C 的各项操作时序图编写相应的启动、停止、读写等程序代码模块。

音乐产生的方法:一首音乐是由许多不同的音符组成的,而每个音符对应着不同的频率,这样就可以利用不同的频率组合,构成我们想要的音乐了。

源程序代码如下:

```
/ ********************************************************
名称:在 I²C 器件 AT24C04 中存储音符并演奏
模块名:AT89C51,AT24C04
功能描述:利用 AT89C51 单片机扩展串行 E²PROM 芯片 AT24C04,编程向 AT24C04 中写入 14 个音符的
         索引,然后读取并演奏
********************************************************* /
# include < reg51. h>
# include < intrins. h>
# define uchar unsigned char
# define uint unsigned int
# define NOP4() {_nop_();_nop_();_nop_();_nop_();} //定义延时指令

sbit SCL = P1^0; //定义时钟线
sbit SDA = P1^1; //定义数据线
sbit SPK = P3^0; //定义蜂鸣器信号线
//定义标准的音符频率对应的延时表
uchar code HI_LIST[] = {0,226,229,232,233,236,238,240,241,242,244,245,246,247,248};
uchar code LO_LIST[] = {0,4,13,10,20,3,8,6,2,23,5,26,1,4,3};
//待写入 AT24C04 的音符
uchar code Song_24C04[] = {1,2,3,1,1,2,3,1,3,4,5,3,4,5};
uchar sidx; //读取的音符索引
/ ********************************************************
函数名称:DelayMS
函数功能:延时函数
入口参数:参数 x 控制循环次数,从而控制延时时间长短
********************************************************* /
void DelayMS(uint x)
{
  uchar i;
  while(x -- ) for(i = 0;i < 120;i ++ );
}
/ ********************************************************
函数名称:Start
函数功能:开始信号函数,启动 I²C 总线,即发送 I²C 开始信号
********************************************************* /
void Start()
```

```
{
    SDA = 1; SCL = 1; NOP4(); SDA = 0; NOP4(); SCL = 0;
}
/***********************************************************************
函数名称: Stop
函数功能: 停止信号函数,停止 I²C 总线,即发送 I²C 停止信号
***********************************************************************/
void Stop()
{
    SDA = 0; SCL = 0; NOP4(); SDA = 1; NOP4(); SCL = 1;
}
/***********************************************************************
函数名称: RACK
函数功能: 读取应答信号
***********************************************************************/
void RACK()
{
    SDA = 1; NOP4(); SCL = 1; NOP4(); SCL = 0;
}
/***********************************************************************
函数名称: NO_ACK
函数功能: 发送非应答信号
***********************************************************************/
void NO_ACK()
{
    SDA = 1; SCL = 1; NOP4(); SCL = 0; SDA = 0;
}
/***********************************************************************
函数名称: Write_A_Byte
函数功能: 向 24C04 中写一个字节数据
入口参数: 串行发送的一个字节 b
***********************************************************************/
void Write_A_Byte(uchar b)
{
    uchar i;
    for(i = 0;i < 8;i ++ )
    {
        b << = 1; SDA = CY; _nop_(); SCL = 1; NOP4(); SCL = 0;
    }
    RACK();
}
/***********************************************************************
函数名称: Write_IIC
函数功能: 向指定地址写数据
入口参数: 指定地址参数 addr,需写入的一个字节数据 dat
***********************************************************************/
void Write_IIC(uchar addr, uchar dat)
{
    Start();
    Write_A_Byte(0xa0); Write_A_Byte(addr); Write_A_Byte(dat);
    Stop();
```

```
      DelayMS(10);
}
/* ************************************************************
函数名称: Read_A_Byte
函数功能: 从24C04中读取一个字节数据
返回值: 从24C04读取的一个字节
************************************************************ */
uchar Read_A_Byte()
{
   uchar i,b;
   for( i = 0; i < 8; i ++ )
   {
      SCL = 1; b << = 1; b| = SDA; SCL = 0;
   }
   return   b;
}
/* ************************************************************
函数名称: Read_Current
函数功能: 从当前地址读取一个字节数据
返回值: 从24C04读取的一个字节
************************************************************ */
uchar Read_Current()
{
   uchar d;
   Start();
   Write_A_Byte(0xa1); d = Read_A_Byte(); NO_ACK();
   Stop();
   return d;
}
/* ************************************************************
函数名称: Random_Read
函数功能: 从任意地址读取数据一个字节
返回值: 从24C04读取的一个字节
************************************************************ */
uchar Random_Read(uchar addr)
{
   Start();
   Write_A_Byte(0xa0); Write_A_Byte(addr);
   Stop();
   return Read_Current();
}
/* ************************************************************
函数名称: T0_INT
函数功能: 定时器0中断例程,实现音符的播放
************************************************************ */
void T0_INT() interrupt 1
{
   SPK = ! SPK;
   TH0 = HI_LIST[ sidx ];
   TL0 = LO_LIST[ sidx ];
}
```

```
//主程序
void main()
{
  uchar i;
  IE = 0x82;                         //允许 T0 中断
  TMOD = 0x00;
  for(i = 0;i < 14;i ++ )            //向 24C04 中写入音符表
    {
      Write_IIC(i,Song_24C04[i]);
    }
  while(1)                           //反复读取音符并播放
  {
    for(i = 0;i < 14;i ++ )          //从 24C04 中读取音符
    {
      sidx = Random_Read(i);         //从指定地址读取字节
      TR0 = 1;                       //播放
      DelayMS(300);                  //延时
    }
  }
}
```

五、Proteus 软件仿真

程序运行后,首先将 14 个字符索引字节写入 AT24C04,AT24C04 仿真电路如图 8-38 所示,然后再反复读取这些字符并演奏。如图 8-39(I^2C Memory Internal Memory)所示,显示了程序向 AT24C04 写入的 14 个字节数据。

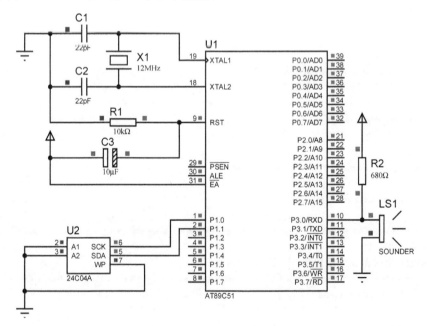

图 8-38　AT24C04 仿真电路

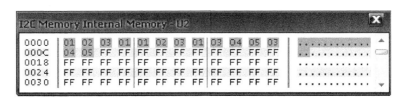

图 8-39　AT24C04 存储器数据

六、任务小结

本任务,利用软件模拟 I²C 总线时序方式实现了数据存储器的串行扩展,串行扩展方式简化了硬件连接,减少了单片机的硬件资源开销,提高了系统的可靠性。因此,串行接口在存储器、A/D、D/A、实时时钟、显示驱动等芯片得到广泛应用。在速度方面,串行扩展相对于并行扩展要低,所以,并行和串行扩展方法在单片机系统设计都需要进行掌握。并行扩展是利用了单片机的三总线结构,串行扩展是使用了新型串行总线 I²C、SPI、单总线等。

小　　结

本模块以任务的形式展开,介绍了单片机在系统总线、程序存储器、数据存储器、并行 I/O 口和串行 I/O 等方面的硬件电路设计和软件编程方法,使读者系统掌握单片机系统扩展的基本知识、方法和技能。学完本模块后,要求:

(1) 按照功能,通常把系统总线分为三组,即地址总线、数据总线和控制总线。理解系统三总线结构的工作原理。

(2) 掌握单片机程序存储器和数据存储器的扩展方法,特别是片选信号的产生方式,片选方法有线选方式、全译码方式和局部译码方式。

(3) 熟悉并行接口芯片 8255A 的使用,其是一种通用的可编程并行 I/O 接口芯片,可以方便地和 MCS-51 系列单片机相连接,以扩展单片机的 I/O 接口。掌握其编程方法,就可容易地对其他外设进行编程,如 ADC0809 等。

(4) 熟悉基于新型串行总线的编程协议及器件应用。当前,基于各种串行总线接口设计的器件越来越多,特别是 SPI、I²C、单总线等使用广泛,已经在许多领域逐渐代替原有的并行接口器件。采用串行总线接口可以简化电路设计,节省很多常规电路器件和 I/O 接口线,提高设计的可靠性。

思考与练习

1. 填空题

(1) 按照功能,通常把系统总线分为_____、_____和_____。

(2) 计算机中最常用的字符信息编码是_____,程序是以_____形式存放在程序存储器中的。

(3) 在 MCS-51 系统中片内外程序存储器地址采用的是统一编址,而片内外数据存储器采用的是_____编址；当$\overline{EA}$引脚为低电平时,使用的是片_____程序存储器。

(4) 当单片机对外部设备采用总线式访问时,使用_____端口作为地址线,_____端口作为数据线。

(5) 一个 RAM 的地址具有 A0～A10 引脚,则它的容量为_____。

(6) 当 89C51 外扩程序存储器时,使用的某存储器芯片是 8KB×8/片,那么它的地址线是_____根,数据线是_____根。

(7) 8255A 具有_____个并行数据输入/输出端口,_____组工作方式控制电路。

(8) AT24C04 的容量为_____,遵从_____通信协议。

2. 思考题

(1) 什么是总线？系统总线分为哪三种？

(2) 常用的片选方法有哪些？它们各有什么特点？

(3) 在 MSC-51 单片机应用系统中,使用 2764 芯片通过局部译码方式扩展 16KB 的程序存储器,试画出硬件连接电路图,并指出各芯片的地址空间范围。

(4) 在 MSC-51 单片机应用系统中,使用 6264 芯片通过全译码方式扩展 24KB 的数据存储器,试画出硬件连接电路图,并指出各芯片的地址空间范围。

(5) 在 MCS-51 单片机扩展系统中,为什么低 8 位地址信号需要地址锁存器？程序存储器和数据存储器共用 16 位地址线和 8 位数据线,为什么两个存储空间不会发生冲突？

(6) 用 8255A 扩展并行 I/O 口,实现 8 个开关的状态通过 8 个 LED 显示出来,试画出硬件电路图,用 C 语言编写相应的控制程序。

(7) 8255A 有哪几种工作方式？怎样进行选择？

(8) 比较 SPI、I^2C、单总线的技术特点。

(9) I^2C 总线的起始信号和终止信号是如何定义的？

## CHAPTER 9

单片机综合应用系统的开发与设计

任务 9.1 温度过程控制系统

一、任务描述

本任务是一个单片机温度控制系统。温度设定分为三挡：第一挡为室温，第二挡为 40℃，第三挡为 50℃。温度控制系统误差小于等于±2℃。升温由三台 1500W 电炉实现。选用继电器控制电炉开关。图 9-1 为温度控制系统结构框图，包括温度设定；温度检测；1 号、2 号、3 号电炉控制及温度显示和报警，在控制室内安装 1 个温度传感器。

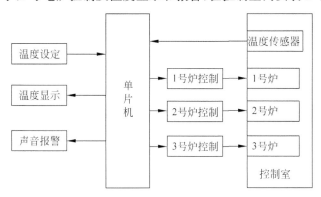

图 9-1　温度控制系统结构框图

当设置为室温状态时，关闭所有电炉；当设置为 40℃时，一般情况 1 号炉工作，如果高于 41℃，1 号炉关闭，如果低于 39℃，再开 2 号炉；当设置为 50℃时，一般情况 1 号、2 号炉同时工作，如果高于 51℃，2 号炉关闭，如果低于 49℃，再开 3 号炉。通过本任务，学习单片机应用系统开发流程，了解单总线技术的应用，掌握单片机模块化开发技巧。

二、硬件原理图

本任务对控制精度要求不高，控制的功能一般，因此可以选用 AT89S51 作为 CPU，温度检测由于精度不高，只要精确到 0.5℃即可。可以选用 1 线的 DS18B20 温度传感器,减少 CPU 与扩展芯片之间的耦合度,同时也减少印制电路板的尺寸。

DS18B20 采用的是 1-Wire 总线协议,即在一根数据线实现数据的双向传输。而对 AT89S51 单片机来说,硬件上并不支持单总线协议,因此,必须采用软件的方法来模拟单总线的协议时序来完成对 DS18B20 芯片的访问。对读写的数据位有着严格的时序要求。DS18B20 有严格的通信协议来保证各位数据传输的正确性和完整性。

该协议定义了几种信号的时序:初始化时序、读时序和写时序。所有的时序都是将主机作为主设备,单总线器件作为从设备。而每一次命令和数据的传输都是从主机主动启动写时序开始,如果要求单总线器件回送数据,在进行写命令后,主机需启动读时序完成数据接收。数据和命令的传输都是低位在先。

温度设定分为三挡,考虑到以后软件的升级,可以选用 BCD 拨码开关,利用 P1 口的高四位作为数值输入,每位高电平有效,低电平无效。用 P0.0、P0.1、P0.2 分别控制 1 号、2 号、3 号电炉,控制电路相同。当 P0.0 输出高电平时,电磁继电器闭合,1 号炉工作。温度值采用 LCD1602 显示,P2 口为数据输入/输出口,P3.0、P3.1、P3.2 为控制信号。图 9-2 所示为温度控制系统硬件电路图。

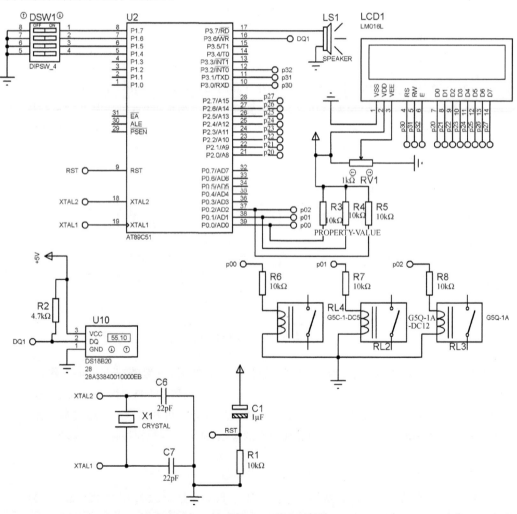

图 9-2 温度控制系统硬件电路图

三、相关理论知识

知识点一：单片机应用系统设计原则与过程

单片机应用系统是指以单片机为核心,配以一定的硬件和软件,能实现预定功能的应用系统。它由硬件和软件两部分组成。硬件一般是外围电路或者成品的硬件模块,软件一般分为系统软件和应用软件。如今随着硬件成本的降低,在 8 位单片机上移植实时操作系统已经成为可能,有兴趣的读者可以参考相关书籍。硬件是整个系统的基础,软件是在硬件的基础上对其硬件资源进行合理的调配和使用,从而完成应用系统所要求的目标。为了保证系统可靠、高效的工作,在硬件和软件的设计中,需要考虑其抗干扰能力,也就是在硬件、软件的设计中包括系统的抗干扰设计。

一般而言,在应用系统的设计中,硬件和软件的抗干扰设计是紧密相关的。有时候,硬件的任务可以用软件完成;同样,软件的任务也可以用硬件完成。多用硬件可以减少 CPU 负担,提高工作速度,减少软件的工作量;多用软件可以降低成本,减少体积、重量及能源消耗。对于大批量生产的项目可以优先考虑多用软件。对于一个应用系统来说,有些部分必须由硬件来完成,有些部分必须由软件来完成,对于硬件和软件都可以完成的功能部分,可以根据具体情况,选取最佳的设计方案,达到最佳的性能价格比。

单片机应用系统开发项目确定以后,首先进行总体设计,确定要达到的功能。再按顺序深入进行具体的硬件和软件设计。

（一）总体设计

总体设计包括以下几个方面。

1. 总体方案设计

通过相关渠道包括图书馆、互联网、专业书店里的相关图书和电子信息等,可以参考国内外的有关资料,查询以前是否有类似的课题、项目、产品。如果有,就可以分析这些课题、项目、产品有什么优点、缺点,有什么可以借鉴的,有什么需要避免的。如果没有,首先从理论上分析,确定应用系统实现的可能性方案,根据具体的客观条件,如环境、开发工具、测试手段、仪器设备、资金成本、人员水平等,选择一种最佳方案。

2. 确定技术指标

总体方案确定后,可以参考国内外同类课题、项目、产品,提出合理可行的技术指标。主要技术指标要考虑自身的客观条件,比如硬件成本、人员水平、资金等,不能盲目追求过高的技术指标。主要技术指标是系统设计的依据和出发点,此后的整个设计和开发过程都要围绕着如何达到这些主要技术指标的要求来进行。

3. 具体方案设计

在前面的分析基础上,将总体设计方案具体化、细化。设计出各个部分功能框图,大致给出各框图的实现方法,明确哪些部分由硬件完成,哪些部分由软件实现。由于硬件结构和软件设计相互关联、相互影响,因此,从简化电路结构、降低成本、减少故障率、提供系统可扩展性和通用性等方面考虑,提倡软件能实现的功能尽可能由软件实现,但是我们也应该看到软件代替硬件本质上是降低系统的实时性、增加处理时间为代价的,而且软件设计的引入将导致研制周期的延长。不过随着技术的进步,单片机主频的提高,软件是可以完成一些以前不能完成的计算工作,并且实时性能够得到保证。因此,在系统的硬件、软件功能的分配上需要根据当前的客观条件以及系统的要求综合考虑。

对于具体方案设计,首先要考虑的是选择单片机机型。一般而言,选择机型的主要依据是:

(1) 性能价格比。就目前流行情况来看,89C51 系列中的 AT89C51/52 和 AT89S52 芯片单片机性能价格比较高。一般而言,AT89C51/52 和 AT89S52 性能能满足工业控制领域、智能仪器仪表、计算机通信、数据采集处理设备等方面的应用。

(2) 开发人员熟悉的机型。虽然各个型号的单片机的工作原理基本相同,软件设计也可以采用高级语言开发。但是每一种单片机的内部机构、指令系统、I/O 接口要求一般不相同。就目前而言,89C51 系列的单片机依旧很流行,各方面的技术文档、资料、开发代码都很多,而且各大专院校在单片机教学上也基本上采用 89C51 系列的单片机。因此,在研制任务重、时间紧迫的情况下,89C51 系列的单片机是一个明智的选择。

(3) 开发环境。单片机的开发一般而言需要在宿主机上开发,也就是说在另一台计算机上设计方案、编制文档、编辑程序、编译成本机代码写入 ROM、调试、运行、测试、修改,因此需要相关的开发工具进行辅助设计。前期的分析设计可以用 UML 进行建立模型,电路部分的设计可以采用辅助设计软件进行完成。代码的编辑、编译、调试可以采用成套的集成开发环境,当然也可以分开用多个工具进行完成。具体的选择可以考虑自己的开发时间、资金、开发习惯进行选择。

综上所述,除了一些高精度、高响应系统需要采用 16 位或者 32 位单片机外,在一般情况下,可以优先采用 8 位的 89C51 系列单片机。在 89C51 系列中,有几种芯片目前使用比较广泛:Atmel 公司生产的 AT89C51 系列,具有 4~20KB Flash ROM。Flash ROM 使用方便、价格低廉、开发套件成本低。AT89C2051 也是与 89C51 兼容的非总线型芯片,只有 20 个引脚,价格低廉,非常适合小型单片机应用系统。当然,随着电子技术的飞速发展,新的性能优良、价格低廉的单片机不断推出,当前世界上的单片机 CPU 芯片已有上千种,技术开发人员应密切关注其动态发展情况,选择适合当前项目的单片机。

(二) 硬件设计

单片机应用系统的硬件设计主要包括两大部分:一是单片机系统的扩展部分设计,它涉及存储器扩展和接口扩展。存储器扩展包括 ROM 扩展和 RAM 扩展;接口扩展是指 I/O 口扩展。二是各功能模块的设计,如信号测量功能模块、信号控制功能模块、人机接口功能模块、通信功能模块等。

1. 扩展部分设计

关于单片机系统扩展部分电路已经有成熟的电路和文档,因此我们只需要根据具体情况进行应用。

(1) 扩展存储器。近年来,随机电子技术的飞速发展,OTP ROM 和 Flash ROM 得到广泛的应用,扩展 ROM 已经很少见,完全可以根据需要选择有足够片内 ROM 容量的单片机芯片。

一般而言,89C51 片内 RAM 是可以满足实时控制系统要求的,如果要扩展少量 RAM 同时又要扩展 I/O 口,可以选用 8155 芯片,8155 片内有 256B RAM 和 I/O 口。如需要扩展较大容量的 RAM,可以选择一片满足容量要求的 RAM 芯片,如 6264。减少芯片也就意味着较少电路板的尺寸、接线简单、降低能耗,同时提供系统的可靠性、稳定性。

(2)扩展 I/O 口。前述,由于扩展存储器机会的减少,省下了 P0、P2 口给用户使用,扩展 I/O 口的问题已经得到了缓解。即使是需要扩展少量 I/O 口,一般也采用串行扩展方式,减少电路板上连线数目,有利于电路板的布线。

如果仍然需要采用并行扩展方式,首选用 74 系列电路扩展口。如扩展输入口,选74HC373;扩展输出口,选 74HC377。其优点是价格低廉,线路连接简单,编程方便。

2. 功能部分设计

从某种角度上看,功能部分设计的优劣是单片机应用系统性能优劣的关键,扩展部分有成熟的电路,一般不会出现问题。功能部分是整个单片机应用系统硬件设计的重心,需要花时间进行设计。电路的各部分都是紧密联系、相互协调的,任何一部分电路考虑不充分,都会给其他部分带来难以估计的影响,造成系统设计的延期、失败。在考虑成本情况下,应该优先采用数字集成芯片,能用集成芯片完成的就不再单独设计电路。这将提高系统的集成速度、减少开发周期,同时也提高了系统的可靠性。在涉及具体电路的时候,每一个模块,每部分电路都应该参考、借鉴他人在这方面的工作经验,参考典型成熟的电路。对于复杂的电路可以请电子电路方面的专业人员参与,协同开发。对于自己设计的模拟电路部分应该单独进行实验验证,对可靠性和精度进行测试。为使功能部分电路设计尽可能合理有效,应注意以下几个方面。

(1)尽可能选择标准化、模块化的典型电路,提高设计的成功率和结构的灵活性。

(2)尽可能选择集成度高的电路和芯片。这样不仅可以减少电子元件的数量、接插件和相互连线,同时也提高了系统的可靠性,而且一般会降低系统的总成本和总能耗。

(3)尽可能采用新技术、新工艺,使产品具有先进的性能,而不落后于时代潮流。

(4)在满足系统目前功能前提下,适当留有余地,以备将来修改、扩展之需。如 I/O 扩展,可多安排一个 8 位 I/O 口,增加一个插座,这样对临时增加一些测量通道、被控对象或将来扩展,极为方便。在设计电路板时,可适当安排一些机动布线区域,在此区域安排若干集成芯片插座或者金属化孔,但不布线。

(5)充分考虑应用系统各部分间驱动能力和阻抗匹配。

(6)工艺设计,包括机箱、面板、显示屏幕、连线、接插件等,设计时要充分考虑安装、调试、维修的方便。

(三)软件设计

软件设计是设计单片机系统的应用程序。其任务是在总体设计和硬件设计的基础上,确定程序中的各个功能模块,分配内存 RAM 资源,再进行主程序和各个模块程序的设计,最后连接起来成为一个完整应用程序。

1. 软件总体设计

在进行系统总体设计时,曾经规划过软件结构,但由于当时具体的硬件系统没有最后确定,软件结构框图也是一个逻辑上的流程图,当确定了硬件设计接口扩展及功能模块与CPU 连接关系后,就能够明确软件的设计要求。例如数据采集部分,明确 CPU 对启动A/D 转换的控制信号、端口地址、A/D 转换芯片的应答信号、采样时间等信息后,就可以对数据采集部分编制程序。

软件结构设计的主要任务是确定软件结构,划分功能模块。一般情况是先进行各种初始化,然后转入动态扫描显示,在显示间隔周期内执行各部分功能模块子程序,同时等待各种中断请求并进行处理,这些功能模块子程序和中断请求一般可以分为:定时、计算、数据采集、数据处理、控制算法、数字滤波、通信、输出控制、报警、打印等,从而明确各个模块之间的任务和相互关系,画出各个模块的详细流程图。

在进行软件总体设计时,可以采用统一建模语言(UML)进行画图,比如对于一个按键处理多个功能时,可以采用画状态图,第一次按下按键是一种状态,此时系统中的硬件、软件资源切换到当前状态中。第二次按下按键是另一种状态,同样也要切换到相应的状态中。对于涉及负责的模块交互功能,各个模块之间有先后顺序,可以采用画时序图,按时间顺序表示系统执行的流程。

2. 分配内存 RAM 资源

定时、中断源在单片机系统中是重要的资源,需要设计、分配好。但是片内 128B RAM 和需要扩展的片外 RAM 也需要规划、分配好,并能充分发挥其特长,尽可能地利用好单片机的有限资源,做到物尽其用。在资源规划设计上,需要从以下几个方面加以注意。

(1) 确定堆栈区。在单片机系统中,系统的堆栈是由硬件自动完成的,但是在 89C51 系列单片机有限的片内 RAM 中,需要开发人员注意分配好堆栈的工作区间。堆栈的规划需要提前做好设计。单片机加电、重启复位后,SP 初始值为 07H,如果不重新设置,堆栈区理论上是在 08H~1FH 共计 24 字节。这样就会造成一些冲突,其一,堆栈的分配空间会与工作寄存器 1~3 区重叠,也就是意味着程序开发中只能访问工作寄存器 0。因此如果应用系统设计用到工作寄存器 1~3 区,需要将堆栈设置到其他区域,如果只用工作寄存器 0 区,并且程序调用的堆栈深度不超过 24 字节可以考虑默认设置。其二,如果系统比较复杂,调用的深度超过了 24 字节或者部分算法设计不合理,动态调用的层次过深,堆栈区有可能超过 24 字节,到时会冲掉位寻址区中的数据,造成软件运行异常。如果系统不用位寻址区,或者用高端的位寻址区,可以稍微增加堆栈的深度。因此,在比较复杂的系统设计中,堆栈一般设置在 RAM 高端,可以根据需要设置深度,大多可以设置 SP 值为 50H 或者 60H。

(2) 工作寄存器区和位寻址区。一般情况下,应用系统可以采用前后台程序设计,前台负责数据的处理、用户的交互处理,后台负责数据的采集、显示、打印、报警等工作。因此前后台分别用工作寄存器 0 区、1 区。可以将 10H~1FH 做通用寄存器用,不再作为工作寄存器 2 区和 3 区。在工作寄存器 8 个单元中,R0、R1 可以用做间接寻址,具有指针功能,是编程中的重要单元,需要精心安排,发挥其作用。R2~R7 的灵活性也比一般的内部 RAM 功能强,也需要精心安排、设计。对于 20~2F 这 16 字节的 128 位具有位寻址功能的单元,可以用来保存各种标志位、逻辑变量、状态变量。如果用不完,也可以作为通用寄存器用。

(3) 数据缓冲区。在安排好堆栈、工组寄存器、位寻址区后,剩下的片内 RAM 空间可以做通用寄存器用,存放各种数据、参数、指针和中间变量。在这里需要做一些规划,哪些区间是作为全局变量存在的,哪些区间是模块变量用的。对于复杂的应用系统设计,需要编制一张片内 RAM 资源分配表或者分配图,便于开发人员之间沟通、查询。对于大型的数据采集系统,片内 RAM 资源一般是不够用的,需要扩展片外 RAM,对于扩展的资源也需要做好规划。设计好相应的数据结构,便于系统开发、后期的维护。

3. 主程序和模块程序的设计

在确定好软件总体结构、明确各个功能模块以及分配好内存 RAM 资源后,就可以对主程序和各个功能模块进行设计、编码。在软件设计中,需要借鉴当前主流的设计方法,用 UML 建立模型,画出主程序和相关功能模块图,同时编写相关的文档。最后开始编码工作。在这个环节中需要注意以下几点。

(1) 分别画出主程序和各个功能模块的流程图、整个系统的状态图、模块之间的交互图,并编辑对应的文档,说明其主要功能,便于开发和后期的维护。明确各个模块程序的入口、出口、占有资源、输出结构、执行的时间和执行的频率等。

(2) 尽量利用库函数和现成的子程序,以减轻工作量、提高效率,同时也是提高系统的稳定性。每个模块可以根据实际需要分成若干个独立部分,分别实现模块化、子程序化。对于具有通用功能的模块可以做成自己的库函数,在以后的项目中可以借鉴、采用。采用模块化的编写方式既有利于调试链接,又有利于移植、修改,提高程序的可读性,便于维护。

(3) 书写必要的注释。对于程序中涉及的关键部分和转移部分,应加上功能注释,可以提高程序的可读性。对于每个子程序和功能模块做一些简要说明或者编写相应的文档,内容包括模块的主要功能、版本、内存 RAM 占有资源情况、位寻址区的使用等,同时也可以写上模块的主要算法实现方式,这些可以为代码编写、调试、纠错、维护提供方便。

(4) 在整个系统中应该加入必要的自检功能,对于每个模块出现的故障能够准确、及时地提示用户。在开发阶段可以方便调试、纠错,在最终产品阶段可以提高产品的人机交互友好性,提高系统的稳定性。

四、软件设计

根据以上已经具体化的硬件设计,进行软件的总体设计和模块设计。

1. 总体设计

图 9-3 所示为系统程序总体结构流程图。主程序首先进行初始化,包括 I/O 口、定时器、中断系统以及 DS18B20 的初始化,然后转入显示温度并等待定时器中断。在定时器中断服务子程序中,先判断是否到 1s,若没到,返回。若满 1s,进行以下一系列操作:检测拨盘设定值,检测温度并进行处理,刷新显示温度,输出温度控制,并根据温度检测值是否超限而报警等。

2. 主程序和中断服务子程序设计

按照系统程序总体结构流程图编写主程序和中断服务子程序。考虑到定时中断要完成扬声器输出,T0 定时采用 $500\mu s$。因此,1s 的中断需要另外设置一个软件计数器,对定时时间计数,累计后实现 1s 定时。

3. 温度检测子程序

图 9-4 为温度检测子程序流程图。温度检测用 DS18B20 完成,首先判断 DS18B20 是否存在,如果存在就初始化它,启动温度转换,然后再初始化 DS18B20,再读出 DS18B20 中的 12 位温度数据。12 位温度数据是有符号数,前 8 位为整型,后 4 位为小数。处理后的温度检测值存入全局变量数组 temp_data 中。

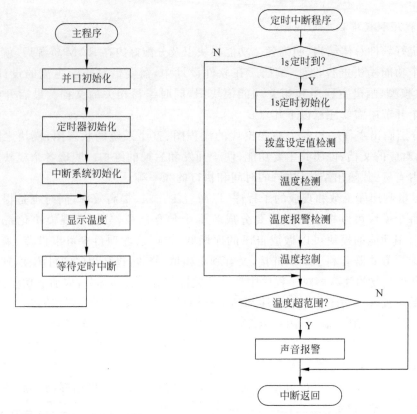

图 9-3 系统程序总体结构流程图

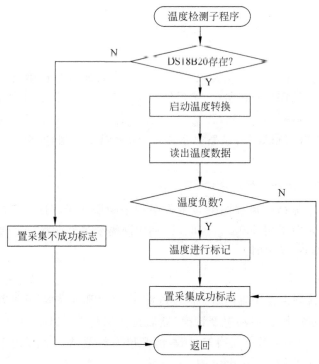

图 9-4 温度检测子程序流程图

4. 温度控制子程序

温度控制子程序的功能是将温度实测值与设定值作比较,若实测值高于设定值 1℃以上,关闭一台电炉;若实测值低于设定值 1℃以上,接通 1 台电炉;否则不予调节。

5. 显示子程序

显示采用 LCD1602 模块。测量所得到的数据放在 temp_data 数组内存单元中。测量数据在显示时需要转换为 ASCII 码。

```
/ *****************************************************
名称:单片机温度控制系统的 C 程序
模块名:AT89S52,LCD1602
功能描述:温室的温度自动控制
资源占用:P1.4~P1.7 口用做拨盘输入,P2 口和 P3.0~P3.2 口用做 LCD1602 显示,P3.7 口作扬声器
        口,P3.6 口作 DS18B20 数据口,P0.0~P0.2 口控制继电器
 ***************************************************** /
# include "reg51.h"                                    //头文件定义
# include "intrins.h"                                  //_nop_()延时函数用
# define uchar unsigned char
# define uint unsigned int
# define LCD P2
/ *****************************************************
I/O 口定义
 ***************************************************** /
sbit      TEST    = P1^0;
sbit      SPK     = P3^7;                              //扬声器口
sbit      DQ      = P3^6;                              //DS18B20 数据线
sbit      CTR1    = P0^0;                              //1 号电炉控制
sbit      CTR2    = P0^1;                              //2 号电炉控制
sbit      CTR3    = P0^2 ;                             //3 号电炉控制
sbit      E       = P3^2;                              //1602 寄存器接口
sbit      RW      = P3^1;                              //1602 读写接口
sbit      RS      = P3^0;
/ *****************************************************
DS18B20 命令字定义
 ***************************************************** /
# define   ReleaseDQ()    DQ = 1;                      //上拉,释放总线
# define   PullDownDQ()   DQ = 0;                      //下拉总线

# define   Delay2us()     _nop_();_nop_();             //延时 2μs,每 nop 1μs
# define   Delay8us()     _nop_();_nop_();_nop_();_nop_();_nop_();_nop_();_nop_();_nop_();
# define   SkipROM        0xCC
# define   ReadID         0x33
# define   Convert        0x44
# define   SendID         0x55
# define   ReadScr        0xBE
//设置重复检测次数,超出次数则超时
# define      ReDetectTime     6
//全局常量定义
unsigned char   code tab[] = {"0123456789"};
```

```
    unsigned char dis[5];                            //显示缓冲区
    unsigned char temp_data[3];                      //温度采集缓冲区
    unsigned char set_temp;                          //设定温度
    bit      temp_alarm_flag;
    int      time_intt0_num;
    bit      Ds18b20_Init(void);                     //DS18B20 初始化
    void     Ds18b20_WriteBit(bit bitdata);          //写 bit 到 DS18B20
    uchar    Ds18b20_ReadByte(void);
/****************************************************************
函数名称: Delayus
函数功能: 延时函数
入口参数: 参数 us 控制循环次数,控制延时时间长短
 ****************************************************************/
void Delayus(uchar us)
{
    while(us -- );                                   //12M 晶振,一次 6μs,加进入退出
}
/****************************************************************
函数名称: delay1ms
函数功能: 延时函数
入口参数: 延时 t * 1ms
 ****************************************************************/
void delay1ms(int t)
{
    int   i,j;
    for(i = 0;i < t;i ++ )
        for(j = 0;j < 120;j ++ ) ;
    return;
}
/****************************************************************
函数名称: WriteData
函数功能: LCD1602 写数据
入口参数: Data,写入一个字符数据
 ****************************************************************/
void WriteData(uchar)
{
    RS = 1;
    E = 0;
    RW = 0;
    LCD = Data;
    delay1ms(5);
    E = 1;
    delay1ms(1);
    E = 0;
    RW = 1;
}
/****************************************************************
函数名称: WriteCommand
函数功能: LCD1602 写指令
入口参数: com,写入指令
```

```
*******************************************************************/
void WriteCommand(uchar com)
{
    RS = 0;
    E = 0;
    RW = 0;
    LCD = com;
    delay1ms(5);
    E = 1;
    delay1ms(1);
    E = 0;
    RW = 1;
}
/*******************************************************************
```
函数名称：LCDInit
函数功能：LCD1602 初始化
入口参数：com,写入指令
```
*******************************************************************/
void LCDInit()
{
    delay1ms(15);
    WriteCommand(0x38);
    delay1ms(5);
    WriteCommand(0x38);
    delay1ms(5);
    WriteCommand(0x38);              //设定为8位接口,两行显示模式
    WriteCommand(0x08);              //关闭显示
    WriteCommand(0x06);              //设定AC为+1模式,显示不移动
    WriteCommand(0x0C);              //设定显示开,无光标模式
    WriteCommand(0x01);              //清屏
    delay1ms(50);
}
/*******************************************************************
```
函数名称：DisplayLCD
函数功能：向 LCD1602 输入需要显示的字符串数据
入口参数：* a,以 '\0'结尾的字符串数据
```
*******************************************************************/
void DisplayLCD(uchar * a)
{
    while( * a != '\0')
    {
        WriteData( * a);
        a++;
    }
}
/*******************************************************************
```
函数名称：Ds18b20_Init
函数功能：DS18B20 初始化
返回值：存在返 0,否则返 1
```
*******************************************************************/
bit Ds18b20_Init(void)
```

```
{
bit temp = 1;
uchar outtime = ReDetectTime;                        //超时时间
while(outtime -- && temp)
{
     Delayus(10);
     ReleaseDQ();
     Delay2us();
     PullDownDQ();
     Delayus(100);                                   //614us(480 - 960)
     ReleaseDQ();
     Delayus(10);                                     //73μs(> 60)
     temp = DQ;                                       //DQ 为低电平表示 18B20 存在
     Delayus(70);
     ReleaseDQ();
}
return temp;
}
/ * * * * * * * * * * * * * * * * * * * * * * * * * * * * * * * * * * * * * * * * * * * * * * * * * *
```
函数名称: Ds18b20_WriteBit
函数功能: 写一个位数据到 DS18B20
入口参数: bitdata, 一个比特位
```
 * * * * * * * * * * * * * * * * * * * * * * * * * * * * * * * * * * * * * * * * * * * * * * * * * /
void Ds18b20_WriteBit(bit bitdata)
{
if(bitdata)
{
    PullDownDQ();
    Delay2us();                                      //2μs(> 1μs)
    ReleaseDQ();
    Delayus(12);                                     //86μs(45 - x, 总时间> 60)
}else
{
    PullDownDQ();
    Delayus(12);                                     //86μs(60 - 120)
}
ReleaseDQ();
Delay2us();                                          //2μs(> 1μs)
}
/ * * * * * * * * * * * * * * * * * * * * * * * * * * * * * * * * * * * * * * * * * * * * * * * * * *
```
函数名称: Ds18b20_WriteByte
函数功能: 写一个字节数据到 DS18B20
入口参数: chrdata, 一个字节数据
```
 * * * * * * * * * * * * * * * * * * * * * * * * * * * * * * * * * * * * * * * * * * * * * * * * * /
void Ds18b20_WriteByte(uchar chrdata)
{
uchar ii;
for(ii = 0; ii < 8; ii ++ )
{
    Ds18b20_WriteBit(chrdata & 0x01);
    chrdata >> = 1;
```

```
}
}
/ ***************************************************************
函数名称: Ds18b20_ ReadBit
函数功能: 从 DS18B20 读一个位数据
返回值: 读取的一个位数据
 *************************************************************** /
bit Ds18b20_ReadBit(void)
{
bit bitdata;
PullDownDQ();

Delay2us();                                      //2μs( >1μs)
ReleaseDQ();

Delay8us();                                      //8us( <15μs)
bitdata = DQ;

Delayus(12);                                     //86μs(上述总时间要> 60μs)
return bitdata;
}
/ ***************************************************************
函数名称: Ds18b20_ ReadByte
函数功能: 从 DS18B20 读一个字节数据
返回值: 读取的一个字节数据
 *************************************************************** /
uchar Ds18b20_ReadByte(void)
{
uchar ii,chardata;
chardata = 0;
for(ii = 0; ii < 8; ii ++ )
{
    chardata >> = 1;
    if(Ds18b20_ReadBit()) chardata | = 0x80;
}
return chardata;
}
/ ***************************************************************
函数名称: Ds18b20_ ReadTemp
函数功能: 读温度数据 DS18B20
返回值: 成功返 0,否则返 1
 *************************************************************** /
bit    Ds18b20_ReadTemp()
{
unsigned char tl,th,zhen,xiao;                   //DS18B20 暂存数据
if (Ds18b20_Init() == 1)
{
  return 1;                                      //判断 DS18B20 是否存在
}
Ds18b20_Init();
Ds18b20_WriteByte(SkipROM);                      //跳过读序列号
Ds18b20_WriteByte(Convert);                      //启动温度转换
//读取第一个 DS18B20 的数据
```

```
    Ds18b20_Init();
    Ds18b20_WriteByte(SkipROM);                        //跳过读序列号
    Ds18b20_WriteByte(ReadScr);                        //读取温度
    tl = Ds18b20_ReadByte();                           //低位
    th = Ds18b20_ReadByte();                           //高位
    zhen = (th * 256 + tl)/16;
    zhen = (th * 16) + tl/16;
    xiao = (tl % 16) * 10/16;

    //存储温度到 temp_data 中
    temp_data[0] = 0;
    temp_data[1] = zhen;                               //整数部分
    temp_data[2] = xiao;                               //小数部分
    if  ((temp_data[1] & 0x80)!= 0)                    //判断温度是否小于 0
      temp_data[0] = 1;                                //负数标志
    return 0;
}
/ ****************************************************************
函数名称: display_temp
函数功能: 显示温度子程序,液晶显示温度数据函数
 ************************************************************** /
void display_temp(uchar x, uchar y)
{
uchar a, b, c;
WriteData(' ');
WriteData('W');
WriteData('e');
WriteData('n');
WriteData('D');
WriteData('u');
WriteData(':');
if(x > 128)
{
  x = (~x + 1);
  a = x/100;
  b = (x % 100)/10;
  c = x % 10;
  WriteData(' ');
  WriteData('-');
  if(a == 0)   WriteData(' ');
  else        WriteData(tab[a]);
  if((b == 0) && (a == 0))    WriteData(' ');
  else                WriteData(tab[b]);
  WriteData(tab[c]);
  WriteData('.');
  WriteData(tab[y]);
}
else
{
  a = x/100;
  b = (x % 100)/10;
```

```
  c = x % 10;
  WriteData(' ');
  if(a == 0)    WriteData(' ');
  else          WriteData(tab[a]);
  if((b == 0) && (a == 0))     WriteData(' ');
  else                          WriteData(tab[b]);
  WriteData(tab[c]);
  WriteData('.');
  WriteData(tab[y]);
  }
}
/***********************************************************************
函数名称：GetTempSetting
函数功能：拨盘设定值检查子程序,结果存入全局变量 set_temp 中
***********************************************************************/
void GetTempSetting()
{
char ii;
P1 = P1|0xF0;
ii = P1&0xF0;                                  //读 P1 口的高 4 位
ii = ii >> 4;                                  //右移 4 位
if(ii == 0)
{
set_temp = 20;                                 //设置为室温
}
else   if(ii == 1)
{
  set_temp = 40;                               //设置为 40℃
}
else
{
  set_temp = 50;                               //设置为 50℃
}
}
/***********************************************************************
函数名称：Control
函数功能：电炉控制子程序
***********************************************************************/
void Control()
{
if(set_temp == 20)                             //设置为室温
{
    CTR1 = 0;CTR2 = 0; CTR3 = 0;               //关闭 1、2、3 号炉
}else if(set_temp == 40)                       //设置为 40℃
{
    CTR3 = 0;                                  //关闭 3 号炉
    if(temp_data[0] == 1)                      //温度为负值,1、2 号炉开
    {
        CTR1 = 1;    CTR2 = 1;
    }else if((temp_data[0] == 0) && temp_data[1]< 39)    //温度小于 39℃,1、2 号炉开
    {
```

```
                CTR1 = 1;    CTR2 = 1;
        }else if((temp_data[0] == 0) && temp_data[1]< 41)       //温度在 39℃ 和 41℃ ,1 号炉开
        {
                CTR1 = 1;CTR2 = 0;
        }else                                                   //温度大于 41℃
        {
            CTR1 = 0;CTR2 = 0;                                  //关闭 1、2 号炉
        }
    } else if(set_temp == 50)                                   //设置为 50℃
      {
        CTR1 = 1;                                               //开启 1 号炉
        if(temp_data[0] == 1)                                   //温度为负值,2、3 号炉开
        {
            CTR2 = 1; CTR3 = 1;
        }else if((temp_data[0] == 0) && temp_data[1]< 49)
        {
            CTR2 = 1; CTR3 = 1;                                 //温度小于 49℃ ,2、3 号炉开
        }else if((temp_data[0] == 0) && temp_data[1]< 51)
        {
            CTR2 = 1; CTR3 = 0;                                 //温度在 49℃ 和 51℃ 再开 2 号炉
        }else
        {
            CTR2 = 0; CTR3 = 0;                                 //温度大于 51℃ ,关闭 2、3 号炉
        }
      }
  }
}
/*****************************************************************
函数名称: Control
函数功能:报警检测子程序,报警标志存入全局变量 temp_alarm_flag 中
*****************************************************************/
void Alarm()
{
temp_alarm_flag = 0;
if(set_temp == 20) return;                                      //设置为室温不检查报警
if((temp_data[0] == 1)                                          //温度小于 0℃
  ||(temp_data[1]< 38   && set_temp == 40)
  ||(temp_data[1]> 42   && set_temp == 40)
  ||(temp_data[1]< 48   && set_temp == 50)
  ||(temp_data[1]> 52   && set_temp == 50))
//温度是否超出控制范围 2℃
  {  temp_alarm_flag = 1;   }
}
/*****************************************************************
函数名称: time_intt0
函数功能:定时器 0 中断子程序
*****************************************************************/
void time_intt0(void) interrupt 1
{
EA = 0;                                                         //关所有中断
TH0 = 0xFE;TL0 = 0x0C;                                          //置 T0 定时常数,500μs
```

```
time_intt0_num ++ ;                               //T0 中断次数计数
if(time_intt0_num == 2000)                        //判断是否到 1 秒
{
    time_intt0_num = 0;
    GetTempSetting();                             //拨盘设定值检测
    Ds18b20_ReadTemp();                           //温度检测
    Alarm();                                      //报警检测
    Control();                                    //温度控制
}
if(temp_alarm_flag)   SPK = ~SPK;                 //扬声器输出
EA = 1;                                           //开所有中断
}
/*******************************************************
    主程序
 *******************************************************/
void main( )
{
P1 = 0xff;                                        //置 P1.4~P1.7 为输入态
P2 = 0x00;                                        //P2.0~P2.1 为 0 关电炉
time_intt0_num = 0;                               //定时器 0 计数初始化
temp_alarm_flag = 0;                              //温度报警标志初始化
TMOD = 0x01;                                      //T0 方式
TH0 = 0xFE; TL0 = 0x0C;                           //置 T0 定时常数,500μs
ET0 = 1; EA = 1; TR0 = 1;                         //T0、CPU 中断开,启动 T0
//初始化液晶屏幕
LCDInit();
DisplayLCD(" Init System");
delay1ms(1000);                                   //延时
while(1)
{
    LCDInit();
    display_temp(temp_data[1],temp_data[2]);
    delay1ms(3000);                               //延时
}
return;
}
```

五、Proteus 软件仿真

温度控制系统仿真图如图 9-5 所示。

六、任务小结

本任务以 51 单片机系统为核心,由单片机、温度传感器、电磁继电器和电炉等组成,利用 DS18B20 数字化温度传感器对电炉的温度进行实时巡检。

在总体方案设计上需要查询相关的资料,结合本任务的具体情况选择合适的 51 单片机型号,同时选择用到的一些外围芯片。比如,传感器除了 DS18B20 外,还有其他总线的芯片,以及模拟温度传感器,具体选择的过程就需要结合情况(技术参数、成本、风险、人力资源等)综合考虑。

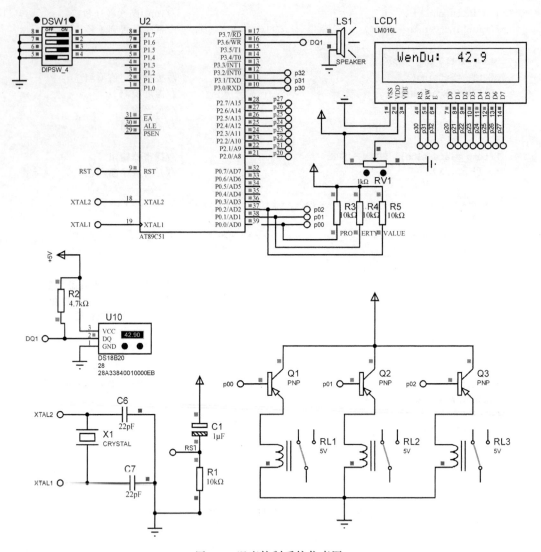

图 9-5　温度控制系统仿真图

在软件设计过程中,一定要做好内存变量的分配,C 语言中虽不像汇编语言中注重 RAM 空间的规划,但是变量的使用也要注意,能用局部变量的就不要使用全局变量,优先采用占字节少的类型变量,尽量避免不必要的浮点数运算,减少 CPU 的运算时间。除此之外,还需要注意软件的模块化设计,各个函数之间尽量达到高内聚、低耦合的要求。

任务 9.2　自行车里程/速度计

一、任务描述

自行车里程/速度计能自动显示自行车行驶的总里程数及行车速度,具有超速声音提醒功能,里程数据自动记忆,掉电后行驶里程能保存到 E^2PROM 芯片中。该系统也可以应用在电动自行车、摩托车和汽车等机动车仪表中。由于本任务的应用环境比较复杂,可能处在一个复杂的电磁环境中(比如应用摩托车和汽车等机动车仪表中),因此提高系统的抗干扰能力就显得很重要了。该系统的结构框图如 9-6 所示。通过本任务,继续学习单片机开发的流程,进一步熟悉 I²C 总线技术的应用,掌握单片机应用系统的抗干扰技术。

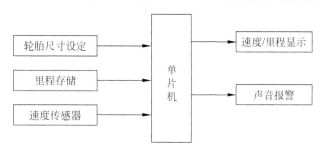

图 9-6　里程/速度计系统结构框图

二、硬件原理图

　　自行车里程/速度计采用 AT89S52 单片机来控制,速度及里程传感器采用霍尔元件。P0 口用于 4 位 LED 数码管的段选线,P2.0～P2.3 用于 4 位 LED 数码管的位选线。P1.0 和 P1.1 口分别用于显示里程状态和速度状态。P1.2、P1.3、P1.4 和 P1.5 口分别用于设置轮圈的大小。P3.7 口用于确定显示的方式,当开关闭合时,显示速度;打开时显示里程。外部中断 0 用于对轮子圈数的计数输入,轮子每转一圈,霍尔传感器输出一个低电平脉冲。外部中断 1 用于控制定时器 T1 的启动/停止,当输入为 0 时关闭定时器。此控制信号是轮子圈数的计数脉冲经二分频后形成,见图 9-7。这样,每次定时器 T1 的开启时间刚好为转 1 圈的时间,根据轮子的周长就可以计算出自行车的速度。P1.6 和 P1.7 口用于 E²PROM 存储器 24C02 的存取控制。当没有设定轮圈大小时(P1.2、P1.3、P1.4 和 P1.5 口至少有一个开关闭合),能从 P3.0 口输出一周期为 0.5 秒的方波信号,用做发光管闪烁提醒。其系统电气原理图如图 9-8 所示。

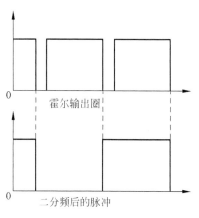

图 9-7　单片机 12、13 脚输入波形

三、相关理论知识

知识点二:单片机抗干扰技术

　　可靠性是单片机应用系统中的一个重要性能指标,它由多种因素决定。在这些因素中,干扰信号是影响可靠性的主要因素。干扰是指叠加在电源电压或者正常工作信号电压上无用的点信号。用数学语言描述 du/dt 和 di/dt 大的地方就是干扰源。干扰有多种来源:电网、空间电磁场、雷电、继电器、可控硅、电机等。干扰会影响传送信息的正确性,扰乱程序的正常运行,常会导致单片机系统运行失常,轻则影响产品质量和产量,重则会导致事故,造成重大经济损失。解决干扰问题主要从两方面考虑:一是切断干扰通路或者减少干扰的影响;二是增强系统本身的抗干扰能力。具体方法有硬件抗干扰和软件抗干扰。

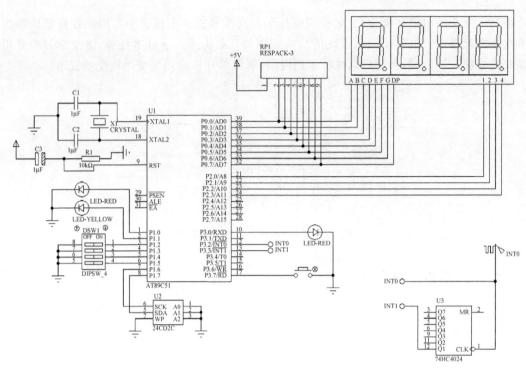

图 9-8　自行里程/速度计电气原理图

1. 切断干扰传播路径

按干扰的传播路径可分为传导干扰和辐射干扰两类。

所谓传导干扰是指通过导线传播到敏感器件的干扰。高频干扰噪声和有用信号的频带不同,可以通过在导线上增加滤波器的方法切断高频干扰噪声的传播,有时也可加隔离光耦来解决。电源噪声的危害最大,要特别注意处理。

所谓辐射干扰是指通过空间辐射传播到敏感器件的干扰。一般的解决方法是增加干扰源与敏感器件的距离,用地线把它们隔离和在敏感器件上加屏蔽罩。

切断干扰传播路径的常用措施如下:

(1) 充分考虑电源对单片机的影响。电源做得好,整个电路的抗干扰就解决了一大半。许多单片机对电源噪声很敏感,要给单片机电源加滤波电路或稳压器,以减小电源噪声对单片机的干扰。比如,可以利用磁珠和电容组成 π 形滤波电路,当然条件要求不高时也可用 100Ω 电阻代替磁珠。

(2) 如果单片机的 I/O 口用来控制电机等噪声器件,在 I/O 口与噪声源之间应加隔离(增加 π 形滤波电路)。

(3) 注意晶振布线。晶振与单片机引脚尽量靠近,用地线把时钟区隔离起来,晶振外壳接地并固定。

(4) 电路板合理分区,如强、弱信号,数字、模拟信号。尽可能把干扰源(如电机、继电器)与敏感元件远离。

(5) 用地线把数字区与模拟区隔离。数字地与模拟地要分离,最后在一点接于电源地。A/D、D/A 芯片布线也以此为原则。

（6）单片机和大功率器件的地线要单独接地，以减小相互干扰。大功率器件应尽可能放在电路板边缘。

（7）在单片机 I/O 口、电源线、电路板连接线等关键地方使用抗干扰元件如磁珠、磁环、电源滤波器、屏蔽罩，可显著提高电路的抗干扰性能。

2. 抑制干扰源

抑制干扰源就是尽可能地减小干扰源的 du/dt 和 di/dt。这是抗干扰设计中最优先考虑和最重要的原则，常常会起到事半功倍的效果。减小干扰源的 du/dt 主要是通过在干扰源两端并联电容来实现的。减小干扰源的 di/dt 则是通过在干扰源回路串联电感或电阻以及增加续流二极管来实现。

抑制干扰源的常用措施如下：

（1）继电器线圈增加续流二极管，消除断开线圈时产生的反电动势干扰。仅加续流二极管会使继电器的断开时间滞后，增加稳压二极管后继电器在单位时间内可动作更多的次数。

（2）在继电器接点两端并接火花抑制电路（一般是 RC 串联电路，电阻一般选几 kΩ 到几十 kΩ，电容选 $0.01\mu F$），减小电火花影响。

（3）给电机加滤波电路，注意电容、电感引线要尽量短。

（4）电路板上每个 IC 要并接一个 $0.01\sim 0.1\mu F$ 高频电容，以减小 IC 对电源的影响。注意高频电容的布线，连线应靠近电源端并尽量粗短，否则，等于增大了电容的等效串联电阻，会影响滤波效果。

（5）布线时避免 $90°$ 折线，减少高频噪声发射。

（6）可控硅两端并接 RC 抑制电路，减小可控硅产生的噪声（这个噪声严重时可能会把可控硅击穿的）。

3. 硬件抗干扰

（1）切断来自传感器和各功能模块间的干扰。模拟电路通过隔离放大器进行隔离；数字电路通过光电耦合进行隔离；模拟地和数字地分开。

（2）在应用系统的长线传输中，采用双绞线或屏蔽线作为传输线能够有效抑制共模噪声及电磁场干扰，但是需要注意传输线阻抗匹配。

（3）在印制电路板设计中，要将强电、弱电严格分开，尽量不要把它们设计在一块印制电路板上；电路板的走向应尽量与数据传递方向一致；接地线应尽量加粗；在印制电路板的各个关键部分应配置去耦电容。

（4）对系统中用的元件要进行筛选，要选择标准化以及互换性好的元件或电路。

（5）电路设计时要注意电平匹配。当 CMOS 器件接收 TTL 输出时，其输入端要加电平转换器或上拉电阻，否则电路不能正常工作。

（6）单片机进行扩展时，不应该超过其驱动能力，否则整个系统工作不正常。如果负载过多，应该加上总线驱动器，比如 74LS245。

4. 软件抗干扰

干扰对单片机系统可能造成数据采集误差增大、程序跑飞或者陷入死循环。尽管在硬件方面采取了一些措施，但有一些干扰可能没有完全消除，有必要从软件方面采取适当措施,才能取得良好的综合抗干扰效果。软件方面的抗干扰措施通常有以下几个方法。

(1) 数据采集误差。在数据采集中,虽然通过硬件抗干扰措施,能消除绝大多数采集误差,但是有时候为了控制得更为精确,需要进行数字滤波处理。常用方法如下:

① 算术平均值滤波。对一点数据连续采样多次,取其算术平均值。这种方法可以减少系统的随机干扰对数据采集的影响。

② 比较取舍法滤波。对一点数据连续采样多次,剔除较大偏差,比如可以剔除一个最大值和一个最小值,或者取其中相同值、接近值、平均值作为可信的采样结果。

③ 中值法滤波。对一点数据连续采样多次,依次排序,取中间值作为采样结果。

④ 滑动平均值滤波。以上滤波算法有一个共同点,即每计算 1 次有效采样值必须连续采样 n 次。对于采样速度较慢或要求数据计算速率较高的实时系统,这些方法是无法使用的。例如 A/D 数据,数据采样速率为每秒 10 次,而要求每秒输入 4 次数据时,则 n 不能大于 2。滑动平均值法只采样 1 次,将本次采样值和以前的 $n-1$ 次采样值一起求平均,得到当前的有效采样值。

滑动平均值法把 n 个采样数据看成一个队列,对列的长度固定为 n,每进行一次新的采样,把采样结果放入队尾,而扔掉原来队首的一个数据,这样在队列中始终有 n 个"最新"的数据。计算滤波值时,只要把队列中的 n 个数据进行平均,就可得到新的滤波值。

滑动平均值法对周期性干扰有良好的抑制作用,平滑度高,灵敏度低;但对偶然出现的脉冲性干扰的抑制作用差,不易消除由于脉冲干扰引起的采样值的偏差。因此它不适用于脉冲干扰比较严重的场合,而适用于高频振荡系统。通过观察不同 n 值下滑动平均的输出响应来选取 n 值,以便既少占用时间,又能达到最好的滤波效果。工程经验值为:流量 n 取 12,压力 n 取 4,液面 n 取 4~12,温度 n 取 1~4。

(2) 通信抗干扰。在通信过程中除了实施硬件抗干扰措施外,在软件中也需要进行处理。设计通信模块时,为了验证数据的有效性,可以采用不同级别的数据校验措施。如果硬件误码率极低,比如网络通信,在通信模块设计中可以采用简单的数据校验。对于一次有效的数据报文,可以采取传输 3 个字节的数据中有 1 个字节做校验用,或者传输 5 个字节的数据中有 2 个字节做校验用。对于硬件误码率相对较高的通信方式,可以采用其他方式的校验,比如 CRC 校验。也可以考虑降低通信的速度,比如在串口通信中,可以适当降低波特率,提高通信的质量,降低误码率。

(3) 程序跑飞失控。单片机系统在受到干扰导致 PC 值改变后,PC 值不是指向指令的首字节地址而可能指向指令中的中间字节单元即操作数,将操作数作为指令码执行;或使 PC 值超出程序区,将非程序区随机数作为指令加以执行;或由于巧合导致 PC 值指向了一个循环中,而出口条件得不到满足,程序处于死循环状态。解决的方法有:

① 设置软件陷阱。在非程序区安排指令强迫系统复位。如用 LJMP 0000H 的机器码填满非程序区。这样不论 PC 失控后飞到非程序区的哪个字节,都能复位。也可以在程序区每隔一段(如几十条指令)连续安排三条 NOP 指令。因为 89C51 指令字节最长为三个字节。当程序失控后,只要不跳转,指令连续执行,就会执行一条、二条或者三条 NOP 指令,最终 PC 的值就会执行指令的首字节,系统就能恢复正常。

② 设置"看门狗"。关于硬件看门狗可参看模块 1 关于单片机复位环节,这里不再赘述。

软件看门狗技术的原理和这差不多,只不过是用软件的方法来实现,以 89C51 系列来讲,在单片机中有两个定时器,可以用这两个定时器来对主程序的运行进行监控。可以对 T0 设定一定的定时时间,当产生定时中断时对一个变量进行赋值,而这个变量在主程序运行的开始已经有了一个初值,这里要设定的定时值要小于主程序的运行时间,这样在主程序的尾部对变量的值进行判断,如果值发生了预期的变化,就说明 T0 中断正常,如果没有发生变化则使程序复位。对于 T1,我们用它来监控主程序的运行,给 T1 设定一定的定时时间,在主程序中对其进行复位,如果不能在一定的时间里对其进行复位,T1 的定时中断就会使单片机复位。在这里 T1 的定时时间要设得大于主程序的运行时间,给主程序留有一定的裕量。而 T1 的中断正常与否再由 T0 定时中断子程序来监视。这样就构成了一个循环,T0 监视 T1,T1 监视主程序,主程序又来监视 T0,从而保证系统的稳定运行。

四、软件设计

根据以上已经具体化的硬件设计,就可以进行软件的总体设计和模块设计。

1. 主程序

主程序根据引脚 P3.7 口的开关状态选择里程显示或速度显示,其流程图如图 9-9 所示。

2. 初始化程序

在系统初始化程序中,主要完成以下工作:将 T1 设为外部控制定时器方式;外中断 0 及外中断 1 设为边沿触发方式;将部分变量清 0;设置轮子周长值;开中断及定时器;将 E^2PROM 中的数据调入内存等。

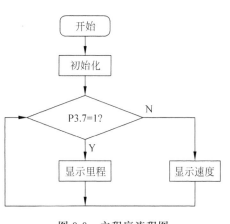

图 9-9　主程序流程图

3. 轮圈设置出错报警程序

P1.2、P1.3、P1.4 和 P1.5 口开关用于设置轮圈的周长,当没有设置时(至少有一个开关闭合),能从 P3.0 口输出一周期为 0.5s 的方波信号,用于发光管闪烁提醒。

4. 里程计数程序

外中断 0 服务程序用于对第 12 脚输入的圈脉冲进行计数,为十六进制计数器。每计数一次后,对里程数据进行一次存储操作。

5. 外中断 1 服务程序

外中断 1 服务程序用于处理轮子转动一圈后的计时数据。当计时标志位为 1 时,说明计数器溢出,放入最大时间值(0FFH);当标志位为 0 时,轮子转动一圈后的时间计数放全局变量 ig_time。

6. E^2PROM 存取程序

系统使用 I^2C 串口存取子程序,使用一条数据线和时钟线,采用 AT24C02 串口存储器,应用简单方便。

7. 显示子程序

当显示里程时,先要将圈数计数器中的数据进行运算,求出总里程。当要显示速度时,要将轮子的周长和转一圈的时间数相除,再换算成 km/h 单位。最后放入显示缓冲区中进行显示。

```
/ *************************************************************
名称:自行车里程/速度计的 C 程序
模块名:AT89S52
功能描述:里程计、速度计
资源占用:P0 口和 P2.0、P2.1、P2.2、P2.3 用于 LED 显示器数据输出和控制,P1.0 和 P1.1 口分别用于
         显示里程状态和速度状态,P1.2、P1.3、P1.4 和 P1.5 口分别用于设置轮圈的大小,P1.6 和
         P1.7 口用于 E²PROM 存储器 AT24C02 的存取控制,P3.7 口用于确定显示的方式,P3.0 口用
         于速度超速时的声音报警,第 12 脚外中断 0 用于对轮子圈数的计数输入,第 13 脚外中断
         1 用于控制定时器 T1 的启动/停止
 *********************************************************** /
# include "i2c.h"                              //24C02 的存取控制
# define uchar unsigned char
# define uint unsigned int
# define ulong unsigned long
/ *************************************************************
I/O 口定义
 *********************************************************** /
sbit    LLED      = P1^0;                       //LED 里程灯
sbit    VLED      = P1^1;                       //LED 速度灯
sbit    LED       = P3^0;                       //LED 报警灯
sbit    DISV      = P3^7;                       //速度、里程开关
sfr     WDTRST    = 0xA6;                        //看门狗寄存器
//全局常量定义
unsigned char code dispbit[] = {0xfe,0xfd,0xfb,0xf7};    //LED 位选
//LED 段选码 0,1,2,3,4,5,6,7,8,9,A,b,C,d,E,F, ,-
unsigned char code dispcode[] = {0x3f,0x06,0x5b,0x4f,0x66,0x6d,0x7d,0x07,0x7f,
0x6f,0x00,0x40};                                //LED 段选码
//全局变量定义
uint         ig_extendt1;                       //定时器 T1 扩展高 16 位
ulong        ig_time;                           //转一圈总计数
uchar        cg_circlelength;                   //轮胎周长值
ulong        lg_circlecount;                    //里程计数
bit          bg_t1over;                         //T1 计数溢出标志
char  data   display[4]    = {0x00,0x00,0x00,0x00};  //显示单元数据
uchar        dispcount;                         //LED 当前显示位选
//函数定义
void   init();                                  //功能:通电初始化程序
void   cals();                                  //计算行驶里程,将圈数转换为 km。
void   calv();                                  //计算车辆速度,最大显示速度为 99km/h
void   viicread();                              //从 E²PROM 中读出轮胎行驶圈数
void   viicwrite();                             //将轮胎行驶圈数存入 E²PROM 中
void   leddisplay();                            //刷新 LED 显示
void   displayv();                              //显示速度
void   displays();                              //显示里程
```

```
void  delay1ms(int t);                              //1ms 延时子程序
/ ************************************************************
函数名称：init
函数功能：上电初始化程序
 ************************************************************ /
void init()
{
    bit   bl_setflag;                               //轮胎尺寸设置标志
    uchar ii;
    TMOD = 0x90;                                     //T1 设置为 16 位外部控制定时器
    PX0 = 1;                                         //外中断 0 优先级为 1
    IT0 = 1;                                         //外中断 0 用边沿触发
    IT1 = 1;                                         //外中断 1 用边沿触发
    WDTRST = 0x1E;
    WDTRST = 0xE1;                                   //初始化看门狗
    //变量初始化
    ig_extendt1 = 0;
    bg_t1over = 0;
    bl_setflag = 0;
    //读取轮胎尺寸设置值
    while(bl_setflag == 0)
    {
        P1 = P1 | 0x3c;
        ii = P1&0x3c;                                //读 P1 口的高 4 位
        ii = ii >> 2;                                //右移两位
        if (ii == 0x0e)                              //22 英寸轮胎,1110
        {
            cg_circlelength = 0x0f;
            bl_setflag = 1;
        }else if (ii == 0x0d)                        //24 英寸轮胎,1101
        {
            cg_circlelength = 0x12;
            bl_setflag = 1;
        }else if (ii == 0x0b)                        //26 英寸轮胎,1011
        {
            cg_circlelength = 0x14;
            bl_setflag = 1;
        }else if (ii == 0x07)                        //28 英寸轮胎,0111
        {
            cg_circlelength = 0x19;
            bl_setflag = 1;
        }else//四个设置开关都没有合上,报警提示
        {
            LED =  ~LED;                             //LED 灯闪烁报警
            delay1ms(500);                           //延时 0.5s
        }
    }
    //启动定时器、外中断等
    TR1 = 1;EA = 1;EX0 = 1;ET1 = 1;
    LED = 0;                                         //关闭报警器
    viicread();   //从 E²PROM 中读出原始里程数据,放入到全局变量中
```

```
        return;
    }
/ *****************************************************************
主程序：按设置显示速度或者里程
    ***************************************************************** /
void main()
{
    init();                                      //初始化资源
    while(1)
    {
        if(DISV == 0)                            //显示速度
        {
            displayv();
        }
        else                                     //显示里程
        {
            displays();
        }
        leddisplay();
        WDTRST = 0x1E;                            //喂看门狗
        WDTRST = 0xE1;
    }
}
/ *****************************************************************
函数名称：ex_intex0
函数功能：外中断 0 中断子程序,用作里程计数
    ***************************************************************** /
void ex_intex0(void) interrupt 0
{
    lg_circlecount ++ ;                          //轮胎圈数增加一圈
    if(lg_circlecount % 256 == 0)                //每转 256 的整数倍圈,存入 E² PROM
    {
        viicwrite();
    }
    EX1 = 1;                                     //开外中断 1
}
/ *****************************************************************
函数名称：ex_ intex1
函数功能：外中断 1 中断子程序,用每圈的时间计数
    ***************************************************************** /
void ex_intex1(void) interrupt 2
{
    EX1 = 0;                                     //关外中断 1
    if(bg_t1over == 0)                           //计时没有溢出
    {
        ig_time = 65536 * ig_extendt1 + 256 * TH1 + TL1; //时间计数放全局变量 ig_time
    }
    else
    {
        ig_time = 0;
    }
```

```
        bg_t1over = 0;
        ig_extendt1 = 0;
        TL1 = 0;        TH1 = 0;
}
/***********************************************************************
函数名称: time_intt1
函数功能: 定时器1中断子程序。由外中断1输入控制,为高电平计时开始
***********************************************************************/
void time_intt1(void) interrupt 3
{
        ig_extendt1 ++ ;
        if(ig_extendt1 == 0)                        //溢出
        {
                bg_t1over = 1;                       //置溢出标志
        }
}
/***********************************************************************
函数名称: cals
函数功能: 计算行驶里程,将圈数转换为 km
输出: 转换结果放在全局变量 display[ ]中
***********************************************************************/
void   cals()
{
        uint i_s;                                   //行驶里程(单位 km)
        float f_temp;
        if(cg_circlelength == 0x0f)                 //22 英寸轮胎
        {
                f_temp = lg_circlecount/(569.8);    //569.8 圈为 1km
        }else if(cg_circlelength == 0x12)           //24 英寸轮胎
        {
                f_temp = lg_circlecount/(522.2);    //522.2 圈为 1km
        }
        else if(cg_circlelength == 0x14)            //26 英寸轮胎
        {
                f_temp = lg_circlecount/(481.9);    //481.9 圈为 1km
        }
        else if(cg_circlelength == 0x19)            //28 英寸轮胎
        {
                f_temp = lg_circlecount/(447.6);    //447.6 圈为 1km
        }
        i_s = (uint)f_temp;
        //转换结果放在显示缓冲区
        display[0] = i_s/1000;
        display[1] = (i_s - display[0] * 1000)/100;
        display[2] = (i_s - display[0] * 1000 - display[1] * 100)/10;
        display[3] = i_s % 10;
}
/***********************************************************************
函数名称: calv
函数功能: 计算车辆速度,最大显示速度为 99km/h
输出: 转换结果放在全局变量 display[ ]中
```

```
              ************************************************************* /
void  calv()
{
    uint i_v;                                 //行驶里程(单位 km/h)
    float f_temp;
    if(ig_time == 0)                          //溢出,显示最大值 99
    {
        display[3] = 9;
        display[2] = 9;
        display[1] = 0;
        display[0] = 0;
    }else
    {
        //以下计算基于 12MHz 晶振,如果频率改变需要修改计算公式
        if(cg_circlelength == 0x0f)             //22 英寸轮胎
        {
            f_temp = 1.755 * 1000 * 1000/ig_time * 3.6; //轮胎周长 1.755m
        }else if(cg_circlelength == 0x12)        //24 英寸轮胎
        {
            f_temp = 1.915 * 1000 * 1000/ig_time * 3.6; //轮胎周长 1.915m
        }
        else if(cg_circlelength == 0x14)         //26 英寸轮胎
        {
            f_temp = 2.075 * 1000 * 1000/ig_time * 3.6; //轮胎周长 2.075m
        }
        else if(cg_circlelength == 0x19)         //28 英寸轮胎
        {
            f_temp = 2.234 * 1000 * 1000/ig_time * 3.6; //轮胎周长 2.234m
        }
         i_v = (uint)f_temp;
        //转换结果放在显示缓冲区
        display[0] = 0;      display[1] = 0;
        if(i_v > 99)                              //超速,显示最大值 99
        {
            display[2] = 9;     display[3] = 9;
        } else
        {
            display[2] = i_v/10;     display[3] = i_v % 10;
        }
    }
}
/ *************************************************************
函数名称: displayv
函数功能: 显示速度
 ************************************************************* /
void  displayv()
{
    char k;
    LLED = 0;                                  //关闭里程灯
    VLED = 1;                                  //打开速度灯
    calv();                                    //计算速度
```

```
    for(k = 0;k < 4;k ++ )                          //输出 4 位 LED 数码管
    {
        leddisplay();                               //显示速度
        delay1ms(2);                                //延时 2ms
    }
    return;
}
/ * * * * * * * * * * * * * * * * * * * * * * * * * * * * * * * * * * * * * * * * * * * * * * * * * *
```

函数名称: displays
函数功能: 显示里程

```
 * * * * * * * * * * * * * * * * * * * * * * * * * * * * * * * * * * * * * * * * * * * * * * * * * * /
void   displays()
{
char k;
    LLED = 1;                                       //打开里程灯
    VLED = 0;                                       //关闭速度灯
    cals();                                         //计算里程
    for(k = 0;k < 4;k ++ )                          //输出 4 位 LED 数码管
    {
        leddisplay();                               //显示速度
        delay1ms(2);                                //延时 2ms
    }
    return;
}
/ * * * * * * * * * * * * * * * * * * * * * * * * * * * * * * * * * * * * * * * * * * * * * * * * * *
```

函数名称: leddisplay
函数功能: 刷新 LED 显示

```
 * * * * * * * * * * * * * * * * * * * * * * * * * * * * * * * * * * * * * * * * * * * * * * * * * * /
void leddisplay()
{
    //控制输出 LED
    P2 = 0xff;
    P0 = dispcode[display[dispcount]]; //dispcount = 0～3,dispbuf[dispcount] = 0～10
    P2 = dispbit[dispcount];
    dispcount ++ ;
    if(dispcount == 4)
    {
        dispcount = 0;
    }
}
/ * * * * * * * * * * * * * * * * * * * * * * * * * * * * * * * * * * * * * * * * * * * * * * * * * *
```

函数名称: viicwrite
函数功能: 将轮胎圈数存入 E²PROM 中
输入参数: 全局变量 lg_circlecount

```
 * * * * * * * * * * * * * * * * * * * * * * * * * * * * * * * * * * * * * * * * * * * * * * * * * * /
void viicwrite()
{
    uchar send_data[8];
    //将数据 lg_circlecount 从高到低顺序存入 send_data 数组中
    send_data[0] = (uchar)(lg_circlecount/256/256/256);
    send_data[1] = (uchar)((lg_circlecount - send_data[0] * (256 * 256 * 256))/256/256);
```

```
    send_data[2] = (uchar)((lg_circlecount - send_data[0] * (256 * 256 * 256) -
                            send_data[1] * (256 * 256))/256);
    send_data[3] = (uchar)lg_circlecount % 256;
    send_data[4] = 0;
    send_data[5] = 0;
    send_data[6] = 0;
    send_data[7] = 0;
    write_N_byte(0xa0,0x00,8,send_data);                //存入 E² PROM 中
}
/ *******************************************************************
函数名称: viicread
函数功能: 从 E² PROM 中读出轮胎圈数
输出: 全局变量 lg_circlecount
 ******************************************************************* /
void viicread()
{
    uchar incept_data[8];
    read_N_byte(0xa0,0x00,8,incept_data);               //从 E² PROM 中读出到 lg_circlecount
    lg_circlecount = incept_data[0] * (256 * 256 * 256) + incept_data[1] * (256 * 256)
                    + incept_data[2] * (256) + incept_data[3];
}
/ *******************************************************************
函数名称: delay1ms
函数功能: 延时函数
入口参数: 延时 t * 1ms
 ******************************************************************* /
void delay1ms(int t)
{
    int     i,j;
    for(i = 0;i < t;i ++)
        for(j = 0;j < 120;j ++) ;
    return;
}
```

以下代码是 I^2C 总线模拟软件包,文件名称是 i2c.h,主程序通过调用相关的读写函数对 E^2 PROM 存储器 AT24C02 进行操作。使用软件包时注意以下几点: 因为 P1、P2、P3 是准双向口,在读引脚电平时应先置"1",另外,应用这一软件包虽然可以使单片机具有主方式下的 I^2C 总线接口,但它毕竟是靠模拟时序来实现的,是靠牺牲 CPU 的工作时间实现的,所以要慎重使用。i2c.h 的代码如下:

```
# ifndef __iic_H__
# define __iic_H__
# define uchar unsigned char
# define uint unsigned int
        void iic_start();                       //1 -- 启动 iic 总线
        void iic_stop();                        //2 -- 停止 iic 总线数据传送
        void send_ack();                        //3 -- 发送应答位
        void nsend_ack();                       //4 -- 发送非应答位
        void check_ack();                       //5 -- 应答位检查
        void write_byte(uchar shu);             //6 -- 发送一个字节
```

```
void write_byte0();
void write_byte1();
uchar read_byte();                              //7 -- 读取一个字节
void delay_nop(unsigned char step);             //单步延时子程序
void write_N_byte(uchar CS_I2C,uchar ic_addr,uchar number,uchar
    send_data[]); //8 -- 发送 N 个字节 CS_I2C 为 24C02 的 IC 地址
void read_N_byte(uchar CS_I2C,uchar ic_addr,uchar number,uchar
    incept_data[]); //9 -- 接收 N 个字节 CS_I2C 为读寻址字节
void write_bytea(uchar CS_I2C,uchar temp[],uchar n); //10 -- 写第 N 个字节

#include< intrins.h>
#include< reg52.h>
#include< delay.h>
sbit SCL = P1^6;                                //定义端口 SDA 硬件连接
sbit SDA = P1^7;                                //定义端口 SCL 硬件连接
```

/ ***
函数名称：iic_start
函数功能：启动 I²C 总线子程序
*** /

```
void iic_start()
{
    SDA = 1;                        //初始 SDA 高电平
    delay_nop(1);
    SCL = 1; //初始 SCL 为高电平才能使 SDA 开始信号有效 SCL f = 100~400kHz
    while(SCL == 0){}    //检测 SCL 是否为高电平,若为低电平就不能作为 I²C 开始
                            等其为高方可
    delay_nop(2);           //根据晶振时钟来修订延时时间 SDA = 4.7μs
    SDA = 0;                //SDA 电平从高变低产生一个下降沿来启动 I²C 总线
    delay_nop(4);           //根据晶振时钟来修订延时时间 SDA = 4.7μs
    SCL = 0;                //SCL 为低电平
}
```

/ ***
函数名称：iic_ stop
函数功能：关闭 I²C 总线,停止数据传送子程序
*** /

```
void iic_stop()
{
    SDA = 0;                //初始 SDA 为低电平为过会产生上升沿做准备
    delay_nop(1);           //根据晶振时钟来修订延时时间 SDA = 4.7μs
    SCL = 1;                //初始 SCL 为高电平才能使 SDA 停止信号有效 SCL f = 100~400kHz
    while(SCL == 0){;}  //确保 SCL 是高电平才能发出停止命令
    delay_nop(2);           //根据晶振时钟来修订延时时间 SDA = 4.7μs
    SDA = 1;                //在 SCL 为高电平的前提条件下,SDA 电平从低变高产生一个上升
                                沿作为 I²C 的停止信号
    delay_nop(4);           //根据晶振时钟来修订延时时间 SDA = 4.7μs
    SCL = 0;                //将 SCL 置低,安全不影响下一次的数据传输
}
```

/ ***
函数名称：send_ack

函数功能: 发送应答信号子程序

```
******************************************************** /
void send_ack()
  {
        SDA = 0;              //发送完数据或接收完数据主机都会发出 0 应答信号 ACK
        SCL = 1;
        delay_nop(4);   //根据晶振时钟来修订延时时间 SDA = 4.7μs
        SCL = 0;
        SDA = 1;
  }
/ *******************************************************
```

函数名称: nsend _ack

函数功能: 发送非应答信号子程序

```
******************************************************** /
void nsend_ack()
{
        SDA = 1;
        SCL = 1;
        delay_nop(4); //根据晶振时钟来修订延时时间 SDA = 4.7μs
        SCL = 0;
        SDA = 0;
}
/ *******************************************************
```

函数名称: check _ack

函数功能: 检查应答信号子程序

```
******************************************************** /
void check_ack()
{
        SDA = 1;
        SCL = 1;
        F0 = 0;
        if(SDA == 0)
        {
        SCL = 0;
        delay_nop(4); //根据晶振时钟来修订延时时间 SDA = 4.7μs
        }
        else
        {
        F0 = 1;
        SCL = 0;
        delay_nop(4); //根据晶振时钟来修订延时时间 SDA = 4.7μs
        }
}
/ *******************************************************
```

函数名称: write_byte

函数功能: 发送一个数据字节子程序

```
******************************************************** /
void write_byte(uchar shu) //发送一个数据字节
  {
        uchar i;
```

```
        if((shu&0x80)> 0)
        {SDA = 1;}
        else
        {SDA = 0;}
        SCL = 1;
        while(SCL == 0){;}
        delay_nop(2); //根据晶振时钟来修订延时时间 SDA = 4.7μs
        SCL = 0;
        SDA = 0;
        shu = _crol_(shu,1);
        for(i = 1;i < 8;i ++ )
        {
            if((shu&0x80)> 0)
            {write_byte1();}
            else
            {write_byte0();}
            shu = _crol_(shu,1);
        }
}
/ * * * * * * * * * * * * * * * * * * * * * * * * * * * * * * * * * * * * * * * * * * * * * * * * *
```

函数名称: write_byte0

函数功能: 发送一位数据为 0 的子程序

```
 * * * * * * * * * * * * * * * * * * * * * * * * * * * * * * * * * * * * * * * * * * * * * * * * /
void write_byte0()
{
        SDA = 0;
        SCL = 1;
        delay_nop(4); //根据晶振时钟来修订延时时间 SDA = 4.7μs
        SCL = 0;
}
/ * * * * * * * * * * * * * * * * * * * * * * * * * * * * * * * * * * * * * * * * * * * * * * * * *
```

函数名称: write_ byte1

函数功能: 发送一位数据为 1 的子程序

```
 * * * * * * * * * * * * * * * * * * * * * * * * * * * * * * * * * * * * * * * * * * * * * * * * /
void write_byte1()
{
        SDA = 1;
        SCL = 1;
        delay_nop(4); //根据晶振时钟来修订延时时间 SDA = 4.7μs
        SCL = 0;
        SDA = 0;
}
/ * * * * * * * * * * * * * * * * * * * * * * * * * * * * * * * * * * * * * * * * * * * * * * * * *
```

函数名称: read_byte

函数功能: 读取一个字节数据子程序

```
 * * * * * * * * * * * * * * * * * * * * * * * * * * * * * * * * * * * * * * * * * * * * * * * * /
uchar read_byte()
{
        uchar nn = 0xff,mm = 0x80,uu = 0x7f;
        uchar j;
```

```
                uint q = 0;
                for(j = 0;j < 8;j ++ )
                {
                    SDA = 1;
                    SCL = 1;
                    if(SDA == 0)
                    {
                        nn = (nn&uu);
                        nn = _crol_(nn,1);
                        SCL = 0;
                    }
                    else
                    {
                        nn = (nn|mm);
                        nn = _crol_(nn,1);
                       SCL = 0;
                    }
                }
            return(nn);
        }
/* ***********************************************************
函数名称: write_bytea
函数功能: 写第 N 个字节数据子程序
 *********************************************************** /
void write_bytea(uchar CS_I2C,uchar temp[ ],uchar n)
{
        do{
                iic_start();
                write_byte(CS_I2C);
                check_ack();
        }while(F0 == 1);
        write_byte(temp[n]);
        check_ack();
}
/* ***********************************************************
函数名称: write_N_byte
函数功能: 发送 N 个数据字节子程序
入口参数: 发送 N 个字节 CS_I2C 为 24C02 IC 地址,ic_addr 为单元地址,number 为连续寻址字
         节数,但不能超过各种 IC 的每页字节数,send_data[ ] 为发送数据来源,CS_I2C 选
         中哪个芯片及读写命令
 *********************************************************** /
  void write_N_byte(uchar CS_I2C,uchar ic_addr,uchar number,uchar send_data[ ])
  {
        uchar idata k;
        do{
                iic_start();
                write_byte(CS_I2C); //芯片 ID
                check_ack();
          }while(F0 == 1);
        do{
                write_byte(ic_addr);
```

```
                check_ack();
            }while(F0 == 1);
            for(k = 0;k < number;k ++ )
            {
                write_byte(send_data[k]);
                check_ack();
                while(F0 == 1)
                {
                    write_bytea(CS_I2C,send_data,k);
                }
            }
            iic_stop();
    }
/ * * * * * * * * * * * * * * * * * * * * * * * * * * * * * * * * * * * * * * * * * * * *
函数名称: read _N_byte
函数功能: 接收 N 个字数据节子程序
入口参数: 发送 N 个字节 CS_I2C 为 24C02 IC 地址,ic_addr 为单元地址,number 为连续寻址字
          节数,但不能超过各种 IC 的每页字节数,send_data[ ]为发送数据来源,CS_I2C 选
          中哪个芯片及读写命令
 * * * * * * * * * * * * * * * * * * * * * * * * * * * * * * * * * * * * * * * * * * * * /
void read_N_byte(uchar CS_I2C,uchar ic_addr,uchar number,uchar incept_data[])
    {
        uchar idata data0,l;
        do{
            iic_start();
            write_byte(CS_I2C);
            check_ack();
        }while(F0 == 1);
        do{
            write_byte(ic_addr);
            check_ack();
        }while(F0 == 1);
        do{
            iic_start();
            write_byte(CS_I2C + 1);
            check_ack();
        }while(F0 == 1);
        for(l = 0;l < number;l ++ )
        {
            data0 = read_byte();
            incept_data[l] = data0;
            if(l <(number - 1))
            {
                send_ack();
            }
        }
        nsend_ack();
        iic_stop();
}
/ * * * * * * * * * * * * * * * * * * * * * * * * * * * * * * * * * * * * * * * * * * * *
函数名称: delay_nop
```

函数功能:单步延时子程序

描述:在程序中可通过调用此程序来达到极短时间的延时效果,如: delay_nop(1);

入口参数: unsigned char step,通过更改 step 的值来改变时间的长短

**/

```c
void delay_nop(unsigned char step)
{
        unsigned char i;
        for(i = 0;i < step;i ++ );
}
#endif
```

五、Proteus 软件仿真

自行车里程计仿真效果图如图 9-10 所示。

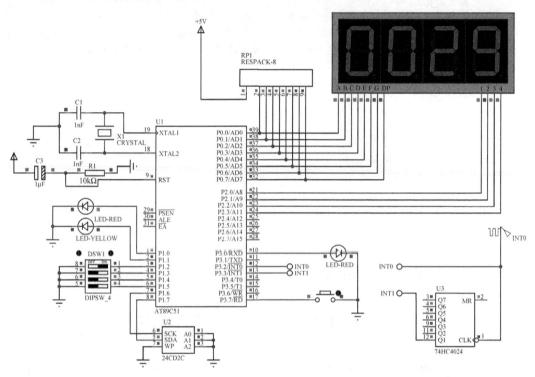

图 9-10　自行车里程计仿真图

六、任务小结

在本系统的设计过程中,需要注意 I^2C 总线的软件模拟。系统中存储的不是里程数据,而是自行车行驶过的圈数,这样存储的目的是节省存储空间,同时提高运算速度,避免浮点数运算。传感器的前期调试也很重要,需要测试系统中所选用的霍尔传感器能否按预期的设计要求输出波形。每种尺寸轮胎的周长需要预先计算好,如果计数不准确,在计算速度和行驶里程的时候误差就比较大,因此要加注意。为了提高硬件的抗干扰能力,采用 AT89S52 系列单片机,内部包含有硬件看门狗电路,需要注意的是在看门狗定时器溢出之前进行及时的喂狗操作。

小　　结

本模块以两个单片机应用系统的开发为例,详细介绍了在单片机应用系统开发流程中的总体设计、硬件设计、软件设计和抗干扰设计等相关内容。在一个实际的应用系统的开发中,上面每个流程都不能省略,一个好的总体设计是进行成功开发的基石。硬件设计和软件设计是相互关联和影响的。对于一个具体的应用系统,采用什么样的硬件去实现应用系统功能有与之匹配的软件方法。抗干扰设计在一个成功的单片机应用系统里也是必不可少的,它直接影响到产品的质量、性能。

考虑到一般单片机应用系统都需要对数据进行处理,这里简单介绍了数据处理程序,主要包括对数据进行排序、滤波等操作,在了解了这些常用的处理程序后,读者可以根据单片机应用系统的需要,在此基础上对数据进行复杂的处理,比如进行积分、微分、模糊控制等操作。

温度控制系统设计中温度传感器与单片机通信采用的是 1-Wire 总线协议方式。考虑到篇幅限制,这里对控制算法没有做特别的处理,主要是单片机应用系统的开发。自行车里程/速度计设计采用了 AT89S52 和集成电路芯片 AT24C02,主要是介绍看门狗及集成电路芯片 AT24C02 的应用。在一个单片机应用系统开发中,一般情况下需要采用集成电路芯片扩展单片机的功能,因此作为单片机应用系统开发人员,需要掌握集成电路芯片在单片机中的应用。

思考与练习

(1) 设计一款简易数字电压表,可以自动轮流显示 8 路输入模拟信号的数值,最小分辨率为 0.02V,最大显示的值为 255(输入为 5V 时),模拟输入的最大值为 5V,最小值为 0V。

(2) 将系统改为每隔 5 分钟自动采集完 8 路输入模拟信号,放在外部数据 RAM 区中。通过串口将该采集数据发送到上位机中实时显示。

(3) 设计一款波形发生器,通过 12 位 D/A 转换器,由拨码开关设置波形的种类(方波、三角波、正弦波),按键设置该输出波形的频率和幅值,参数显示由 LCD1602 完成。

(4) 利用晶闸管、模糊控制算法设置一个智能型即热式热水器控制器,该控制器能控制总功率为 6kW/220V 的三个电热膜,需要有水位和状态显示,错误报警等功能。

(5) 利用超声波发射、接收电路,设计一款汽车倒车测距仪。能测量并显示车辆后部障碍物离车辆的距离,同时用间歇"嘟嘟"声发出警报,"嘟嘟"声间隔随障碍物距离缩短而缩短。

ASCII码字符表

    ASCII 码是美国标准信息交换码（American Standard Code for Information Interchange)的简称。C 语言中的字符码采用 ASCII 码表示。

    ASCII 码字符集(见表 A-1)中包含基本字符与控制字符两部分，其中为 32～127 (20H～7FH)的代码是基本字符。控制字符一般是计算机发向外部设备的命令码，仅控制外部设备实现某些特定功能，并不是给用户提供输出信息。在 ASCII 码字符集中，代码值为 0～31(00～1FH)的代码是控制字符。

表 A-1　ASCII 码字符表

高3位 低4位	000 (0H)	001 (1H)	010 (2H)	011 (3H)	100 (4H)	101 (5H)	110 (6H)	111 (7H)
0000(0H)	NUL	DLE	SP	0	@	P	`	p
0001(1H)	SOH	DC_1	!	1	A	Q	a	q
0010(2H)	STX	DC_2	"	2	B	R	b	r
0011(3H)	ETX	DC_3	#	3	C	S	c	s
0100(4H)	EOT	DC_4	$	4	D	T	d	t
0101(5H)	ENQ	NAK	%	5	E	U	e	u
0110(6H)	ACK	SYN	&	6	F	V	f	v
0111(7H)	BEL	ETB	'	7	G	W	g	w
1000(8H)	BS	CAN	(	8	H	X	h	x
1001(9H)	HT	EM	)	9	I	Y	i	y
1010(AH)	LF	SUB	*	:	J	Z	j	z
1011(BH)	VT	ESC	+	;	K	[	k	{
1100(CH)	FF	FS	,	<	L	\	l	|
1101(DH)	CR	GS	—	=	M	]	m	}
1110(EH)	SO	RS	。	>	N	ˆ	n	~
1111(FH)	SI	US	/	?	O	—	o	DEL

注：表中特殊字符的意义如表 A-2 所示。

表 A-2　ASCII 码特殊字符的意义

字　符	意　　义	字　符	意　　义	字　符	意　　义
NUL	空	VT	垂直制表符	SYN	空转同步
SOH	标题开始	FF	走纸控制	ETB	信息组传输结束
STX	正文开始	CR	回车	CAN	作废
ETX	正文结束	SO	移位输出	EM	纸尽
EOT	传输结束	SI	移位输入	SUB	减
ENQ	请求	DLE	数据链路码	ESC	换码
ACK	承认	DC_1	设备控制 1	FS	文字分隔符
BEL	响铃	DC_2	设备控制 2	GS	组分隔符
BS	退格	DC_3	设备控制 3	RS	记录分隔符
HT	水平制表符	DC_4	设备控制 4	US	单元分隔符
LF	换行	NAK	否定	SP	空格

MCS-51指令表

类别	助 记 符	功 能 说 明	字节数	周期数	对标志位影响			
					P	OV	AC	CY
数据传送类指令（28条）	MOV A,Rn	寄存器内容送入累加器	1	1	√	×	×	×
	MOV A,direct	直接地址单元中的数据送入累加器	2	1	√	×	×	×
	MOV A,@Ri	间接 RAM 中的数据送入累加器	1	1	√	×	×	×
	MOV A,♯data	立即数送入累加器	2	1	√	×	×	×
	MOV Rn,A	累加器内容送入寄存器	1	1	×	×	×	×
	MOV Rn,direct	直接地址单元中的数据送入寄存器	2	2	×	×	×	×
	MOV Rn,♯data	立即数送入寄存器	2	1	×	×	×	×
	MOV direct,A	累加器内容送入直接地址单元	2	1	×	×	×	×
	MOV direct,Rn	寄存器内容送入直接地址单元	2	2	×	×	×	×
	MOV direct1,direct2	直接地址单元中的数据送入另一个直接地址单元	3	2	×	×	×	×
	MOV direct,@Ri	间接 RAM 中的数据送入直接地址单元	2	2	×	×	×	×
	MOV direct,♯data	立即数送入直接地址单元	3	2	×	×	×	×
	MOV @Ri,A	累加器内容送间接 RAM 单元	1	1	×	×	×	×
	MOV @Ri,direct	直接地址单元数据送入间接 RAM 单元	2	2	×	×	×	×
	MOV @Ri,♯data	立即数送入间接 RAM 单元	2	1	×	×	×	×
	MOV DPTR,♯dat16	16 位立即数送入地址寄存器	3	2	×	×	×	×
	MOVC A,@A＋DPTR	以 DPTR 为基地址变址寻址单元中的数据送入累加器	1	2	√	×	×	×
	MOVC A,@A＋PC	以 PC 为基地址变址寻址单元中的数据送入累加器	1	2	√	×	×	×
	MOVX A,@Ri	外部 RAM(8 位地址)送入累加器	1	2	√	×	×	×

续表

类别	助 记 符	功 能 说 明	字节数	周期数	对标志位影响			
					P	OV	AC	CY
数据传送类指令（28条）	MOVX A,@DPTR	外部 RAM(16 位地址)送入累加器	1	2	√	×	×	×
	MOVX @Ri,A	累计器送外部 RAM(8 位地址)	1	2	×	×	×	×
	MOVX @DPTR,A	累计器送外部 RAM(16 位地址)	1	2	×	×	×	×
	PUSH direct	直接地址单元中的数据压入堆栈	2	2	×	×	×	×
	POP direct	栈顶数据弹至直接地址单元	2	2	×	×	×	×
	XCH A,Rn	寄存器与累加器交换	1	1	√	×	×	×
	XCH A,direct	直接地址单元与累加器交换	2	1	√	×	×	×
	XCH A,@Ri	间接 RAM 与累加器交换	1	1	√	×	×	×
	XCHD A,@Ri	间接 RAM 的低半字节与累加器交换	1	1	√	×	×	×
算术运算类指令（24条）	ADD A,Rn	寄存器内容加到累加器	1	1	√	√	√	√
	ADD A,direct	直接地址单元的内容加到累加器	2	1	√	√	√	√
	ADD A,@Ri	间接 RAM 的内容加到累加器	1	1	√	√	√	√
	ADD A,#data	立即数加到累加器	2	1	√	√	√	√
	ADDC A,Rn	寄存器内容带进位加到累加器	1	1	√	√	√	√
	ADDC A,direct	直接地址单元的内容带进位加到累加器	2	1	√	√	√	√
	ADDC A,@Ri	间接 RAM 的内容带进位加到累加器	1	1	√	√	√	√
	ADDC A,#data	立即数带进位加到累加器	2	1	√	√	√	√
	SUBB A,Rn	累加器带借位减寄存器内容	1	1	√	√	√	√
	SUBB A,direct	累加器带借位减直接地址单元的内容	2	1	√	√	√	√
	SUBB A,@Ri	累加器带借位减间接 RAM 中的内容	1	1	√	√	√	√
	SUBB A,#data	累加器带借位减立即数	2	1	√	√	√	√
	INC A	累加器加 1	1	1	√	×	×	×
	INC Rn	寄存器加 1	1	1	×	×	×	×
	INC direct	直接地址单元加 1	2	1	×	×	×	×
	INC @Ri	间接 RAM 单元加 1	1	1	×	×	×	×
	INC DPTR	地址寄存器 DPTR 加 1	1	2				
	DEC A	累加器减 1	1	1	√	×	×	×
	DEC Rn	寄存器减 1	1	1	×	×	×	×
	DEC direct	直接地址单元减 1	2	1	×	×	×	×
	DEC @Ri	间接 RAM 单元减 1	1	1	×	×	×	×
	MUL AB	乘以 B,结果放在 A	1	4	√	√	×	0
	DIV AB	除以 B,结果放在 A	1	4	√	√	×	0
	DA A	累加器十进制调整	1	1	√	×	√	√

续表

类别	助 记 符	功 能 说 明	字节数	周期数	对标志位影响			
					P	OV	AC	CY
位操作类指令(17条)	CLR C	清进位位	1	1	×	×	×	√
	CLR bit	清直接地址位	2	1	×	×	×	
	SETB C	置进位位	1	1	×	×	×	√
	SETB bit	置直接地址位	2	1	×	×	×	
	CPL C	进位位求反	1	1	×	×	×	√
	CPL bit	置直接地址位求反	2	1	×	×	×	
	ANL C,bit	进位位和直接地址位相"与"	2	2	×	×	×	√
	ANL C,/bit	进位位和直接地址位的反码相"与"	2	2	×	×	×	√
	ORL C,bit	进位位和直接地址位相"或"	2	2	×	×	×	√
	ORL C,/bit	进位位和直接地址位的反码相"或"	2	2	×	×	×	√
	MOV C,bit	直接地址位送入进位位	2	1	×	×	×	√
	MOV bit,C	进位位送入直接地址位	2	2	×	×	×	×
	JC rel	进位位为1则转移	2	1	×	×	×	×
	JNC rel	进位位为0则转移	2	2	×	×	×	×
	JB bit,rel	直接地址位为1则转移	3	2	×	×	×	×
	JNB bit,rel	直接地址位为0则转移	3	2	×	×	×	×
	JBC bit,rel	直接地址位为1则转移,该位清零	3	2				
逻辑运算指令(25条)	ANL A,Rn	累加器与寄存器相"与"	1	1	√	×	×	×
	ANL A,direct	累加器与直接地址单元相"与"	2	1	√	×	×	×
	ANL A,@Ri	累加器与间接RAM单元相"与"	1	1	√	×	×	×
	ANL A,#data	累加器与立即数相"与"	2	1	√	×	×	×
	ANL direct,A	直接地址单元与累加器相"与"	2	1	×	×	×	×
	ANL dircct,#data	直接地址单元与立即数相"与"	3	2	×	×	×	×
	ORL A,Rn	累加器与寄存器相"或"	1	1	√	×	×	×
	ORL A,direct	累加器与直接地址单元相"或"	2	1	√	×	×	×
	ORL A,@Ri	累加器与间接RAM单元相"或"	1	1	√	×	×	×
	ORL A,#data	累加器与立即数相"或"	2	1	√	×	×	×
	ORL direct,A	直接地址单元与累加器相"或"	2	1	×	×	×	×
	ORL direct,#data	直接地址单元与立即数相"或"	3	2	×	×	×	×
	XRL A,Rn	累加器与寄存器相"异或"	1	1	√	×	×	×
	XRL A,direct	累加器与直接地址单元相"异或"	2	1	√	×	×	×
	XRL A,@Ri	累加器与间接RAM单元相"异或"	1	1	√	×	×	×
	XRL A,#data	累加器与立即数相"异或"	2	1	√	×	×	×
	XRL direct,A	直接地址单元与累加器相"异或"	2	1	×	×	×	×
	XRL direct,#data	直接地址单元与立即数相"异或"	3	2	×	×	×	×
	CLR A	累加器清"0"	1	1	√	×	×	×
	CPL A	累加器求反	1	1	×	×	×	×
	RL A	累加器循环左移一位	1	1	×	×	×	×
	RLC A	累加器带进位位循环左移一位	1	1	√	×	×	√
	RR A	累加器循环右移一位	1	1	×	×	×	×
	RRC A	累加器带进位位循环右移一位	1	1	√	×	×	√
	SWAP A	累加器半字节交换	1	1	×	×	×	×

续表

类别	助 记 符	功 能 说 明	字节数	周期数	对标志位影响			
					P	OV	AC	CY
控制转移类指令(17条)	ACALL addr11	绝对(短)调用子程序	2	2	×	×	×	×
	LCALL addr16	长调用子程序	3	2	×	×	×	×
	RET	子程序返回	1	2	×	×	×	×
	RETI	中断返回	1	2	×	×	×	×
	AJMP addr11	绝对(短)转移	2	2	×	×	×	×
	LJMP addr16	长转移	3	2	×	×	×	×
	SJMP rel	相对转移	2	2	×	×	×	×
	JMP @A+DPTR	相对于 DPTR 的间接转移	1	2	×	×	×	×
	JZ rel	累加器为零转移	2	2	×	×	×	×
	JNZ rel	累加器非零转移	2	2	×	×	×	×
	CJNE A,direct,rel	累加器与直接地址单元比较,不相等则转移	3	2	×	×	×	×
	CJNE A,#data,rel	累加器与立即数比较,不相等则转移	3	2	×	×	×	√
	CJNE Rn,#data,rel	寄存器与立即数比较,不相等则转移	3	2	×	×	×	√
	CJNE @Ri,#data,rel	间接 RAM 单元与立即数比较,不相等则转移	3	2	×	×	×	√
	DJNZ Rn,rel	寄存器减 1,非零转移	2	2	×	×	×	√
	DJNZ direct,rel	直接地址单元减 1,非零转移	3	2	×	×	×	×
	NOP	空操作	1	1	×	×	×	×

参 考 文 献

[1] 李朝青. 单片机原理及接口技术[M]. 北京:北京航空航天大学出版社,2003.

[2] 张永枫. 单片机应用实训教程[M]. 北京:清华大学出版社,2008.

[3] 李秀忠. 单片机应用技术[M]. 北京:人民邮电出版社,2008.

[4] 侯玉宝,陈忠平,李成群. 基于 Proteus 的 51 系列单片机设计与仿真[M]. 北京:电子工业出版社,2009.

[5] 王东锋,王会良,董冠强. 单片机 C 语言应用 100 例[M]. 北京:电子工业出版社,2009.

[6] 周坚. 单片机 C 语言轻松入门[M]. 北京:北京航空航天大学出版社,2006.

[7] 王静霞. 单片机应用技术(C 语言版)[M]. 北京:电子工业出版社,2009.

[8] 何立民. 单片机高级教程—应用与设计[M]. 北京:北京航空航天大学出版社,2000.

[9] 何立民. 单片机中级教程—原理与应用[M]. 北京:北京航空航天大学出版社,2000.

[10] 楼然苗等. 51 系列单片机设计实例[M]. 北京:北京航空航天大学出版社,2006.

[11] 南建辉,熊鸣等. MCS-51 单片机原理及应用实例[M]. 北京:清华大学出版社,2004.

[12] 赵亮,侯国锐. 单片机 C 语言编程与实例[M]. 北京:人民邮电出版社,2007.

[13] 邱郁惠. C++程序员 UML 实务手册[M]. 北京:机械工业出版社,2008.

[14] 龚运新. 单片机 C 语言开发技术[M]. 北京:清华大学出版社,2006.

[15] 倪志莲. 单片机应用技术[M]. 北京:北京理工大学出版社,2007.

[16] 刘守义. 单片机应用技术(第 2 版)[M]. 西安:西安电子科技大学出版社,2007.

[17] 张毅刚. 单片机原理及应用[M]. 北京:高等教育出版社,2003.

[18] 靳孝峰,张艳. 单片机原理与应用[M]. 北京:北京航空航天大学出版社,2009.

[19] 宋浩,田丰. 单片机原理及应用[M]. 北京:清华大学出版社,北京交通大学出版社,2005.

[20] 张培仁. 基于 C 语言编程 MCS-51 单片机原理与应用[M]. 北京:清华大学出版社,科海电子出版社,2003.

[21] 谢维成,杨加国. 单片机原理与应用及 C51 程序设计[M]. 北京:清华大学出版社,2005.

[22] 彭伟. 单片机 C 语言程序设计实训 100 例—基于 8051+Proteus 仿真[M]. 北京:电子工业出版社,2009.

[23] 石建华,李媛. 单片机原理与应用技术[M]. 北京:北京邮电大学出版社,2008.

[24] 王文杰,许文斌. 单片机应用技术[M]. 北京:冶金工业出版社,2008.